復刊

近代代数学

秋月康夫・永田雅宜 共著

共立出版株式会社

序

‘近代代数学’という項目の下では，現代代数学の全般にわたってその基本的な方法や，概念を，またその成果の展望について講述すべきものであったかも知れない．しかしわが国には，すでに代数学では，各面にわたって立派な本がいくつも刊行せられており，この要求はそれらを読まれることによっておのずから理解せられるところがあろうと思われたこと，しかしただ一つ，可換的な環ないしイデアルの理論の新しい方面については，わが国にまだ何もまとまった著述がなされていないこと，さらにしかもこの知識が現在最も活動しつつある代数幾何学の研究に一つの基礎を与えるものであることを考え合わせて，まずイデアル論に中心をおいて講述すべく決心して執筆にとりかかったのである．しかもこれは本講座で刊行された中井，永田両君著の‘代数幾何学’の予備知識を 提供する意味から 必然の要求でもあったのである．

執筆の結果は，環一般，附値，局所環を述べるだけでも予定の紙数を越えるに至った．それで，代数幾何学の基礎づけとしては，体の理論も述べなければならぬのであるが，これさえも果たし得なかった．しかし可換環の理論としては，一通り大綱は述べ得て，かなりまとまったものになっているのではないかと自負するものである．欲をいえば，もっと多く例をとり入れて，代数幾何学や整数論との関連の下に緩かに話を進めるべきであったろうが，これも紙数の制限上やむを得なかったのである．

本書の内容は，v. d. Waerden, Moderne Algebra II 以後のイデアル論にむしろ中心がおかれており，しかも共著者である永田君の諸論文の結果なり方法なりが至るところにとり入れられている．イデアル論は，一見しては美しい数学とはいえないであろう．しかし高次元空間の数学には，ことにその特異点の理論に対しては，その基本を与えるものとして不可欠であり，そこにある諸困難は是が非でも乗り越えねばならない底のものであると私は信じている．そういうものであるから，一見煩雑に見える理論の底に，珠玉の光を見出すことができるであろう．

巻末に，項目名にはあまりに偏した内容になったことに省み，現代代数学の簡単な展望を案内書として附し，その欠を補う一助としたのである．

1957年7月

秋月康夫

目　　次

第1章 可換環

1. 環とイデアル

本項でとり扱う環はすべて可換環とし，単位元をもつものとする[1]．群，体の場合と異なり部分環はもとの環と単位元を共有するものではないが，とくに断らない限りは単位元を共有するものとする．

環 R は，R 自身を作用域とする加群とみられる．R の R-部分加群を R の**イデアル**という．環の最も基本的な例を挙げる．

1. 有理整数全体から成る環（整域）：Z
2. 体 k の元を係数とする多項式（1または n 変数の）から成る整域：$k[x_1, \cdots, x_n]$
3. 体 k の元を係数とする形式的なベキ級数（1または n 変数の）から成る整域：$k\{x_1, \cdots, x_n\}$

最も一般な環は，整数整域Zの上に（または体 k の上に）独立な元 $x_\lambda|\lambda\in\Lambda$ から生成される自由多項式から成る環である．（基礎数学講座，抽象代数学 60頁）

われわれの研究で最も重要になってくるのは，Z（あるいは k）の上に有限個の元（$\alpha_1, \alpha_2, \cdots, \alpha_n$）で生成された環 R およびそれから導かれるものである．$R=Z[\alpha_1, \cdots, \alpha_n]$（または$k[\alpha_1, \cdots, \alpha_n]$）に自由整域 $F=Z[x_1, \cdots, x_n]$（または $k[x_1, \cdots, x_n]$）を写像し，$x_i\to\alpha_i$ とするときその核 $\mathfrak{a}$ は F のイデアルをつくり

$$F/\mathfrak{a}\cong R$$

整数論では係数域が Z の場合が重要であり，代数幾何学では係数域が k の場合が基本である．代数幾何学の言葉を用いて，有限個の元で生成される環を

---

1) 単位元を有しない環 R は，単位元を有し，かつ R のイデアルがすべてそれのイデアルであるような環に埋めることができる．例えば $R'=\{(n, \alpha)|\alpha\in R, n \text{ 整数}\}$ をとり，その加法，乗法を $(n, \alpha)+(m, \beta)=(n+m, \alpha+\beta)$，$(n, \alpha)(m, \beta)=(nm, n\beta+m\alpha+\alpha\beta)$ と定めれば，写像 φ: $R\ni\alpha\to(0, \alpha)\in R'$ は R から R' の中への同型になるから，αと $(0, \alpha)$ とを同一視すれば $R\subset R'$ と考えられ，R のイデアルは R' のイデアルである．

アフィン環と称えることとしよう[1].

イデアルの基本演算

1°. **結び ∪ と交わり ∩** 環 R のイデアルを $\mathfrak{a}, \mathfrak{b}$ とする. $\mathfrak{a}, \mathfrak{b}$ 双方を含むイデアルで集合として最小なものを $\mathfrak{a}, \mathfrak{b}$ の結び（または最大公約イデアル）といい, $\mathfrak{a} \cup \mathfrak{b}$ で示す.

$$\mathfrak{a}=\{\alpha_i | i \in I\},\ \mathfrak{b}=\{\beta_j | j \in J\} \text{ のとき, } \mathfrak{a} \cup \mathfrak{b}=\{\alpha_i+\beta_j | i \in I, j \in J\}.$$

この意味から $\mathfrak{a} \cup \mathfrak{b}$ を $\mathfrak{a}+\mathfrak{b}$ と書き示すこともある.

環 R のイデアル $\mathfrak{a}, \mathfrak{b}$ の共通集合はイデアルをつくる. これを $\mathfrak{a}$ と $\mathfrak{b}$ との**交わり**（または最小公倍イデアル）といい, $\mathfrak{a} \cap \mathfrak{b}$ で示す.

2°. **積** 環 R のイデアルが $\mathfrak{a}=\{\alpha_i | i \in I\}$, $\mathfrak{b}=\{\beta_j | j \in J\}$ のとき, 集合 $\mathfrak{c}=\{\sum_{i,j} \alpha_i \beta_j\}$（ただし $\sum$ は有限和）は R のイデアルをつくる. これを $\mathfrak{a}, \mathfrak{b}$ との積といい, $\mathfrak{c}=\mathfrak{a} \cdot \mathfrak{b}$ で示す.

明らかなことだが重要なことは $\mathfrak{a}\mathfrak{b} \subseteqq \mathfrak{a}$, $\mathfrak{a}\mathfrak{b} \subseteqq \mathfrak{b}$, また明らかに

$$(\mathfrak{a} \cup \mathfrak{b}) \cdot (\mathfrak{a} \cap \mathfrak{b}) \subseteqq \mathfrak{a} \cdot \mathfrak{b}$$

3°. **商** $\mathfrak{a}$ を環 R のイデアル, S を R の部分集合とするとき, $\{x | x \in R, xS \subseteqq \mathfrak{a}\}$ はイデアルをつくる. これを $\mathfrak{a}:S$ で示す. なお $\mathfrak{a}:S \supseteqq \mathfrak{a}$.

なんとなれば $x_1, x_2 \in \mathfrak{a}:S$ なら $(x_1+x_2)S \subseteqq x_1 S \cup x_2 S \subseteqq \mathfrak{a}$, また任意の $\rho \in R$ に対し $\rho x S \subseteqq \rho \mathfrak{a} \subseteqq \mathfrak{a}$. よって $\mathfrak{a}:S$ は R のイデアルをつくる.

$\mathfrak{a} \subseteqq \mathfrak{a}:S$ なことは, $a \in \mathfrak{a}$ なら $aS \subseteqq \mathfrak{a}$ なことから明らか.

明らかに $\mathfrak{a} \subseteqq \mathfrak{b}$ なら $\mathfrak{a}:S \subseteqq \mathfrak{b}:S$

また $S \subseteqq S'$ なら $\mathfrak{a}:S \supseteqq \mathfrak{a}:S'$

さらに $x \in \mathfrak{a}:S$ なら, $\sigma_1, \sigma_2 \in S$, $\rho_1, \rho_2 \in R$ に対して

$$x(\rho_1\sigma_1+\rho_2\sigma_2) \subseteqq \rho_1\mathfrak{a} \cup \rho_2\mathfrak{a} \subseteqq \mathfrak{a}$$

だから, S で生成されるイデアルを $\mathfrak{s}$（すなわち $\mathfrak{s}=R \cdot S$）とすれば

$$\mathfrak{a}:S=\mathfrak{a}:\mathfrak{s}$$

定理 1 $\mathfrak{a}, \mathfrak{b}, \mathfrak{c}$ を R のイデアルとするとき

$$(\mathfrak{a}:\mathfrak{b}):\mathfrak{c}=\mathfrak{a}:\mathfrak{b}\mathfrak{c},\quad (\mathfrak{a}:\mathfrak{c}) \cap (\mathfrak{b}:\mathfrak{c})=(\mathfrak{a} \cap \mathfrak{b}):\mathfrak{c},\quad \mathfrak{a}:(\mathfrak{b} \cup \mathfrak{c})=(\mathfrak{a}:\mathfrak{b}) \cap (\mathfrak{a}:\mathfrak{c})$$

---

1) 通常アフィン環というのは体の上に有限個の元で生成された整域をいう.

（証明） まず，はじめの関係は，次の同値な関係から成立する．

$$x \in (\mathfrak{a}:\mathfrak{b}):\mathfrak{c} \longleftrightarrow x\mathfrak{c} \subseteq \mathfrak{a}:\mathfrak{b} \longleftrightarrow x\mathfrak{c}\mathfrak{b} \subseteq \mathfrak{a} \longleftrightarrow x \in \mathfrak{a}:\mathfrak{b}\mathfrak{c}$$

第2の関係については，$d \in (\mathfrak{a}:\mathfrak{c}) \cap (\mathfrak{b}:\mathfrak{c})$ なら $d\mathfrak{c} \subseteq \mathfrak{a}$, $d\mathfrak{c} \subseteq \mathfrak{b}$, ゆえに $d\mathfrak{c} \subseteq \mathfrak{a} \cap \mathfrak{b}$. よって $(\mathfrak{a}:\mathfrak{c}) \cap (\mathfrak{b}:\mathfrak{c}) \subseteq (\mathfrak{a} \cap \mathfrak{b}):\mathfrak{c}$

次に $\mathfrak{a} \cap \mathfrak{b} \subseteq \mathfrak{a}$ だから $(\mathfrak{a} \cap \mathfrak{b}):\mathfrak{c} \subseteq \mathfrak{a}:\mathfrak{c}$. 同様に $(\mathfrak{a} \cap \mathfrak{b}):\mathfrak{c} \subseteq \mathfrak{b}:\mathfrak{c}$ だから

$$(\mathfrak{a}:\mathfrak{c}) \cap (\mathfrak{b}:\mathfrak{c}) \supseteq (\mathfrak{a} \cap \mathfrak{b}):\mathfrak{c}$$

この両者の関係から，第2は成立する．

第3の関係も同様に $\mathfrak{b} \cup \mathfrak{c} \supseteq \mathfrak{b}$ ゆえ $\mathfrak{a}:(\mathfrak{b} \cup \mathfrak{c}) \subseteq \mathfrak{a}:\mathfrak{b}$. 同じく $\mathfrak{a}:(\mathfrak{b} \cup \mathfrak{c}) \subseteq \mathfrak{a}:\mathfrak{c}$, よって $\mathfrak{a}:(\mathfrak{b} \cup \mathfrak{c}) \subseteq (\mathfrak{a}:\mathfrak{b}) \cap (\mathfrak{a}:\mathfrak{c})$. 逆に $d \in (\mathfrak{a}:\mathfrak{b}) \cap (\mathfrak{a}:\mathfrak{c})$ とすると $d\mathfrak{b} \subseteq \mathfrak{a}, d\mathfrak{c} \subseteq \mathfrak{a}$, よって $d(\mathfrak{b} \cup \mathfrak{c}) \subseteq \mathfrak{a}$. 従って $(\mathfrak{a}:\mathfrak{b}) \cap (\mathfrak{a}:\mathfrak{c}) \subseteq \mathfrak{a}:(\mathfrak{b} \cup \mathfrak{c})$

一般に $\mathfrak{a}_\lambda | \lambda \in \Lambda$ が R のイデアルならば

$$(\bigcap_\lambda \mathfrak{a}_\lambda):\mathfrak{c} = \bigcap_\lambda (\mathfrak{a}_\lambda:\mathfrak{c})$$

$$\mathfrak{b}:(\bigcup^\lambda \mathfrak{a}_\lambda) = \bigcap_\lambda (\mathfrak{b}:\mathfrak{a}_\lambda)$$

とくに $\mathfrak{a} = R(a_1, \cdots, a_r)$ のとき

$$\mathfrak{b}:\mathfrak{a} = \bigcap_i (\mathfrak{b}:a_iR)$$

剰余類環とイデアル ある環の構造を見るに準同型定理から自由整域の剰余類環とみなし，その構造を核イデアルの構造についてしらべることがよくある．逆に与えられた環のイデアル $\mathfrak{a}$ の構造を見るのに，剰余類環 $R/\mathfrak{a}$ の構造をしらべて有効なことも多い．

群論的な著しい結果をまず注意しておこう．

環 R のイデアル $\mathfrak{a}, \mathfrak{b}$ において，$\mathfrak{a} \cup \mathfrak{b} = R$ の場合 $\mathfrak{a}, \mathfrak{b}$ は**公約子なし**という．

$$\mathfrak{a} \cup \mathfrak{b} = R,\ \mathfrak{a} \cup \mathfrak{c} = R \text{ ならば } \mathfrak{a} \cup \mathfrak{b}\mathfrak{c} = R$$

なんとなれば $1 \in R$ だから $1=\alpha+\beta$, $1=\alpha'+\gamma$ なる $\alpha, \alpha' \in \mathfrak{a}$, $\beta \in \mathfrak{b}$, $\gamma \in \mathfrak{c}$ が存在する．ゆえに $1=(\alpha+\beta)(\alpha'+\gamma)=(\alpha\alpha'+\alpha\gamma+\alpha'\beta)+\beta\gamma \in \mathfrak{a} \cup \mathfrak{b}\mathfrak{c}$. よって $\mathfrak{a} \cup \mathfrak{b}\mathfrak{c} = R$,

従って $\mathfrak{a} \cup \mathfrak{b} = R$ なら $\mathfrak{a}^m \cup \mathfrak{b}^n = R$, さらに

$$\mathfrak{a} \cup \mathfrak{b} = R \quad \text{のとき} \quad \mathfrak{a} \cap \mathfrak{b} = \mathfrak{a}\mathfrak{b}$$ [1]

1) この関係から，イデアルの積への分解を群論的にとり扱うことができるようになる．

実際 $\mathfrak{ab}\subseteqq\mathfrak{a}\cap\mathfrak{b}$. また $(\mathfrak{a}\cap\mathfrak{b})(\mathfrak{a}\cup\mathfrak{b})\subseteqq\mathfrak{ab}$. しかるに $\mathfrak{a}\cup\mathfrak{b}=R$ なら左辺は $\mathfrak{a}\cap\mathfrak{b}$ に等しい. それゆえ $\mathfrak{a}\cap\mathfrak{b}=\mathfrak{ab}$.

定理 2 環 R のイデアル $\mathfrak{a}, \mathfrak{b}$ が公約子をもたないとき（すなわち $\mathfrak{a}\cup\mathfrak{b}=R$ なら）

$$R/\mathfrak{a}\cap\mathfrak{b}=R/\mathfrak{a}\oplus R/\mathfrak{b}$$

ここに⊕は環としての直和を示す[1].

（証明） $R=\mathfrak{a}\cup\mathfrak{b}$ ゆえ

$$R/\mathfrak{a}\cap\mathfrak{b}=\mathfrak{a}\cup\mathfrak{b}/\mathfrak{a}\cap\mathfrak{b}=(\mathfrak{a}/\mathfrak{a}\cap\mathfrak{b})\cup(\mathfrak{b}/\mathfrak{a}\cap\mathfrak{b})$$

ところが $(\mathfrak{a}/\mathfrak{a}\cap\mathfrak{b})\cap(\mathfrak{b}/\mathfrak{a}\cap\mathfrak{b})=0$ だから

$$R/\mathfrak{a}\cap\mathfrak{b}=\mathfrak{a}/\mathfrak{a}\cap\mathfrak{b}\oplus\mathfrak{b}/\mathfrak{a}\cap\mathfrak{b}$$

他方準同型定理から $\mathfrak{a}/\mathfrak{a}\cap\mathfrak{b}=\mathfrak{a}\cup\mathfrak{b}/\mathfrak{b}=R/\mathfrak{b}$. 同様に $\mathfrak{b}/\mathfrak{a}\cap\mathfrak{b}=R/\mathfrak{a}$.
ゆえに $R/\mathfrak{a}\cap\mathfrak{b}=R/\mathfrak{a}\oplus R/\mathfrak{b}$.

系 $\mathfrak{a}_1, \mathfrak{a}_2, \cdots, \mathfrak{a}_n$ が R のイデアルであって，$(\bigcap_{i\neq j}\mathfrak{a}_i)\cup\mathfrak{a}_j=R$ が $j=1,2,\cdots,n$ について成り立つ場合,

$$R/(\mathfrak{a}_1\cap\cdots\cap\mathfrak{a}_n)\cong R/\mathfrak{a}_1\oplus R/\mathfrak{a}_2\oplus\cdots\oplus R/\mathfrak{a}_n$$

極大イデアル $\mathfrak{m}$ を環 R のイデアルで $\mathfrak{m}\neq R$ とする. $\mathfrak{m}$ を含むイデアルが R か $\mathfrak{m}$ 自身しかないときは，$\mathfrak{m}$ を R の極大イデアルであるという.

環 R が体でない限り，零と異なる極大イデアルは少なくとも一つは存在する. なんとなれば R が体でなければ，$a\neq 0$ なる単元でない（すなわち $1/a\notin R$）元が R に存在する. aR を含むイデアルについて Zorn の補題を適用することにより極大イデアルの存在が結論される.

これから次の命題が従う.

$\mathfrak{m}$ が環 R の極大イデアルであることと，剰余類環 $R/\mathfrak{m}$ が体であることとは同値.

$\mathfrak{m}$を環 R の極大イデアル，$\mathfrak{a}$ を $\mathfrak{m}$ に含まれないイデアルとするとき，$a\in\mathfrak{a}$ で $a\not\equiv 0 \pmod{\mathfrak{m}}$ なる元 a が存在する. すると法 $\mathfrak{m}$ についての a の類 $\bar{a}$ は体

1) 環としての直和とは，$R_1, R_2, \cdots, R_n$ が環の場合，加群としての直和 $R_1\oplus\cdots\oplus R_n$ において積を $(a_1+\cdots+a_n)(b_1+\cdots+b_n)=a_1b_1+\cdots+a_nb_n$ によって定義することで定められる環を意味する.

$R/\mathfrak{m}$ で $\neq 0$. さらに $\mathfrak{b}$ も $\mathfrak{m}$ に含まれないイデアルとすると，$b \in \mathfrak{b}$ で，体 $R/\mathfrak{m}$ で $\bar{b} \neq 0$ なる b が存在する．従って $\bar{a}\bar{b}$ は $R/\mathfrak{m}$ で $\neq 0$. よって $\mathfrak{m} \cup abR = R$, 従って $\mathfrak{m} \cup \mathfrak{a}\mathfrak{b} = R$. またこの式から $\mathfrak{m}^n \cup \mathfrak{a}\mathfrak{b} = R$.

この結果 $\mathfrak{m}_1, \mathfrak{m}_2, \cdots, \mathfrak{m}_n$ を相異なる極大イデアルとすれば

$$\mathfrak{m}_1^{\lambda} \cup \mathfrak{m}_2^{\mu} \cdots \mathfrak{m}_n^{\nu} = R$$

これに定理２，系を適用すれば

$$R/\mathfrak{m}_1^{\lambda}\mathfrak{m}_2^{\mu} \cdots \mathfrak{m}_n^{\nu} \cong R/\mathfrak{m}_1^{\lambda} \oplus R/\mathfrak{m}_2^{\mu} \oplus \cdots \oplus R/\mathfrak{m}_n^{\nu}$$

環と極大イデアル　環によっては相異なる極大イデアルを無限に多くもつものもあり，有限個しかもたないものもある．整数整域 Z の場合には pZ（ここに p は素数）は極大イデアルであって（なんとなれば Z/pZ は p 元体），素数は無限に多く存在するから極大イデアルは無数に多い．これに反して形式的なベキ級数環 P では，例えば１変数 t についてのものにすると，$\varphi \in P$ なら

$$\varphi = a_0 + a_1 t + \cdots + a_n t^n + \cdots$$

だから，$a_0 \neq 0$ なら $1/\varphi \in P$ であって，φ は単元，従って極大イデアルは tP ただ一つである．

極大イデアルがただ一つの環を**広い意味での局所環**（あるいは**擬局所環**）といい，[1] 有限個しか極大イデアルをもたないものを（**擬**）**半局所環**という．

局所環は方法論的に構成して考えるのが常であるが，ベキ級数環がその第１例を与えるようにきわめて自然な概念なのである．

2. 素イデアル，準素イデアル；根基，J-根基

素イデアル　　整数整域 Z における素数，多項式整域 $k[x_1, \cdots, x_n]$ における既約多項式を拡張して素イデアルを次のように定義する．

定義　$\mathfrak{p}$ を環 R のイデアルとして，$a, b \in R$ で $ab \in \mathfrak{p}$ ならば，$a \in \mathfrak{p}$ または $b \in \mathfrak{p}$ でなければならぬとき，$\mathfrak{p}$ を R の**素イデアル**という．

これは剰余類環 $R/\mathfrak{p}$ が整域（すなわち零因子をもたない）というに同値．

また定義の対偶をとって $a \notin \mathfrak{p}$, $b \notin \mathfrak{p}$ ならば，$ab \notin \mathfrak{p}$ というに同値でもある．

---

1)　擬局所環で，極大条件をみたすものを局所環という（第３章参照）

定理 1　$\mathfrak{a}, \mathfrak{b}$ が R のイデアルであり，$\mathfrak{a}\mathfrak{b} \subseteqq \mathfrak{p}$ ならば，常に $\mathfrak{a} \subseteqq \mathfrak{p}$ または $\mathfrak{b} \subseteqq \mathfrak{p}$ でなければならぬとき，$\mathfrak{p}$ は素イデアルである．逆も正しい．

（証明）逆の方から証明しよう．$\mathfrak{p}$ を素イデアルとする．そして $\mathfrak{a}\mathfrak{b} \subseteqq \mathfrak{p}$ かつ $\mathfrak{a} \not\subseteqq \mathfrak{p}$ とする．すると $a \in \mathfrak{a}$, $a \notin \mathfrak{p}$ なる元 a はあり，$\mathfrak{b}$ の任意の元 b に対して $ab \in \mathfrak{p}$. 従って $\forall b \in \mathfrak{b}$ について $b \in \mathfrak{p}$, すなわち $\mathfrak{b} \subseteqq \mathfrak{p}$ でなければならぬ．

次に $\mathfrak{p}$ が素イデアルでないならば $a \notin \mathfrak{p}$, $b \notin \mathfrak{p}$ であって $ab \in \mathfrak{p}$ なる元 a, b は存在する．すると $aR \not\subseteqq \mathfrak{p}$, $bR \not\subseteqq \mathfrak{p}$ であり，しかも $aR \cdot bR \subseteqq \mathfrak{p}$.

系　$\mathfrak{p}$ が素イデアルならば，$\mathfrak{a} \supsetneqq \mathfrak{p}$, $\mathfrak{b} \supsetneqq \mathfrak{p}$ のとき常に $\mathfrak{a}\mathfrak{b} \not\subseteqq \mathfrak{p}$. 逆も正しい．

（証明）系のはじめの命題は定理1の対偶．逆の方は $\mathfrak{p}$ が素イデアルでないと $a \notin \mathfrak{p}$, $b \notin \mathfrak{p}$ で $ab \in \mathfrak{p}$ なる a, b は存在し，$\mathfrak{p} \cup aR \supsetneqq \mathfrak{p}$, $\mathfrak{p} \cup bR \supsetneqq \mathfrak{p}$ であるが

$$(\mathfrak{p} \cup aR)(\mathfrak{p} \cup bR) = \mathfrak{p}^2 \cup a\mathfrak{p} \cup b\mathfrak{p} \cup abR \subseteqq \mathfrak{p} \cup abR \subseteqq \mathfrak{p}$$

極大イデアル $\mathfrak{m}$ は当然素イデアルである．なんとなれば $R/\mathfrak{m}$ は体，従って整域である．しかし素イデアル必ずしも極大であるとは限らない．例えば多項式整域 $R = k[x, y]$ において $R(x, y)$ は極大であるが，Rx は極大ではない．しかし Rx は明らかに素イデアル．

絶対的な極大イデアルに準じて，ある乗法域に関する**相対的な極大イデアル**を次のように定義する．

定義　S を環 R の部分集合であって乗法に関して閉じている（すなわち乗法域）とする．R のイデアル $\mathfrak{a}$ が S と共通元をもたないとき，$\mathfrak{a}$ を含むイデアルであって S と共通元をもたないイデアルの極大なものを，（$\mathfrak{a}$ を含む）S に関して極大なイデアル[1] という．（$\mathfrak{a} = (0)$ のときも含める）

S として主単位1一つをとっておけば，$\{1\}$ に関して極大なものは絶対的な意味のものに他ならぬ．

定理 2　S を一つの乗法域とするとき，S に関して極大なイデアルは素イデアルである．

（証明）$\mathfrak{p}$ を S に関して極大なイデアルであるとする．$\mathfrak{b} \supsetneqq \mathfrak{p}$, $\mathfrak{c} \supsetneqq \mathfrak{p}$ なる $\mathfrak{b}, \mathfrak{c}$ があったとし（$\mathfrak{b}, \mathfrak{c}$ は R 自身でもよい），かかるものの任意の二つとする．$\mathfrak{p}$ の極大性により $\mathfrak{b} \cap S$,

1）これの存在は Zorn の補題による．

$\mathfrak{c}\cap S$ はいずれも空ではない．そこで $s_1\in\mathfrak{b}\cap S$, $s_2\in\mathfrak{c}\cap S$ が存在するが $s_1s_2\in\mathfrak{bc}$, 他方 $s_1s_2\in S$ によって $\mathfrak{bc}\not\subseteq\mathfrak{p}$ でなければならぬ．故に前系により $\mathfrak{p}$ は素イデアルである．

定理 3 $\mathfrak{p}_1,\mathfrak{p}_2,\cdots,\mathfrak{p}_r$ を環 R の相異なる素イデアルとする．イデアル $\mathfrak{a}$ がいずれの $\mathfrak{p}_i(i=1,2,\cdots,r)$ にも含まれなければ，$a\notin\mathfrak{p}_i(i=1,2,\cdots,r)$ となる元 a が $\mathfrak{a}$ の中に存在する．

（証明） ある $\mathfrak{p}_i$，例えば $\mathfrak{p}_r$ が他の $\mathfrak{p}_j$ に含まれていれば，$\mathfrak{p}_r$ を除外して考えても一般性を失わない．そこで $i=1,2,\cdots,r$ のいずれの二つも一方が他方を含んでいることはないとはじめから仮定しておく．すると各 i について，定理1の対偶により

$$\mathfrak{p}_1\cdots\mathfrak{p}_{i-1}\mathfrak{p}_{i+1}\cdots\mathfrak{p}_r\mathfrak{a}\not\subseteq\mathfrak{p}_i\quad(i=1,2,\cdots,r)$$

よってこの左辺のイデアルの元 a_i で，$a_i\notin\mathfrak{p}_i$ なるものは存在する．もちろん $a_i\in\mathfrak{a}$ で

$$a_i\equiv0\ (\mathrm{mod}\ \mathfrak{p}_j,\ j\neq i),\quad a_i\not\equiv0\ (\mathrm{mod}\ \mathfrak{p}_i)$$

そこで $a=a_1+a_2+\cdots+a_r$ ととれば，$a\in\mathfrak{a}$ かつ $a\notin\mathfrak{p}_i$ $(i=1,2,\cdots,r)$.

根基 環Rのベキ零元x——すなわち$x^n=0$なる自然数nが存在する元——の全体はRのイデアルをつくる．実際 $x_1^{n_1}=0$, $x_2^{n_2}=0$ なら $(x_1+x_2)^{n_1+n_2}=0$, $(\rho x)^n=0$, $(\rho\in R)$ となるからである．

このベキ零元全体から成るイデアルを R の**根基**という．

$\mathfrak{a}$ を R の一つのイデアルとし，剰余類環 $\bar{R}=R/\mathfrak{a}$ の根基を $\mathfrak{c}$ とする．自然写像 $R\to\bar{R}$ において $\mathfrak{c}$ の原像 $\bar{\mathfrak{a}}$ を（R における）$\mathfrak{a}$ **の根基**という．

定理 4 イデアル $\mathfrak{a}$ を含む素イデアルすべての共通集合は R のイデアルをつくり，これは $\mathfrak{a}$ の根基 $\bar{\mathfrak{a}}$ にひとしい．

（証明） $\mathfrak{a}$を含む素イデアルを一般に $\mathfrak{p}_\lambda$ で示す．かかる $\mathfrak{p}_\lambda$ は一般には無限にあろう．これらすべての共通集合を $\mathfrak{d}$ で示そう．いま x が $\mathfrak{a}$ に関してベキ零，すなわち $x^n\in\mathfrak{a}$ なら，$x^n\in\mathfrak{p}_\lambda$, 従って $x\in\mathfrak{p}_\lambda$. よって $\bar{\mathfrak{a}}\subseteq\mathfrak{d}$.

次に b を $\bar{\mathfrak{a}}$ に含まれない勝手な元とすれば，すべての自然数 n に対し $b^n\notin\mathfrak{a}$. そこで $S=\{b^n|n=1,2,\cdots\}$ とおけば S は乗法に関して閉じており，$S\cap\mathfrak{a}=\phi$ である．従って定理2により $\mathfrak{a}$ を含むSに関して極大なイデアル $\mathfrak{p}$ は素イデアルであり，この $\mathfrak{p}$ は b を含まない．だから $\mathfrak{d}$ は b を含まない．すなわち $\mathfrak{d}$ は $\bar{\mathfrak{a}}$ に含まれない元は少しも含まない．ゆえに前段に述べたことと合せて $\mathfrak{d}=\bar{\mathfrak{a}}$.

一般にいくつかの（有限または無限個の）素イデアルの共通集合として表わ

すことのできるイデアルを**半素イデアル**という．定理4から

系　$\mathfrak{a}$が半素イデアルであるための必要十分な条件は，$R/\mathfrak{a}$が（0以外に）ベキ零元をもたないことである．

注意　0はいつもベキ零元である．従って0以外にベキ零元をもたないことを単にベキ零元をもたないと省略していうこともある．

準素イデアル　素数ベキに対応して準素イデアルがある．

定義　環 R のイデアル $\mathfrak{q}$ について，剰余環 $R/\mathfrak{q}$ の零因子がすべてベキ零であるとき，$\mathfrak{q}$ は**準素イデアル**と称えられる．

すなわち $a, b \in R$ であって $ab \in \mathfrak{q}$, $a \notin \mathfrak{q}$ ならば，ある n について $b^n \in \mathfrak{q}$ でなければならぬとき $\mathfrak{q}$ が準素イデアルである．

定理 5　準素イデアル $\mathfrak{q}$ の根基 $\overline{\mathfrak{q}}$ は素イデアルである．

なんとなれば $ab \in \overline{\mathfrak{q}}$, $a \notin \overline{\mathfrak{q}}$ とするに，$ab \in \overline{\mathfrak{q}}$ からある n に対し $(ab)^n \in \mathfrak{q}$．しかるに $a \notin \overline{\mathfrak{q}}$ ゆえ $a^n \notin \mathfrak{q}$．$\mathfrak{q}$ は準素イデアルだから $(b^n)^m \in \mathfrak{q}$，よって $b \in \overline{\mathfrak{q}}$．

根基 $\overline{\mathfrak{q}}$ を $\mathfrak{q}$ の**素因子**といい，また素因子が $\mathfrak{p}(=\overline{\mathfrak{q}})$ であるような準素イデアル $\mathfrak{q}$ を $\mathfrak{p}$ **に属する準素イデアル**という．

定理 6　$\mathfrak{a}$ が環 R のイデアル，$\overline{\mathfrak{a}}$ を $\mathfrak{a}$ の根基とする．$\mathfrak{a}$ が準素イデアルであるための必要十分条件は $ab \in \mathfrak{a}$, $a \notin \overline{\mathfrak{a}}$ ならば $b \in \mathfrak{a}$ でなければならぬことである．

（証明）$\mathfrak{a}$ が準素イデアルであるとする．$ab \in \mathfrak{a}$, $b \notin \mathfrak{a}$ とすれば定義からある n に対し $a^n \in \mathfrak{a}$．すなわち $a \in \overline{\mathfrak{a}}$．よって $ab \in \mathfrak{a}$, $a \notin \overline{\mathfrak{a}}$ なら $b \in \mathfrak{a}$.

逆にこの条件が成り立ったとする．すると $ab \in \mathfrak{a}$, $a \notin \mathfrak{a}$ からは $b \in \overline{\mathfrak{a}}$（すなわち $b^m \in \mathfrak{a}$）とならなければならない．よって $\mathfrak{a}$ は準素イデアル．

定理 7　$\mathfrak{a}(\neq R)$ をイデアル，$\mathfrak{p}$ を素イデアルとする．$\mathfrak{a}$ が $\mathfrak{p}$ に属する準素イデアルであるための必要十分条件は次の2条件が同時に成立することである．

$$1)\ \mathfrak{p} \subseteqq \overline{\mathfrak{a}}. \qquad 2)\ a \notin \mathfrak{p},\ ab \in \mathfrak{a} \Longrightarrow b \in \mathfrak{a}$$

（証明）これが必要なことは定理6より明らかである．逆に十分なことを示すには，$\overline{\mathfrak{a}}=\mathfrak{p}$ を出しておけばよい．いま $\overline{\mathfrak{a}} \supsetneqq \mathfrak{p}$ であると仮定すると $a \in \overline{\mathfrak{a}}$, $a \notin \mathfrak{p}$ なる元 a があり，$\mathfrak{p}$ は素イデアルだから，$a^n \in \mathfrak{a}$ なる n に対して，$a^n \notin \mathfrak{p}$．$a^n = c$ とおくと $c \notin \mathfrak{p}$, $c \cdot 1 \in \mathfrak{a}$．そこで第2条件から $1 \in \mathfrak{a}$ となり矛盾する．

準素イデアル $\mathfrak{q}$ の素因子 $\mathfrak{p}=\bar{\mathfrak{q}}$ が有限個の元で生成されている場合には，m を適当にとると $\mathfrak{p}^m=\bar{\mathfrak{q}}^m\subseteqq\mathfrak{q}$ となる．

しかし一般にはこの逆，すなわち $\mathfrak{p}^m\subseteqq\mathfrak{q}$ だから $\mathfrak{q}$ は $\mathfrak{p}$ に属する準素イデアルとは限らない．とくに $\mathfrak{p}$ が極大イデアルの場合には逆が成り立つ．すなわち

定理 8　$\mathfrak{m}$ を R の極大イデアル（従って素イデアル）とする．イデアル $\mathfrak{q}$ が $\mathfrak{m}$ のベキ $\mathfrak{m}^n$ を含めば，$\mathfrak{q}$ は $\mathfrak{m}$ に属する準素イデアルである．

（証明）$\mathfrak{m}^n\subseteqq\mathfrak{q}$ だから $\mathfrak{m}\subseteqq\bar{\mathfrak{q}}$．ところが $\mathfrak{m}$ は極大ゆえ $\mathfrak{m}=\bar{\mathfrak{q}}$.

他方 $a\notin\mathfrak{m}$, $ab\in\mathfrak{q}$ とする．$aR\cup\mathfrak{m}=R$ だから $aR\cup\mathfrak{m}^n=R$（前節）．従って $aR\cup\mathfrak{q}=R$. よって剰余類環 $R/\mathfrak{q}$ で a の類 $\bar{a}$ は単元，従って $R/\mathfrak{q}$ で $\bar{a}\bar{b}=0$ から $\bar{b}=0$. よって $b\in\mathfrak{q}$. 定理7から $\mathfrak{q}$ は $\mathfrak{m}$ に属する準素イデアル．

定理 9　$\mathfrak{q}_1,\mathfrak{q}_2,\cdots,\mathfrak{q}_n$ が準素イデアルであり，その素因子を $\mathfrak{p}_1,\mathfrak{p}_2,\cdots,\mathfrak{p}_n$ とする．

（1）　$\mathfrak{p}_1=\mathfrak{p}_2=\cdots=\mathfrak{p}_n$ であれば，$\bigcap_i\mathfrak{q}_i$ は $\mathfrak{p}_1$ に属する準素イデアル．

（2）　$\bigcap_{j\neq i}\mathfrak{q}_j\nsubseteq\mathfrak{q}_i$ $(i=1,2,\cdots,n)$ が成立し，しかも $\mathfrak{p}_i\neq\mathfrak{p}_j$ なる i,j があれば，$\bigcap_i\mathfrak{q}_i$ は準素イデアルではない．

（証明）まず(1)の場合について，$\bigcap_i\mathfrak{q}_i=\mathfrak{a}$ とおくと $\bar{\mathfrak{a}}\supseteqq\mathfrak{p}_1$. なんとなれば $\mathfrak{p}_1$ から任意に元 x をとると，$x^{n_i}\in\mathfrak{q}_i$ $(i=1,2,\cdots,n)$. だから $n=\mathrm{Max}(n_i)$ とすると $x^n\in\mathfrak{a}$.

次に $ab\in\mathfrak{a}$, $a\notin\mathfrak{p}_1$ とすると，各 i につき $ab\in\mathfrak{q}_i$ だから $b\in\mathfrak{q}_i$. 従って $b\in\bigcap_i\mathfrak{q}_i=\mathfrak{a}$. よって定理7から $\mathfrak{a}$ は $\mathfrak{p}_1$ に属する準素イデアル．

(2)の場合について，$\mathfrak{p}_1,\mathfrak{p}_2,\cdots,\mathfrak{p}_n$ のうちの極小なものの一つをとる．これを $\mathfrak{p}_1$ としよう．そこで $\mathfrak{p}_1=\cdots=\mathfrak{p}_r$, $i>r$ なら $\mathfrak{p}_i\neq\mathfrak{p}_1$ とする．すると $\bigcap_{i\leq r}\mathfrak{q}_i=\mathfrak{q}$ は(1)より $\mathfrak{p}_1$ に属する準素イデアルである．

他方 $i>r$ なら $\mathfrak{q}_i\nsubseteq\mathfrak{p}_1$ である．なんとなれば $\mathfrak{q}_i\subseteqq\mathfrak{p}_1$ と仮定するに，$\mathfrak{p}_i$ の任意の元 x_i は $\mathfrak{q}_i$ に関してベキ零だから $x_i^{m_i}\subset\mathfrak{q}_i\subseteqq\mathfrak{p}_1$ となり，$x_i\in\mathfrak{p}_1$ とならなければならず，従って $\mathfrak{p}_i\subseteqq\mathfrak{p}_1$, これと $\mathfrak{p}_1$ の極小性とから $\mathfrak{p}_i=\mathfrak{p}_1$ となり矛盾する．

その結果 $a_i\in\mathfrak{q}_i$ を $a_i\notin\mathfrak{p}_1$ となるように選べる．そこで $a=a_{r+1}\cdots a_n$ とおくと，$a\notin\mathfrak{p}_1$ で $a\mathfrak{q}\subseteqq\bigcap_{i=1}^n\mathfrak{q}_i=\mathfrak{a}$. 仮設から $\mathfrak{q}\nsubseteq\mathfrak{a}$. そこで $q\in\mathfrak{q}$ を $q\notin\mathfrak{a}$ なようにとれば，

$$aq\in\mathfrak{a},\quad q\notin\mathfrak{a},\quad \forall n\ a^n\notin\mathfrak{p}_1\ (\text{従って } a^n\notin\mathfrak{a})$$

となって $\mathfrak{a}$ は準素イデアルではありえない．

Jacobson 根基

定義 環 R のすべての極大イデアルの共通集合を R の **Jacobson 根基**（**J-根基**）という．

従って局所環の J-根基は極大イデアルそのものである．

R の J-根基を $\mathfrak{n}$ とするとき，$a\in R$, $a\equiv 1 (\mathrm{mod}\ \mathfrak{n})$ ならば，a は R の単元である．なんとなれば，a が単元でなく $aR\neq R$ とすれば，aR を含む極大イデアル $\mathfrak{m}$ があり，$a\equiv 0\not\equiv 1 (\mathrm{mod}\ \mathfrak{m})$．従って $a\not\equiv 1 (\mathrm{mod}\ \mathfrak{n})$．

さて M を加群で，R を作用域にもつもの，すなわち M を R-加群とする．M が R の上に有限個の元 $(u_1, \cdots, u_n)$ で生成されているとき，有限 R-加群といい

$$M=\sum_{i=1}^{n} Ru_i \quad (\text{ただし } 1\cdot u_i=u_i)$$

で示す．もっともここで右辺の和は直和を示すものとは限らない．

補題 $\mathfrak{a}$ を環 R のイデアル，M を有限 R-加群，$\mathfrak{a}M=M$ であるとする．$a\equiv 1 (\mathrm{mod}\ \mathfrak{a})$ なる元 $a(\in R)$ は M に関して零因子でないとき，すなわち

$$au=0,\quad u\in M \text{ ならば } u=0$$

であるとき，$M=0$ でなければならない．

（証明） $M=\mathfrak{a}M$ であるから，

$$M=\sum_{i=1}^{n} Ru_i$$

とすれば

$$u_i=\sum_{j=1}^{n} a_{ij}u_j, \qquad a_{ij}\in\mathfrak{a}, \ (i=1, 2, \cdots, n) \tag{1}$$

そこで行列 (a_{ij}) の固有行列式

$$\text{行列式} \quad |a_{ij}-\delta_{ij}|=d$$

とおけば $\pm d\equiv 1 (\mathrm{mod}\ \mathfrak{a})$．

ところが行列式 $|a_{ij}|$ の余因数 A_{ij} を (1) の各式にかけ $\sum_j$ すれば

$$du_j=0 \qquad (j=1, 2, \cdots, n)$$

よって補題の仮設から，すべての $u_j=0$．すなわち $M=0$．

定理 10 環 R の J-根基を $\mathfrak{n}$, M を有限 R-加群とする．

$$\mathfrak{n}M=M \text{ ならば } M=0$$

（証明） $a\equiv 1 \bmod \mathfrak{n}$ ならば，a は R の単元，従って M に関して a は零因子ではない．故に補題から $M=0$.

定理 11 環 R の J-根基を $\mathfrak{n}$ とする．M を有限 R-加群，N を M の R-部分加群とする．もし $M=\mathfrak{n}M+N$ ならば，$M=N$ でなければならぬ．

（証明） M を $\bmod N$ で剰余類に分かち，$\bar{M}=M/N$ とする．$\bar{M}$ はまた R-加群，そして

$$\bar{M}=\mathfrak{n}\bar{M}$$

これに前定理を適用して $\bar{M}=0$．すなわち $M=N$ である．

定理 11 を局所環に適用して次の重要な結果が得られる．

定理 12 R を（擬）局所環とし，その唯一の極大イデアル $\mathfrak{m}$ が有限個の元で生成されているとする．剰余類加群 $\mathfrak{m}/\mathfrak{m}^2$ を，係数域が体 $R/\mathfrak{m}$ なるベクトル空間とみて，$u_1, \cdots, u_m$ $(u_j \in R)$ の類がその完全底を与えるとき

$$\mathfrak{m}=R(u_1, u_2, \cdots, u_m)$$

（証明） $\mathfrak{m}$ 自身を R-加群Mとみるとき，仮設から $\mathfrak{m}=\sum_{i=1}^{n} Rv_i$ であり，有限 R-加群．ところが $u_j \in \mathfrak{m}$ $(j=1, 2, \cdots, m)$ だから，R-加群

$$N=\sum_{j=1}^{m} Ru_j$$

は$M(=\mathfrak{m})$ の R-部分加群．そしてまた仮設から

$$\mathfrak{m}=N+\mathfrak{m}^2$$

他方 R は局所環だから，J-根基 $\mathfrak{n}$ は $\mathfrak{m}$ にひとしい，そこで $\mathfrak{m}=M$ を合せ考え

$$M=\mathfrak{n}M+N$$

定理 11 の条件はすべてみたされているから，$M=N$．すなわち

$$\mathfrak{m}=\sum Ru_j=R(u_1, \cdots, u_m)$$

本節末に環 R のイデアルがすべて有限個の元で生成せられる（これらの元をイデアルの底という）ための十分条件についての Cohen の興味ある定理を注意しておこう．（証明は永田の方法による）

定理 13 環 R のすべての素イデアルが有限な底をもつときは（すなわち有限個の元で生成されているときは）R のすべてのイデアルは有限の底をもつ．

（証明） 帰謬法による．有限底をもち得ないイデアルがあったとし，その一つを $\mathfrak{a}_1$ とする．$\mathfrak{a}_1$ より広いもので有限底をもち得ないものがあればこれをとり $\mathfrak{a}_2$ とする．同様にしてこのようなイデアルの列 $\mathfrak{a}_1 \subsetneq \mathfrak{a}_2 \subsetneq \mathfrak{a}_3 \subsetneq \cdots$ をとる．これが有限で切れれば，かかるイデアルに極大なものがある．もし有限で切れなければ，その結びの集合 $\mathfrak{a}=\{x \mid \exists \lambda, x \in \mathfrak{a}_\lambda\}$ をとる．これは R のイデアルであって，やはり有限の底をもち得ない．なんとなれば，$\mathfrak{a}=(x_1, \cdots, x_r)$ とすれば $x_1, \cdots, x_r$ のすべてがある $\mathfrak{a}_n$ に入ることとなり，$\mathfrak{a} \subseteqq \mathfrak{a}_n$，他方明らかに $\mathfrak{a}_n \subseteqq \mathfrak{a}$ であって $\mathfrak{a}=\mathfrak{a}_n$．これは $\mathfrak{a}_n$ の性質に反する．よって有限底をもち得ないイデアルのうちに極大なもの $\mathfrak{a}$ が存在する．

仮設から $\mathfrak{a}$ は素イデアルではない．よって $b \notin \mathfrak{a}$，$c \notin \mathfrak{a}$ で $bc \in \mathfrak{a}$ なる R の元 b, c が存在する．すると $\mathfrak{a} \cup bR \supsetneqq \mathfrak{a}$，$\mathfrak{a} : bR \supsetneqq \mathfrak{a}$（$\because c \in \mathfrak{a} : bR$）．よって $\mathfrak{a} \cup bR$，$\mathfrak{a} : bR$ は有限の底をもつ．そこで次の岡の補題により $\mathfrak{a}$ 自身有限底をもつ．これは矛盾である．

補題 $\mathfrak{a} \cup bR$，$\mathfrak{a} : bR$ が有限個の元で生成されているときは，$\mathfrak{a}$ もそうである．［岡］

（証明） $\mathfrak{a} \cup bR$ の底を $(\alpha_1, \alpha_2, \cdots, \alpha_m)$ とする．すると $\alpha_i \equiv a_i \pmod{bR}$ なるごとき $a_i \in \mathfrak{a}$ は存在し $\mathfrak{a} \cup bR=(a_1, a_2, \cdots, a_m, b)$．

次に $\mathfrak{a} : bR$ の底を $(c_1, c_2, \cdots, c_n)$ としておこう．

いま $(a_1, a_2, \cdots, a_m, bc_1, bc_2, \cdots, bc_n)R=\mathfrak{a}'$ なるイデアルをつくると，$\mathfrak{a}' \subseteqq \mathfrak{a}$ なることは自明．逆に $\mathfrak{a}' \supseteqq \mathfrak{a}$ なることを証明しよう．それには $\mathfrak{a} \ni a$ を任意にとると $a \in \mathfrak{a} \cup bR$ だから $a=a_1x_1+\cdots+a_mx_m+bz$ $(x_i, z \in R)$ と表わされる．すると $bz \in \mathfrak{a}$．よって $z \in \mathfrak{a} : bR$．従って $z \in (c_1, \cdots, c_n)R$．よって $a \in \mathfrak{a}'$．すなわち $\mathfrak{a} \subseteqq \mathfrak{a}'$．従って $\mathfrak{a}$ は有限底 $(a_1, \cdots, a_m, bc_1, \cdots, bc_n)$ をもつ．

3. *R*-加 群

環 R のイデアルが，R を作用域にもつ R の部分加群であった．R に含まれない R-加群 M についても，その R-部分加群に対してイデアルに準じてある程度に種々の概念は拡張される．

素部分加群 R-加群 M の R-部分加群 P に対し

$$am \in P,\ a \in R,\ m \in M,\ m \notin P \Longrightarrow aM \subseteqq P$$

なるとき，P を M の素部分加群という．

準素部分加群　R–加群 M の R–部分加群 Q に対し，ある自然数 r があり

$$am\in Q,\ a\in R,\ m\in M,\ m\notin Q\Rightarrow a^rM\subseteqq Q$$

なるとき，Q を準素部分加群という．

注意　$M=R=(1)$ のとき，これらの概念は素イデアル，準素イデアルと一致する．さらに零因子，ベキ零元をも拡張して

定義　R–加群 M において，$a\in R, m\in M$ で，$a\neq 0$，$m\neq 0$ だが $am=0$ なるとき，R–加群 $\boldsymbol{M}$ **に関して** $\boldsymbol{a}$ **は零因子**であるという．またある自然数 r に対して，$a^rM=0$ なるとき，a は $\boldsymbol{M}$ **に関してベキ零**であるという．$r=1$ にとれるとき，すなわち $aM=0$ なるとき a は M の零化元という．

R–部分加群 P が M の素加群であることは，剰余類加群 M/P をとるとき，これに関する零因子が零化元以外に存在しないことと同値であり，

R–部分加群 Q が M の準素加群なることは，剰余類加群 M/Q をとるとき，これに関する零因子がすべてベキ零である（M/Q に関し）ことと同値である．

なお N を M の R–部分加群とするとき，$N:M$ の下に

$$N:M=\{x|x\in R,\ xM\subseteqq N\}$$

と定めれば，明らかに $N:M$ は R のイデアルをつくる．かかる x を，法 N についての M の**零化元**という．また，$N:M$ を M における N の**内容**といい，$I(N)=I_M(N)=N:M$ で示す．

P が R–加群 M の素加群なるとき，M における P の内容は R の素イデアルである．実際 $P:M=\mathfrak{p}$ とし，$a\in R$，$b\in R$，$ab\in\mathfrak{p}$，$a\notin\mathfrak{p}$ とする．すると

$$abM\subseteqq P,\ \text{しかし}\ \ aM\nsubseteqq P$$

だから，ある $m\in M$ があり $am\notin P$．ところが $b(am)\in P$，P は素加群ゆえ，$bM\subseteqq P$，よって $b\in P:M=\mathfrak{p}$．これは $\mathfrak{p}$ が R の素イデアルなることを示す．

Q が R–加群 M の準素加群なるとき，M における Q の内容は R の準素イデアルである．$Q:M=\mathfrak{q}$ とし，$a,b\in R$，$ab\in\mathfrak{q}$，$a\notin\mathfrak{q}$ とする．すると

$$abM\subseteqq Q,\ \text{しかし}\ \ aM\nsubseteqq Q$$

だから $am\notin Q$ なる $m\in M$ があり，$b(am)\in Q$．従って $b^rM\subseteqq Q$．ゆえに $b^r\in M:Q=\mathfrak{q}$．

準素加群 Q の内容 $I(Q)=\mathfrak{q}$ が素イデアル $\mathfrak{p}$ に属するとき，Q は $\mathfrak{p}$ に属する準素加群という．

準素加群 Q が $\mathfrak{p}$ に属するとき，$a\in R$, $a\notin\mathfrak{p}$ なら $Q:aR=Q$.

なんとなれば $am\in Q$, $m\in M$, $m\notin Q$ とすると $a^r\in\mathfrak{q}\subset\mathfrak{p}$. よって $a\in\mathfrak{p}$ でなければならぬ．これは $a\notin\mathfrak{p}$ に矛盾するから $am\in Q$ なら，$m\in Q$.

同一の素イデアル $\mathfrak{p}$ に属する準素加群 Q_i 有限個の共通集合は，$\mathfrak{p}$ に属する準素加群である．

なんとなれば $\bigcap_i^n Q_i$ に属しない $m\in M$ に対し，$am\in\bigcap_i Q_i$, $a\in R$ とすれば，ある Q_i, 例えば Q_1 に対して $m\notin Q_1$. よって $a^rM\subset Q_1$. 従って $a\in\mathfrak{p}$. ところが自然数 r さえ十分大にすれば $\forall i\ a^r\in\mathfrak{q}_i$, $a^rM\subseteqq\mathfrak{q}_iM\subseteqq Q_i$ ゆえ $a^rM\subseteqq\bigcap_i Q_i$. よって $\bigcap_i Q_i$ は準素加群で，素イデアル $\mathfrak{p}$ に属する．

素イデアルと準素イデアルとの間のような関係が素加群と準素加群との間に保たれるであろうか．

準素加群 Q が $\mathfrak{p}$ に属するとき

$$\bar{Q}=\{m|m\in M,\ \exists x\notin\mathfrak{p},\ xm\in\mathfrak{p}M+Q\}$$

なるような R-加群 $\bar{Q}(\supseteqq Q)$ は素加群であり，$\mathfrak{p}$ に属する．

実際 $am\in\bar{Q}$, $m\notin\bar{Q}$ とする．$am\in\bar{Q}$ だから $x\notin\mathfrak{p}$, $xam\in\mathfrak{p}M+Q$ なような x は存在する．$a\notin\mathfrak{p}$ と仮定すれば，$xa\notin\mathfrak{p}$ だから $m\in\bar{Q}$ となり仮説に反する．ゆえに $a\in\mathfrak{p}$. 従って $1\cdot aM\subseteqq\mathfrak{p}M+Q$ となり $aM\subseteqq\bar{Q}$. だから $\bar{Q}$ は素加群，また上述から $aM\subseteqq\bar{Q}$ なるためには，$a\in\mathfrak{p}$ でなければならぬ．ゆえに $I(\bar{Q})=\mathfrak{p}$. さらに $m\in Q$ なら $1\cdot m\in\mathfrak{p}M+Q$ だから，$m\in\bar{Q}$. よって $Q\subseteqq\bar{Q}$.

しかし $\mathfrak{p}M$（または $\mathfrak{p}M+Q$）は素加群とは限らない．すなわち Q を準素加群とするとき

$$\{xM|x^rM\subseteqq Q,\ x\in R\}$$

は素加群を生成すると限らない．

反例 k を体，x,y は独立な変数とし $R=k[x,y]/(y^2)$ とする．u を R の上に自由な元とし，v を $xv=yu$, $yv=0$ をみたすとする．いま

$$M=Ru+Rv=Ru+kv$$

とすれば，0は M で準素加群であり，R の素イデアル yR に属する，

実際　$am=0$, $m=\alpha u+\beta v$, $\alpha\in R$, $\beta\in k$,（$\alpha=\beta=0$ ではない）かつ $a\in R$ とする．

まず $a\notin yR$ としておく．$a\notin(x,y)$ とすれば $\beta=0$ でないと $a\beta\notin(x,y)$，$\beta=0$ なら $a\alpha u=0$ で $\alpha=0$ だし，$\beta\neq 0$ とすれば $a\alpha u=-a\beta v$．従って $v\in Ru$ となり矛盾，よって $a\in(x,y)$ でなければならぬ．そこで $a=fx+gy$．ここに f は x だけの整式，

$$0=fx\alpha u+gy\alpha u+fx\beta v=fx\alpha u+gy\alpha u+f\beta yu$$

u は R の上で自由．故に $k[x,y]$ で考えて $f\cdot x\alpha+gy\alpha+f\beta\cdot y\equiv 0$ (y^2)

$a\notin yR$ とすると $f\neq 0$．x と y とは k 上で独立だし，f は x のみの式だから

$$\alpha\in yR,\quad \alpha=y\alpha'$$

従って
$$f(x\alpha'+\beta)\in yR$$

$\beta\neq 0$ でこれは不可能．従って $a\in yR$ でなければならぬ．

すなわち $am=0$, $m\neq 0$ なら $a\in yR$．ところが R で $y^2=0$，よって $a^2=0$，$a^2M=0$．だから 0 は M で準素加群であり，これの属する素イデアル $\mathfrak{p}$ は yR である．

しかし $\mathfrak{p}M=yM$ は素加群ではない．

なんとなれば $yM=Ryu$ であり，$v\notin yM$．他方 $xv\in yM$

しかし r をいかにとるも x^rM は x^ru を含み yM には入らない．yM は準素加群でもない．

4. 有限条件，極小条件をみたす環

前節までの所論は主としていわゆる有限条件にかかわらない性質についてであった．しかしまずわれわれにとって重要な環は，有限条件をみたしている．ここに有限条件とは

1°. **極大条件**　環 R のイデアルの列 $\mathfrak{a}_1,\mathfrak{a}_2,\cdots,\mathfrak{a}_n,\cdots$ において

$$\mathfrak{a}_1\subseteqq\mathfrak{a}_2\subseteqq\cdots\subseteqq\mathfrak{a}_n\subseteqq\cdots$$

をみたすとき，この列は有限で終る，すなわち $\mathfrak{a}_n=\mathfrak{a}_{n+1}=\cdots$ となる n が存在する．

2°. **極小条件**　環 R のイデアルの列 $\mathfrak{b}_1,\mathfrak{b}_2,\cdots,\mathfrak{b}_n,\cdots$ において

$$\mathfrak{b}_1\supseteqq\mathfrak{b}_2\supseteqq\cdots\supseteqq\mathfrak{b}_n\supseteqq\cdots$$

ならば，この列は有限で終る，すなわち $\mathfrak{b}_n=\mathfrak{b}_{n+1}=\cdots$ となる n が存在する．

2′°. **弱極小条件**　$\mathfrak{a}$ が環 R のイデアルであるとき，$\mathfrak{a}\neq 0$ ならば，常に剰余環 $R/\mathfrak{a}$ が極小条件をみたす場合をいう．

もちろん極小条件をみたせば弱極小条件はみたされている.

極大条件をみたす場合，Rは必ずしも弱極小条件をみたすとは限らない．例えば多項式整域 $k[x,y]$ においては，極大条件は成り立つ (Hilbertの定理) が，弱極小条件は成り立たない．実際

$$(x,y)\supset(x,y^2)\supset\cdots\supset(x,y^n)\supset\cdots\supset(x)\neq 0$$

極大条件の成り立つ環は，代数幾何学とも関連して非常に重要である．これを E. Noether に因んで **Noether 環**とよぶ.

極小条件をみたす環は比較的簡単な構造をもつ．実は弱極小条件をみたしさえすれば，環 R (ただし単位元をもつとする) は極大条件をみたす (秋月；本節で証明する).

そこでまず極小条件をみたす環の構造についてしらべよう.

極小条件をみたす環の構造

補題 1 極小条件をみたす環 R の J–根基 $\mathfrak{n}$ はベキ零である (ここにベキ零は0も含める).

(証明) R が体なら $\mathfrak{n}=0$, 従って $0:\mathfrak{n}=R$. R が体でなければ，極小条件から，極小なイデアル $\mathfrak{u}(\neq 0)$ は存在し，しかもこれは単項イデアル，すなわち $\mathfrak{u}=Ru$. そして $\mathfrak{n}\mathfrak{u}\subseteq\mathfrak{u}$ であるが，$\mathfrak{n}\mathfrak{u}=\mathfrak{u}$ と仮定すると，$\mathfrak{u}$ は R–加群として有限 (単項！)だから § 2, 定理 10 により $\mathfrak{u}=0$ となり矛盾する．よって $\mathfrak{n}\mathfrak{u}=0$. ($\mathfrak{u}$ は極小ゆえ) この結果 $0:\mathfrak{n}\supseteqq\mathfrak{u}\neq 0$[1]. いま $0:\mathfrak{n}=\mathfrak{a}$ とおく.

$\mathfrak{a}=R$ なら $\mathfrak{n}=0$. $\mathfrak{a}\neq R$ なら剰余類環 $R'=R/\mathfrak{a}$ をとる．R' でも極小条件は成り立ち，R' の J–根基は $\mathfrak{n}'=\mathfrak{n}\cup\mathfrak{a}/\mathfrak{a}$ である．そこで $0:\mathfrak{n}'=\mathfrak{a}'$ とすると前同様に R' で $\mathfrak{a}'\neq 0$. 自然写像 $R\to R'$ で $\mathfrak{a}'$ の原像を $\mathfrak{a}_1$ とすれば $\mathfrak{n}\mathfrak{a}_1\subseteqq\mathfrak{a}$, 従って $\mathfrak{n}^2\mathfrak{a}_1=0$ だが $\mathfrak{a}_1\underset{\neq}{\supset}\mathfrak{a}$ だから $\mathfrak{n}\mathfrak{a}_1\neq 0$. よって $\mathfrak{n}^2\underset{\neq}{\subset}\mathfrak{n}$.

$\mathfrak{a}'=R'$ なら $\mathfrak{n}'=0$. 従って $\mathfrak{n}\subseteqq\mathfrak{a}$ で $\mathfrak{n}^2=0$. そうでなく $\mathfrak{a}'\neq R'$ なら上の論法をくり返す．$\forall s$ $\mathfrak{n}^s\neq 0$ なら，われわれは

1) § 2, 定理 10 を用いないでも次のようにしても $0:\mathfrak{n}\neq 0$ なることはわかる．極小イデアルuについて，$0:\mathfrak{u}$ を考えると，これは極大イデアルである．実際 $0:\mathfrak{u}=\mathfrak{m}$ とおく．$\mathfrak{m}$ に含まれない元 a を勝手にとると $a\mathfrak{u}=Rau=\mathfrak{u}=Ru$. これから $u=abu$, $b\in R$ なる b があり，$ab\equiv 1 \bmod \mathfrak{m}$ となる．すなわち $R/\mathfrak{m}$ は体，よって $0:\mathfrak{u}=\mathfrak{m}$ は極大イデアル．他方 J–根基 $\mathfrak{n}$ は $\mathfrak{m}$ に含まれているから $\mathfrak{n}\mathfrak{u}=0$. ゆえに $0:\mathfrak{n}\supseteqq\mathfrak{u}\neq 0$.

$$\mathfrak{n} \underset{\neq}{\supset} \mathfrak{n}^2 \underset{\neq}{\supset} \mathfrak{n}^3 \underset{\neq}{\supset} \cdots$$

なるイデアル列を得る．極小条件でこれが有限で終るべきだから，ある s に対し $\mathfrak{n}^s=0$ でなければならない．

補題 2 極小条件をみたす環の極大イデアルは有限個より存在しない．

（証明） $\mathfrak{p}_1, \mathfrak{p}_2, \cdots, \mathfrak{p}_r$ を相異なる極大イデアルとすると，$\mathfrak{p}_1\cdots\mathfrak{p}_{r-1}\cup\mathfrak{p}_r=R$ だから(§1)

$R/\mathfrak{p}_r \cong \mathfrak{p}_1\cdots\mathfrak{p}_{r-1}/\mathfrak{p}_1\cdots\mathfrak{p}_{r-1}\mathfrak{p}_r$ であって $\mathfrak{p}_1\cdots\mathfrak{p}_{r-1} \underset{\neq}{\supset} \mathfrak{p}_1\cdots\mathfrak{p}_{r-1}\mathfrak{p}_r$.

いま R が無限に多く相異なる極大イデアルをもつとすると $\mathfrak{p}_1\supset\mathfrak{p}_1\mathfrak{p}_2\supset\cdots\supset\mathfrak{p}_1\cdots\mathfrak{p}_r\supset\cdots$ と無限に続く列をもつこととなり，極小条件に矛盾する．

この結果 J-根基 $\mathfrak{n}$ は　$\mathfrak{n}=\mathfrak{p}_1\mathfrak{p}_2\cdots\mathfrak{p}_r=\mathfrak{p}_1\cap\cdots\cap\mathfrak{p}_r$

そして補題 1 により　$0=\mathfrak{n}^s=\mathfrak{p}_1^s\mathfrak{p}_2^s\cdots\mathfrak{p}_r^s=\mathfrak{p}_1^s\cap\cdots\cap\mathfrak{p}_r^s$

§1，定理 2，系により　$R=R/0$ は

$$R=R/\mathfrak{p}_1^s \oplus R/\mathfrak{p}_2^s \oplus\cdots\oplus R/\mathfrak{p}_r^s$$

この剰余類環 $R/\mathfrak{p}^s$ では，極大イデアルがただ一つであって，しかもベキ零である．かかる環を**準素環**（極小条件をみたす）という．

これらをまとめて

定理 1 極小条件をみたす環 R は，極小条件をみたす準素環の有限個の直和である．

従って R の素イデアルは極大イデアルに限り，J-根基は R の根基と一致する．

とくに根基が 0 の場合，すなわち上記の $s=1$ の場合は

系 極小条件をみたし根基をもたない環 R は有限個の体の直和である．

さて準素環 R_i では R-加群（R-イデアル）の組成列が存在する．実際 R_i のイデアル鎖

$$R_i\supset\mathfrak{p}_i\supset\mathfrak{p}_i^2\supset\cdots\supset\mathfrak{p}_i^s=0 \qquad R_i=R/\mathfrak{p}_i^s$$

を細分して組成列をつくってみよう．いま剰余類加群 $\mathfrak{p}_i/\mathfrak{p}_i^2$ をその係数域が体 $R/\mathfrak{p}_i$ なるベクトル空間をみるとき，その次元は有限でなければならない．なんとなれば

$$\mathfrak{p}_i/\mathfrak{p}_i^2 = ku_1 + ku_2 + \cdots + ku_n + \cdots \qquad k \cong R/\mathfrak{p}_i$$

と無限次元とすれば（もちろん $u_1, \cdots, u_n, \cdots$ は k に関して一次独立とする）

$$\mathfrak{a}_1 = \mathfrak{p}_i \supset \mathfrak{a}_2 \supset \cdots \supset \mathfrak{a}_n \supset \cdots \quad | \supset \mathfrak{p}_i^2$$

ここに　　$\mathfrak{a}_n = (u_n, u_{n+1}, \cdots, \mathfrak{p}_i^2) \qquad n = 1, 2, 3, \cdots$

なる無限に続くイデアル列を得る．[$\mathfrak{a}_n \neq \mathfrak{a}_{n+1}$ なることは，もし $\mathfrak{a}_n = \mathfrak{a}_{n+1}$ と仮定すると $u_n \in \mathfrak{a}_{n+1}$ となり $u_n \equiv \sum_{j=1}^{r} a_j u_{n+j} \pmod{\mathfrak{p}_i^2}$ となり，$u_n, u_{n+1}, \cdots, u_{n+r}$ が k に関して一次独立なことに矛盾する]

かくして $\mathfrak{p}_i = (u_1, \cdots, u_r, \mathfrak{p}_i^2)$ となり，$\mathfrak{p}_i$ と $\mathfrak{p}_i^2$ との間に $r-1$ 個の中間のイデアルを挿入することによって組成列が完成される．

$\mathfrak{p}_i^2$ と $\mathfrak{p}_i^3$ との間には，$\mathfrak{p}_i^2 = (u_1^2, u_1u_2, \cdots, u_r^2, \mathfrak{p}_i^3)$ だから，また有限個のイデアルを挿入することで組成列がつくれる．このように順次くり返していけば R_i の一つの組成列をつくり上げることができる．

R は上のような準素環有限個の直和だから，R も一つの組成列をもつ．従って R では極大条件も成り立つ．よって

定理 2　極小条件をみたす環は極大条件をみたす[1]．

系　弱極小条件をみたす環も極大条件をみたす．

なんとなれば一つのイデアル鎖 $0 \neq \mathfrak{a} \subset \mathfrak{a}_1 \subset \mathfrak{a}_2 \subset \cdots$ を考えるときは，剰余類環 $R/\mathfrak{a}$ について考えればよい．ところが $R/\mathfrak{a}$ では極小条件が成り立ち，従って極大条件がみたされるから R でも極大条件は成り立つ．

さて R を弱極小条件のみたされる環，$\mathfrak{a}$ を 0 と異なる R のイデアルとする．$R/\mathfrak{a}$ でその零イデアルは $\bar{\mathfrak{p}}_1^s \cap \cdots \cap \bar{\mathfrak{p}}_r^s$ と分解される．ここに $\bar{\mathfrak{p}}_i$ は $R/\mathfrak{a}$ の極大イデアル．いま $R \to R/\mathfrak{a}$ の自然写像で $\bar{\mathfrak{p}}_i$ の原像を $\mathfrak{p}_i$ とすれば，$\mathfrak{p}_i$ は R の極大イデアルであって，上の $R/\mathfrak{a}$ での $0 = \bar{\mathfrak{p}}_1^s \cap \cdots \cap \bar{\mathfrak{p}}_r^s$ なる分解は

$$\mathfrak{a} = \bigcap_i (\mathfrak{a} \cup \mathfrak{p}_i^s)$$

と R での分解にうつされる．ところが $\mathfrak{q}_i = \mathfrak{a} \cup \mathfrak{p}_i^s$ は（$\mathfrak{p}_i$ が極大ゆえ）$\mathfrak{p}_i$ に属す

---

1)　主単位をもたず，$R^2 = 0$ となる環では定理 2 は必ずしも成り立たない．

る準素イデアルであり，$\mathfrak{q}_i, \mathfrak{q}_j (i \neq j)$ は公約子をもたない．よって

$$\mathfrak{a}=\mathfrak{q}_1\mathfrak{q}_2\cdots\mathfrak{q}_r \quad \text{ここに} \quad \mathfrak{q}_i=\mathfrak{a}\cup\mathfrak{p}_i^s$$

そしてこの分解が一意的なことは J-H-S 定理から容易に結論しうるところである[1]．

もし R が零因子をもてば $a\neq 0$, $b\neq 0$ で $ab=0$. $aR\neq 0$, $bR\neq 0$ だから，aR, bR については準素イデアルの積への分解が可能となり，$0=aR\cdot bR$ もまた準素イデアル（極大イデアルに属する）の積に分解せられ，R で極小条件（強い意味の）が成り立つこととなる．それゆえ極小条件の成立しない，弱極小条件だけの環では 0 は素イデアル（すなわち R は整域）である．そこで

定理 3 弱極小条件をみたす整域では，イデアル $(\neq 0)$ は準素イデアルの積に一意的に分解せられ，そしてその各準素イデアルの素因子はすべて極大イデアルである．

加群の長さ R を極小条件のみたされる環，M を有限 R-加群とする．M の R-加群としての長さは有限，すなわち R-加群の組成列

$$M=M_0\supset M_1\supset\cdots\supset M_n=0$$

は存在し，これの長さ n を $l(M; R)$ または $l(M)$ で示す．われわれの場合，長さ $l(M)$ が常に有限であり，組成列の取方に関しない．

M が $M^{(1)},\cdots,M^{(r)}$ の直和なら $l(M)=\sum l(M^{(i)})$

定理 4 R が極小条件をみたす準素環，$\mathfrak{m}$ をその極大イデアル，R' を R の部分環で極小条件をみたす準素環，$K=R/\mathfrak{m}$ が $K'=R'/\mathfrak{m}'(\mathfrak{m}'=R'\cap\mathfrak{m})$ の有限次拡大体とする．

M が有限 R-加群の場合

$$l(M\,;R')=[K:K']\,l(M\,;R)$$

（証明） $M=M_0\supset M_1\supset\cdots\supset M_n=0$ を M の R-加群としての組成列とする．すると各 M_{i-1}/M_i は既約 K 加群（すなわち加群としての K の同型）である．ゆえに $l(M_{i-1}/M_i\,;K')=[K:K']$．よって定理は成り立つ．

1) もっとも J-H-S 定理によらずに，直接証明も容易であろう．（公約子をもたないことを利用せよ）

5. Noether 環とその上の加群

R を Noether 環，すなわち R で極大条件がみたされるとする．これは R のイデアルがいつも有限個の元で生成されていることと同値である（抽象代数学演習第5章）．また $\mathfrak{a}$ を R のイデアルとするとき，剰余環 $R/\mathfrak{a}$ も明らかに Noether 環である．

定理 1 R を Noether 環，M を R の上の有限加群とする．M の R-部分加群 N は有限 R-加群である．すなわち M は R-部分加群について極大条件をみたす．

（証明） $M=Ru_1+\cdots+Ru_n$ であったとする．

n についての帰納法で証明する．

N の元 d を

$$d=a_1u_1+a_2u_2+\cdots+a_nu_n,\quad a_i\in R$$

と表わしたとき，u_1 の係数として現われる元 a_1 の全体は R のイデアルをつくる．これを $\mathfrak{a}$ とする．R のイデアルは有限個の元で生成される（この元をイデアルの**底**という）から，$\mathfrak{a}$ は底をもち，それを $c_1, c_2, \cdots, c_m$ $(c_i\in R)$ とする．従って

$$d_i=c_iu_1+a_{2i}u_2+\cdots+a_{ni}u_n \quad (i=1,2\cdots m)$$

なる元 d_i が N の中に存在する．ところが $a_1=\sum_{i=1}^{m} b_ic_i$ $(b_i\in R)$ と書けるから，

$$d-\sum b_id_i=a_2'u_2+\cdots+a_n'u\in N\cap(Ru_2+\cdots+Ru_n)$$

この右辺の加群を N' とおけば，N' も R-加群で $Ru_2+\cdots+Ru_n$ の部分加群．帰納法の仮設から N' は有限 R-加群．$N=\sum Rd_i\cup N'$ として N もまた有限 R-加群．

定理 2 R が Noether 環ならば，R の上に有限個の元で生成される環は Noether 環である．**[Hilbert]**

（証明） 生成元の個数についての帰納法を利用すれば，1個のときについて証明しておけばよいことがわかろう．そこで1個の元 a で生成された環 $R[a]$ を考える．

$R[a]$ の任意のイデアル $\mathfrak{a}$ をとる．$\mathfrak{a}$ の元を，文字 a についての多項式（係数は R の元）

の形に表わしたとき[1]，最高次の項の係数になり得る元に 0 を合せたものを $\mathfrak{a}_0$ とする．$\mathfrak{a}_0$ が R のイデアルとなることは見やすい．R は Noether 環だから，$\mathfrak{a}_0$ は有限個の底をもち $\mathfrak{a}_0=R(b_1,\cdots,b_r)$ とする．$\mathfrak{a}$ の元で，最高次の項の係数がちょうど $b_1,\cdots,b_r$ になるものを一つずつとって，それを $\beta_1,\cdots,\beta_r$ とする．

$\beta_1,\beta_2,\cdots,\beta_r$ の a についての次数の最大なものを N とする．すると a についての次数が $\geqq N$ なる多項式 $\gamma\in\mathfrak{a}$ は，$R[a]$ における $\beta_1,\cdots,\beta_r$ の一次結合を適当にとりそれを γ から引くことにより，その差として得られる多項式の次数を $<N$ ならしめることができる．従って

$$\mathfrak{a}\subseteqq R+Ra+\cdots+Ra^{N-1}+R(\beta_1,\cdots,\beta_r),\ R[a](\beta_1,\cdots,\beta_r)\subset\mathfrak{a}$$

ところが $\mathfrak{a}\cap(R+Ra+\cdots+Ra^{N-1})$ は定理 1 から有限 R–加群．すなわちこれは有限の底をもつ．いまこれを $(\beta_{r+1},\cdots,\beta_n)$ とすれば

$$\mathfrak{a}=R[a](\beta_1,\cdots,\beta_r,\cdots,\beta_n)$$

かく $R[a]$ の任意のイデアルは有限個の底をもつ．従って $R[a]$ は Noether 環である

$\bigcap_n^\infty\mathfrak{a}^n$ について[2]

Artin の補題 1[3] $\mathfrak{a},\mathfrak{b},\mathfrak{c}$ を Noether 環 R のイデアルとするとき，適当な自然数 r をとれば，すべての $n>r$ について

$$\mathfrak{a}^n\mathfrak{b}\cap\mathfrak{c}=\mathfrak{a}^{n-r}(\mathfrak{a}^r\mathfrak{b}\cap\mathfrak{c})$$

（証明） $\mathfrak{a}=R(a_1,\cdots,a_k)$ とする．R の上の多項式整域 $R[x_1,\cdots,x_k]$ を考える．ここに $x_1,\cdots,x_k$ は R の上に独立な変数．

$a\in\mathfrak{a}^n\mathfrak{b}\cap\mathfrak{c}$ ならば，$R[x_1,\cdots,x_k]$ に属する n 次同次式 $\varphi^{(n)}(x_1,\cdots,x_k)$ が存在して

$$a=\varphi^{(n)}(a_1,\cdots,a_k)$$

と表わせる．このような $\varphi^{(n)}$ の全体——n も a もすべていろいろ変えて考えて——を S とし，S で生成される，$R[x_1,\cdots,x_k]$ のイデアルをとる．$R[x_1,\cdots,x_k]$ は Noether 環（定理 2）だから，このイデアルも底をもち，その底を $\varphi_1,\cdots,\varphi_s$ $(\varphi_i\in S)$ とする．

---

1) a が R に関して代数的に独立な変数なら，この多項式は $\mathfrak{a}$ の元できっちり定まるがそうでないときはいく様にも書き表わされよう．この多様性を欲しないなら，定理を $a_1,\cdots,a_n$ は R に関して独立な変数の場合について証明し，そうでないときは $R[a_1,\cdots,a_n]$ の自然準同型写像の像とみておけばよい．

2) 環とくに局所環の位相を導入するときの基本になる．

3) 1955 年わが国での Int. Symposium に来日されたとき，京大における講演で述べられたところである．

$\varphi_1, \cdots, \varphi_s$ の次数をそれぞれ $d_1, \cdots, d_s$ とし，このうち最大なものを r とすると，$n>r$ なら

$$\varphi^{(n)}=\sum \varphi_i g_i^{(n-d_i)}$$

ここに $g_i^{(n-d_i)}$ は $n-d_i$ 次同次式である．従って

$$a=\varphi^{(n)}(a_1, \cdots, a_k)=\sum \varphi_i(a_1, \cdots, a_k) g_i^{(n-d_i)}(a_1, \cdots, a_k)$$

よって $a \in \bigcup^i (\mathfrak{a}^{d_i}\mathfrak{b} \cap \mathfrak{c})\mathfrak{a}^{n-d_i} \subseteq \mathfrak{a}^{n-r}\bigcup^i (\mathfrak{a}^r\mathfrak{b} \cap \mathfrak{a}^{r-d_i}\mathfrak{c})$

すなわち $a \in \mathfrak{a}^{n-r}(\mathfrak{a}^r\mathfrak{b} \cap \mathfrak{c})$ $(\forall a \in \mathfrak{a}^n\mathfrak{b} \cap \mathfrak{c})$

だから $\mathfrak{a}^n\mathfrak{b} \cap \mathfrak{c} \subseteq \mathfrak{a}^{n-r}(\mathfrak{a}^r\mathfrak{b} \cap \mathfrak{c})$

これの逆の包含関係は自明だから

$$\mathfrak{a}^n\mathfrak{b} \cap \mathfrak{c}=\mathfrak{a}^{n-r}(\mathfrak{a}^r\mathfrak{b} \cap \mathfrak{c})$$

Artin の補題 2 $\bar{M}$ を Noether 環 R の上の有限加群，M, N を $\bar{M}$ の R-部分加群とする．R のイデアル $\mathfrak{a}$ に対して，一つの自然数 r が存在し，$n>r$ なら

$$\mathfrak{a}^n M \cap N=\mathfrak{a}^{n-r}(\mathfrak{a}^r M \cap N)$$

これの証明は次の原理によって補題1の証明に含まれる．

まず R と $\bar{M}$ との加群としての直和 $R \oplus \bar{M}$ をとり，これの二元 $r_1+\lambda_1$, $r_2+\lambda_2$ $(r \in R,\ \lambda \in \bar{M})$ の間に積を

$$(r_1+\lambda_1)(r_2+\lambda_2)=r_1 r_2+(r_1\lambda_2+r_2\lambda_1)$$

と定義する（これの可能性はすぐ験証されよう）すると $R \oplus \bar{M}$ は環となり，$\bar{M}^2=0$. そして $\bar{M}$ の R-部分加群 M は，$R \oplus \bar{M}$ に含まれ，かつ$(R \oplus \bar{M})$-加群．だから M は $R \oplus \bar{M}$ のイデアル，しかも$(R \oplus \bar{M})$-加群としての構造と R-加群としての構造は一致する．

なお $R \oplus \bar{M}$ は明らかに Noether 環だから，$\bar{M}$ の R-部分加群のことは $R \oplus \bar{M}$ のイデアル（しかも R-成分が0の特別な）を考えることに含まれる．

上の原理で補題2の $\mathfrak{a}$ を $\mathfrak{a}(R \oplus \bar{M})$ と考えると

$$\mathfrak{a}(R \oplus \bar{M})M=\mathfrak{a}M \quad (\text{なんとなれば } \bar{M}^2=0)$$

だから，$\mathfrak{a}, M, N$ を $R \oplus \bar{M}$ のイデアルと見ることができて，補題2は補題1に含まれる．

補題 3 $\mathfrak{a}$ を Noether 環 R のイデアル，M を有限 R-加群とする．

$\mathfrak{t}=\bigcap_n^\infty \mathfrak{a}^n M$ とおけば，$\mathfrak{a}\mathfrak{t}=\mathfrak{t}$.

（証明） 補題 2 の N を $\mathfrak{t}$ におきかえると

$$\mathfrak{a}^n M\cap\mathfrak{t}=\mathfrak{a}^{n-r}(\mathfrak{a}^r M\cap\mathfrak{t})$$

ところが $\mathfrak{a}^n M\cap\mathfrak{t}\supseteqq\mathfrak{a}(\mathfrak{a}^{n-1}M\cap\mathfrak{t})\supseteqq\cdots\supseteqq\mathfrak{a}^{n-r}(\mathfrak{a}^r M\cap\mathfrak{t})$ だから

$$\mathfrak{a}^n M\cap\mathfrak{t}=\mathfrak{a}(\mathfrak{a}^{n-1}M\cap\mathfrak{t})$$

他方 $\mathfrak{a}^n M\cap\mathfrak{t}=\mathfrak{t}$ ゆえ，上式から $\mathfrak{t}=\mathfrak{a}\mathfrak{t}$.

定理 3 M を Noether 環 R の有限 R-加群，$\mathfrak{a}$ を R のイデアルとする．$\bigcap_n^\infty \mathfrak{a}^n M=0$ なるための必要十分条件は，$a\equiv 1 (\mathrm{mod}\ \mathfrak{a})$ なる元が M に関して零因子でないことである．**[Krull の定理[1]の拡張]**

（証明） まず十分条件なることを証明しよう．

いま $\bigcap^\infty \mathfrak{a}^n M=\mathfrak{t}$ とおけば，補題 3 から $\mathfrak{a}\mathfrak{t}=\mathfrak{t}$.

R は Noether 環だから，$\mathfrak{t}=R(t_1,\cdots,t_r)$ なる有限底をもつ．

$\mathfrak{t}=\mathfrak{a}\mathfrak{t}$ から

$$t_i=\sum_{i=1}^r a_{ij}t_j\quad(i=1,2,\cdots,r),\quad a_{ij}\in\mathfrak{a}$$

$d=$行列式$|\delta_{ij}-a_{ij}|$ とおくと，$d\equiv 1\ (\mathrm{mod}\ \mathfrak{a})$ で仮設から d は M に関し零因子ではない．しかるに $dt_j=0\ (j=1,2,\cdots,r)$ だから，t_j はすべて 0．よって $\mathfrak{t}=0$ でなければならぬ．

次に必要条件なることを証明しよう．$a\equiv 1\ (\mathrm{mod}\ \mathfrak{a})$ だが，a は M に関して零因子であったとする．すなわち $a-1\in\mathfrak{a}$, $ab=0$, $b\in M$, $b\neq 0$ なる a, b があったとする．すると $(1-a)^n b=b-nab+\cdots+(-1)^n a^n b=b\ (\because ab=0)$ が n のいかんを問わず成立する．ところが $1-a\in\mathfrak{a}$, $b\in M$. ゆえに $b\in\mathfrak{a}^n M$. よって $\bigcap^\infty \mathfrak{a}^n M\neq 0$.

系 Noether 環 R の J-根基を $\mathfrak{n}$ とするとき，任意の有限 R-加群 M に対し

$$\bigcap_n^\infty \mathfrak{n}^n M=0$$

なんとなれば $a\equiv 1 \bmod \mathfrak{n}$ なら，a は R の単元，従って M に関しても零因子ではない．

---

1) Rが零因子をもたないとき $\bigcap_n^\infty \mathfrak{a}^n=0$ を主張した最初は Krull である．

6. 商 環

本節ではまた有限条件をなんら仮定しない．従って基礎の環 R は最も一般な環である．

環 R の零因子でないものの全体を U とする．$P=\{(a,u)|a\in R, u\in U\}$ において（すなわち $P=R\times U$），$au'=a'u$ なるとき，(a,u) と (a',u') とは同値であると定義すると，それによって類別ができる．このときの類を a/u と書く．この類の集合 $Q=\{a/u\}$ において

$$\frac{a}{u}+\frac{a'}{u'}=\frac{au'+a'u}{uu'},\qquad \frac{a}{u}\cdot\frac{a'}{u'}=\frac{aa'}{uu'}$$

と和，積を定義すれば Q が環になる．これを R の**全商環**という．$a/1$ と a とを同一視して R は Q の部分環とみることができる．このとき $u\in U$ に対して $1/u$ は u の逆元であり，$a/u=a\cdot(1/u)$ である．

次に S^* が乗法に関して閉じた U の部分集合であるとき，全商環 Q の，R と S の元の逆元とで生成される部分環を，R の **S^* による商環**といい，R_{S^*} で示す．すなわち

$$R_{S^*}=\left\{\frac{a}{s}\,\middle|\, a\in R,\ s\in S^*\right\}$$

この定義をさらに一般化する．S を R の 0 を含まない部分集合で，乗法に関して閉じているとする．$\mathfrak{u}=\{a|a\in R,\ \exists s\in S\ as=0\}$ とおく．$\mathfrak{u}$ は R のイデアル．そこで自然準同型 $\varphi: R\to R/\mathfrak{u}$ を考える．

まず $\varphi(S)=S^*$ とおくと，S^* は $R^*=R/\mathfrak{u}$ の乗法で閉じた集合である．いま $\varphi(a)\varphi(s)=0$ とすると，$as\in\mathfrak{u}$．よって定義から，ある $s'\in S$ があって $ass'=0$，$ss'\in S$ ゆえ，$a\in\mathfrak{u}$ すなわち $\varphi(a)=0$ でなければならぬ．だから S^* の元は R^* で決して零因子ではない．そこで R^* において，S^* に関する商環 $R^*{}_{S^*}$ がつくられる．これを R の **S による商環**といい，R_S で示す．R_S で $\varphi(U)$ の元は零因子ではない．なんとなれば $\varphi(a)\varphi(u)=0$ $u\in U$ とすると，$au\in\mathfrak{u}$，従って $aus=0$，$s\in S$，u は R で零因子でないから $as=0$，よって

$\varphi(a)=0$[1].

最もよく利用される商環は，S が素イデアル $\mathfrak{p}$ の補集合のときである．このとき R_S を R の $\mathfrak{p}$ による商環といい，$R_{\mathfrak{p}}$ で表わす．

$\mathfrak{a}\subseteqq R$ のとき，$\varphi(\mathfrak{a})R_S$ を $\mathfrak{a}R_S$で 示す．

$\mathfrak{a}'$ が R_S のイデアルのとき，$\varphi^{-1}(\mathfrak{a}'\cap\varphi(R))$ を $\mathfrak{a}'\cap R$ で示す．

明らかに $\mathfrak{a}',\mathfrak{b}'$ が R_S のイデアルの場合 $(\mathfrak{a}'\cap\mathfrak{b}')\cap R=(\mathfrak{a}'\cap R)\cap(\mathfrak{b}'\cap R)$

定理 1　$\mathfrak{a}'$ が R_S のイデアルなら，$(\mathfrak{a}'\cap R)R_S=\mathfrak{a}'$

（証明）　$(\mathfrak{a}'\cap R)R_S=\varphi\{\varphi^{-1}(\mathfrak{a}'\cap\varphi(R))\}R_S=(\mathfrak{a}'\cap\varphi(R))R_S\subseteqq\mathfrak{a}'$

他方 $\mathfrak{a}'$ の任意の元をとると，それは $\varphi(a)/\varphi(s)$ $(a\in R,\ s\in S)$ の形に書けて

$$\varphi(a)=\varphi(s)(\varphi(a)/\varphi(s))\in\mathfrak{a}'\cap\varphi(R)$$

$1/\varphi(s)\in R_S$. ゆえに $\varphi(a)/\varphi(s)\in(\mathfrak{a}'\cap\varphi(R))R_S=(\mathfrak{a}'\cap R)R_S$. すなわち $\mathfrak{a}'\subseteqq(\mathfrak{a}'\cap R)R_S$. よって定理を得る．

系　R が Noether 環なら，R_S も Noether 環である．

なんとなれば R_S のイデアル $\mathfrak{a}'$ は R_S において，R-イデアル $\mathfrak{a}'\cap R$ の底で生成せられる．

定理 2　$\mathfrak{p}$ が R の素イデアル，$\mathfrak{q}$ が $\mathfrak{p}$ に属する準素イデアルであるとする．このとき

1)　$\mathfrak{p}\cap S$ が空でないなら $\mathfrak{p}R_S=\mathfrak{q}R_S=R_S$

2)　$\mathfrak{p}\cap S$ が空ならば，$\mathfrak{u}\subseteqq\mathfrak{q}$ であって，$\mathfrak{p}R_S$ は素イデアル，$\mathfrak{q}R_S$ は $\mathfrak{p}R_S$ に属する準素イデアル，さらに

$$\mathfrak{p}R_S\cap R=\mathfrak{p},\qquad \mathfrak{q}R_S\cap R=\mathfrak{q}.$$

（証明）　$\mathfrak{p}\cap S$ が空でなく $s\in\mathfrak{p}\cap S$ とする．$s\in\mathfrak{p}$ ゆえ，ある n に対し $s^n\in\mathfrak{q}$. もちろん $s^n\in S$. よって $\varphi(\mathfrak{q})$ は R_S の単元 $\varphi(s^n)$ を含む．ゆえに $\mathfrak{q}R_S=R_S$. 従って $\mathfrak{p}R_S=R_S$.

次に $\mathfrak{p}\cap S$ は空であったとする．$a\in\mathfrak{u}$ にとれば，$\exists s\in S, as=0$. ゆえに $as\in\mathfrak{q}$. $s\notin\mathfrak{p}$ だから $a\in\mathfrak{q}$ でなければならぬ．すなわち $\mathfrak{u}\in\mathfrak{q}$.

---

1)　零因子をもつ環の商環はよく注意しなければならぬ．例えば K_1, K_2 を体とし，$R=K_1+K_2$ なる直和を考える．すると $\mathfrak{p}_1=K_2$, $\mathfrak{p}_2=K_1$ は R の素イデアル．$R/\mathfrak{p}_1=K_1$, $R/\mathfrak{p}_2=K_2$. さて $R_{\mathfrak{p}_1}$ についてみるに，$S=\{k_1+k_2|k_1\in K_1,\ k_1\neq0,\ k_2\in K_2\}$ であり，$\mathfrak{u}=\{0+k_2\}=\mathfrak{p}_1$. よって $\varphi(R)=R/\mathfrak{u}=K_1$, $\varphi(S)=\{k_1|k_1\neq0\}=K_1^*$. 従って $R_{\mathfrak{p}_1}=K_1$.

$\mathfrak{q}R_S\cap R=\mathfrak{q}$ の証明： $\mathfrak{q}R_S\cap R\supseteqq\mathfrak{q}$ なることは自明.

いま $b\in\mathfrak{q}R_S\cap R$ とすると $\varphi(b)=\varphi(q)/\varphi(s)$ $(q\in\mathfrak{q}, s\in S)$. ゆえに $\varphi(bs)\in\varphi(\mathfrak{q})$. $\mathfrak{u}\subseteqq\mathfrak{q}$ ゆえ $bs\in\mathfrak{q}$, $s\notin\mathfrak{p}$ だから $b\in\mathfrak{q}$. よって $\mathfrak{q}R_S\cap R\subseteqq\mathfrak{q}$. ゆえに $\mathfrak{q}R_S\cap R=\mathfrak{q}$.

$\mathfrak{q}=\mathfrak{p}$ の特別な場合として $\mathfrak{p}R_S\cap R=\mathfrak{p}$.

次に $\mathfrak{q}R_S$ の準素イデアルなることの証明： $\varphi(a)/\varphi(s)\notin\mathfrak{q}R_S$ とし

$$\frac{\varphi(a)}{\varphi(s)}\cdot\frac{\varphi(b)}{\varphi(s')}\in\mathfrak{q}R_S \qquad (a, b\in R\,;\, s, s'\in S)$$

とすると $ab\in\mathfrak{q}R_S\cap R=\mathfrak{q}$. ゆえにある n に対して $b^n\in\mathfrak{q}$, 従って

$$\left\{\frac{\varphi(b)}{\varphi(s')}\right\}^n\in\mathfrak{q}R_S.$$

よって $\mathfrak{q}R_S$ は準素イデアル. $\mathfrak{q}=\mathfrak{p}$ なら, 上記の n は1となり, $\mathfrak{p}R_S$ は素イデアル. $\mathfrak{p}$ の元が $\mathfrak{q}$ に関してベキ零ゆえ, $\mathfrak{p}R_S$ の元は $\mathfrak{q}R_S$ に関しベキ零. 従って $\mathfrak{q}R_S$ は $\mathfrak{p}R_S$ に属する.

系 1 $\mathfrak{p}$ が R の素イデアルであるとき, $\mathfrak{p}R_S$ が R_S の極大イデアルであるための必要十分条件は, $\mathfrak{p}$ が S に関する極大イデアル[1]なることである.

(証明) $\mathfrak{p}R_S$ が R_S の極大イデアルでないとする. $\mathfrak{m}'$ を $\mathfrak{p}R_S$ を含む R_S の一つの極大イデアルとすれば, $(\mathfrak{m}'\cap R)R_S=\mathfrak{m}'$ であるから $\mathfrak{m}'\cap R\neq\mathfrak{p}$. 他方 $(\mathfrak{m}'\cap R)\cap S$ は空でなければならぬから, しかも $\mathfrak{m}'\cap R\supset\mathfrak{p}$ として $\mathfrak{p}$ は S に関して極大ではない.

逆に $\mathfrak{p}$ が S に関して極大ではないとする. $\mathfrak{m}$ が $\mathfrak{p}$ を含む, S に関しての極大なイデアルの一つとする. すると $\mathfrak{m}R_S\supseteqq\mathfrak{p}R_S$. 他方 $\mathfrak{m}R_S\cap R=\mathfrak{m}\neq\mathfrak{p}=\mathfrak{p}R_S\cap R$. それゆえ $\mathfrak{m}R_S\supsetneqq\mathfrak{p}R_S$. 従って $\mathfrak{p}R_S$ は R_S の極大イデアルではない.

系 2 $\mathfrak{p}$ が R の素イデアルなら, $\mathfrak{p}R_\mathfrak{p}$ が $R_\mathfrak{p}$ の唯一の極大イデアルである. 従って $R_\mathfrak{p}$ は広い意味での局所環である.

(証明) $\mathfrak{p}$ の補集合を S とすると, $\mathfrak{p}$ を含むイデアル (R の) は S の元を含むから, $\mathfrak{p}$ は S に関して極大である. よって系1から従う.

定理 3 $\mathfrak{q}^*$ を R_S の準素イデアルとすれば, $\mathfrak{q}^*\cap R$ は R の準素イデアルであり,

$$(\mathfrak{q}^*\cap R)R_S=\mathfrak{q}^*$$

(証明) a, b を R の元で, $ab\in\mathfrak{q}^*\cap R$, $b\notin\mathfrak{q}^*\cap R$ とすると, $\varphi(a)\cdot\varphi(b)\in\mathfrak{q}^*$, $\varphi(b)\notin\mathfrak{q}^*$. よって $\varphi^r(a)\in\mathfrak{q}^*$. だから $a^r\in\mathfrak{q}^*\cap R$. すなわち $\mathfrak{q}^*\cap R$ は準素イデアル.

---

1) 第2節, 定理2の前の定義参照

次に定理1により $(\mathfrak{q}^*\cap R)R_S=\mathfrak{q}^*$

系 $\mathfrak{p}$ を Noether 環 R の素イデアルとする．$\mathfrak{p}^rR_\mathfrak{p}\cap R=\mathfrak{p}^{(r)}$ は $\mathfrak{p}$ に属する，R の準素イデアルであり，$\bigcap_r^\infty \mathfrak{p}^{(r)}=\{x|x\in R, \exists s\notin\mathfrak{p}, xs=0\}$

（証明） 定理2，系2により $\mathfrak{p}R_\mathfrak{p}$ は $R_\mathfrak{p}$ の極大イデアル．従って $\mathfrak{p}^rR_\mathfrak{p}$ は $R_\mathfrak{p}$ において $\mathfrak{p}R_\mathfrak{p}$ に属する準素イデアル．だから定理3により $\mathfrak{p}^rR_\mathfrak{p}\cap R$ は R の準素イデアル．

他方 $\bigcap^\infty \mathfrak{p}^rR_\mathfrak{p}=0$ であるから $\bigcap^\infty \mathfrak{p}^{(r)}$ は R から $R_\mathfrak{p}$ の中への自然準同型の核 $\{x|\exists s\notin\mathfrak{p}$ $xs=0\}$ に等しい

定義 $\mathfrak{p}^{(r)}=\mathfrak{p}^rR_\mathfrak{p}\cap R$ を $\mathfrak{p}$ の**記号的 r 乗**という．

定理 4 $\mathfrak{q}_1,\mathfrak{q}_2,\cdots,\mathfrak{q}_n$ が環 R の準素イデアルならば，

$$(\mathfrak{q}_1\cap\cdots\cap\mathfrak{q}_n)R_S=\mathfrak{q}_1R_S\cap\cdots\cap\mathfrak{q}_nR_S.$$

そして $\bigcap_{i\geqq 2}\mathfrak{q}_i\not\subseteq\mathfrak{q}_1$ のとき，$\mathfrak{q}_1R_S\neq R_S$ なら $\bigcap_{i\geqq 2}\mathfrak{q}_iR_S\not\subseteq\mathfrak{q}_1R_S$

（証明） $\mathfrak{q}_1\cap\cdots\cap\mathfrak{q}_n=\mathfrak{a}$ とおき，$\mathfrak{q}_i\cap S$ が空になるのが，ちょうど $\mathfrak{q}_1,\cdots,\mathfrak{q}_r$ であるとしておく．$\mathfrak{a}R_S\subseteqq\mathfrak{q}_iR_S$．よって $\mathfrak{a}R_S\subseteqq\mathfrak{q}_1R_S\cap\cdots\cap\mathfrak{q}_nR_S=\mathfrak{q}_1R_S\cap\cdots\cap\mathfrak{q}_rR_S$.

次に $\varphi(a)/\varphi(s)\in\bigcap_i\mathfrak{q}_iR_S(a\in R,\ s\in S)$ とする．$i\leqq r$ では $\mathfrak{q}_iR_S\cap R=\mathfrak{q}_i$ だから $a\in\mathfrak{q}_i$ $(i=1,2,\cdots,r)$．$i>r$ に対しては $\mathfrak{q}_i\cap S\ni s_i$ なる元 s_i がある．いま $a'=as_{r+1}\cdots s_n$ とおく．すると $a'\in\bigcap_{i=1}^n\mathfrak{q}_i=\mathfrak{a}$

$$\frac{\varphi(a)}{\varphi(s)}=\frac{\varphi(a')}{\varphi(ss_{r+1}\cdots s_n)}\in\mathfrak{a}R_S\quad \text{よって}\quad \bigcap\mathfrak{q}_iR_S\subseteqq\mathfrak{a}R_S.$$

ゆえに

$$\mathfrak{a}R_S=\mathfrak{q}_1R_S\cap\cdots\cap\mathfrak{q}_rR_S$$

次に $\bigcap_{i\geqq 2}\mathfrak{q}_i\not\subseteq\mathfrak{q}_1$ とする．$a\in\bigcap_{i\geqq 2}\mathfrak{q}_i$，$a\notin\mathfrak{q}_1$ なる元 a をとる．$\mathfrak{q}_1R_S\cap R=\mathfrak{q}_1$ ゆえ $\varphi(a)$ は $\mathfrak{q}_1R_S$ に含まれない．他方 $\varphi(a)\in\bigcap_{i\geqq 2}\mathfrak{q}_iR_S$．よって

$$\bigcap_{i\geqq 2}\mathfrak{q}_iR_S.\not\subseteq\mathfrak{q}_1R_S$$

系 $0=\mathfrak{q}_1\cap\cdots\cap\mathfrak{q}_n$（$\mathfrak{q}_i$：準素イデアル）なら，$\mathfrak{u}$ は $\mathfrak{q}_i$ の中，S と共通元をもたないもの $\mathfrak{q}_1,\cdots,\mathfrak{q}_r$ の共通集合である．

（証明） $\mathfrak{u}=\varphi^{-1}(0)=(0)R_S\cap R=(\mathfrak{q}_1R_S\cap\cdots\cap\mathfrak{q}_rR_S)\cap R=\bigcap_i(\mathfrak{q}_iR\cap R)=\mathfrak{q}_1\cap\cdots\cap\mathfrak{q}_r$

超越元についての注意 R が環，x が R について超越元であるとする．R の素イデアルは整式環 $R[x]$ の素イデアルを生成することは明らかである．R の素イデアルで生成される，$R[x]$ の素イデアルの各の補集合全体の共通集合

を S とする．すると

$$S=\{f(x)=a_0x^n+a_1x^{n-1}+\cdots a_n|a_i\in R,\ (a_0,a_1,\cdots,a_n)=R\}$$

S に属する整式を**原始的**という．$R[x]_S$ を $R(x)$ で表わす．

超越元が x 一つでなく，代数的に独立な超越元をもつときも同様に定義する．すなわち $R(x_1,x_2)=R(x_1)(x_2)$

とくに R が局所環であれば $R(x)$ も局所環である．$\mathfrak{m}$ が R の唯一の極大イデアルなら $\mathfrak{m}R(x)$ が $R(x)$ の唯一の極大イデアルである．

R が体なら，$R(x)$ は普通どおり R の x による超越拡大体である．

7. Noether 環 R のイデアルの分解，R-加群の分解

Noether 環 R のイデアルの準素イデアルへの分解は，多項式整域のイデアルの分解 (Macaulay) のあとをうけて，E. Noether の論じたところである．ここでは Noether 環 R の上の有限加群の準素加群への分解に拡張して述べることにする．

R を Noether 環とし，M を有限 R-加群とする．そして $A, B, C, \cdots$ で M の R-部分加群を示すことにする．

既約加群 $B\supsetneqq A$, $C\supsetneqq A$ とし，$A=B\cap C$ となるとき，A は**可約**といい，そうでないとき，すなわち B, C をいかに選ぶも $A=B\cap C$ とならないとき，A は**既約**という．

定理 1 A が既約部分加群ならば，A は（M において）準素加群である．

（証明） A が準素加群でなかったと仮定する．すると $a\in R$, $m\in M$, $m\notin A$ で

$$am\in A,\quad a^rM\not\subseteq A$$

がすべての r で成り立つような，a, m が存在する．このように a, m をとって定めておき，

$$A_i=A:a^iR\quad (i=0,1,2,\cdots)$$

なる R-加群をとると，$A_i\subseteqq A_{i+1}$ であるが，M で極大条件は成立するから，ある n に対し $A_n=A_{n+1}=\cdots$．そこでこの n に対し

$$B=A+Rm,\quad C=A+a^nM$$

なる R-加群をつくると $B, C\subseteqq M$ で，$B, C\supsetneqq A$．ゆえに $A\subseteqq B\cap C$.

他方 $B\cap C$ の勝手な元 μ をとると

$$\mu=\alpha+cm=\alpha'+a^n m' \quad (\alpha,\alpha'\in A,\ c\in R,\ m'\in M)$$

これに元 a をかけると

$$a\mu=a\alpha+c\cdot am\in A$$

他方 $$a\mu=a\alpha'+a^{n+1}m',\quad a\alpha'\in A$$

だから $a^{n+1}m'\in A$. よって $m'\in A:a^{n+1}R=A_{n+1}$. ところが $A_n=A_{n+1}$ だから $m'\in A:a^nR$, すなわち $a^nm'\in A$. よって

$$\mu=\alpha'+a^nm'\in A,\quad \text{すなわち}\quad B\cap C\subseteqq A$$

かくして $A=B\cap C$. しかも $B\neq A$, $C\neq A$. これは A が既約との仮設に反する.

定理 2 R が Noether 環，M が有限 R–加群のとき，M の R–部分加群 N は，有限個の準素加群の共通集合として表わされる.

（証明） N が既約ならそれでよい. N が可約なら $N=N_1\cap N'$, N_1 が可約ならば $N_1=N_2\cap N''$, $\cdots$ と進めば $N\subset N_1\subset N_2\subset\cdots$ となり，極大条件で有限回後に既約なものに到達する. これを改めて N_1 とすると $N=N_1\cap N'$. 次に N' について N 同様にとり扱うと $N'=N_2\cap(N')'$. ここに N_2 は既約. かくて $N=N_1\cap N_2\cap\cdots$. これが無限に及べば，$N\subset N^{(1)}=N_2\cap N_3\cap\cdots\subset N^{(2)}=N_3\cap\cdots\subset\cdots$ と無限に続くこととなり，極大条件に反する. よって

$$N=N_1\cap\cdots\cap N_n$$

と既約加群の共通集合として表わされる. ところが定理 1 から $N_i=Q_i$（準素加群).

かく $N=Q_1\cap\cdots\cap Q_n$ と表わしたとき，不要なものを省けば，すべての i に対し $\bigcap_{i\neq j} Q_j\neq Q_i$ となるようにできる. このときこの表わし方を準素加群による**無駄のない表示**という.

そしてこのとき加群 Q_i が R の素イデアル $\mathfrak{p}_i$ に属するなら，$\mathfrak{p}_i$ $(i=1,2,\cdots,n)$ を加群 N の**素因子**という.

定理 3 R–部分加群 N の素因子の全体は，N の準素加群による，無駄のない表示のいかんに関せず，一意的に定まる.

（証明） $$N=Q_1\cap\cdots\cap Q_n=Q_1'\cap\cdots\cap Q'_m$$

を相異なる，いずれも無駄のない表示とする. Q_i, Q_j' はそれぞれ $\mathfrak{p}_i, \mathfrak{p}_j'$ に属する準素加群とする. 証明は $\mathfrak{p}_1,\cdots,\mathfrak{p}_n$ のうちの相異なるものの個数についての帰納法による.

$\mathfrak{p}_1,\mathfrak{p}_2,\cdots,\mathfrak{p}_n$ のうち極大なものの一つをとる. これを例えば $\mathfrak{p}_1$ とする. $\mathfrak{p}_1$ に属する準

素加群の全体を $Q_1, \cdots, Q_s$ とする．するとある自然数 r があって $\mathfrak{p}_1^r \subseteq I(Q_i) = \mathfrak{q}_i (i=1, 2, \cdots, s)$ とみられる．そして

$$N : \mathfrak{p}_1^r = (Q_1 : \mathfrak{p}_1^r) \cap \cdots \cap (Q_n : \mathfrak{p}_1^r)$$

ところが上記から $Q_i : \mathfrak{p}_1^r = M$ $(i=1, 2, \cdots, s)$, $Q_j : \mathfrak{p}_1^r = Q_j$ $(j=s+1, \cdots, n)$[1] だから

$$N : \mathfrak{p}_1^r = (Q_{s+1} : \mathfrak{p}_1^r) \cap \cdots \cap (Q_n : \mathfrak{p}_1^r) = Q_{s+1} \cap \cdots \cap Q_n \neq N.$$

他方 $N = \bigcap_j Q_j'$ から

$$N : \mathfrak{p}_1^r = (Q_1' : \mathfrak{p}_1^r) \cap \cdots \cap (Q_m' : \mathfrak{p}_1^r)$$

$\mathfrak{p}_1', \cdots, \mathfrak{p}_m'$ のうちに $\mathfrak{p}_1$ を含むものがなければ $Q_j' : \mathfrak{p}_1^r = Q_j'$ $(j=1, 2, \cdots, m)$ となり，$N : \mathfrak{p}_1^r = N$ なるべきゆえ，少なくとも一つ，例えば $\mathfrak{p}_1'$ は $\mathfrak{p}_1$ を含む．

$\mathfrak{p}_1' \supsetneqq \mathfrak{p}_1$ と仮定すれば，最初に $\bigcap_j Q_j'$ の表示から出発して同様に論ずることにより矛盾に陥らしめることができる．

よって $\mathfrak{p}_1 = \mathfrak{p}_1'$ でなければならぬ．そして

$$N : \mathfrak{p}_1^r = (Q_{s+1} : \mathfrak{p}_1^r) \cap \cdots \cap (Q_n : \mathfrak{p}_1^r) = (Q'_{s'+1} : \mathfrak{p}_1^r) \cap \cdots \cap (Q_m' : \mathfrak{p}_1^r)$$

これについては帰納法の仮設から $\mathfrak{p}_2, \cdots, \mathfrak{p}_n$ と $\mathfrak{p}_2', \cdots, \mathfrak{p}_m'$ とは全体として一致する．

R-部分加群 N の準素加群による無駄のない表示 $\bigcap Q_i$ で，同一の素因子 $\mathfrak{p}$ に属する準素加群 Q_j の共通集合はまた $\mathfrak{p}$ に属する準素加群（14 頁）だから，上の表示を簡約して，各 Q_i の属する素因子 $\mathfrak{p}_i$ はすべて互に異なるようにすることができる．このように簡約された表示を N の準素加群による**最短表示**とよび，そのときの Q_i を N の**準素成分**という．

定理 4 M を Noether 環 R の有限加群とし，N を M の R-部分加群とする．$I_M(N)$ を含む，(R の) 素イデアルのうち極小なものは N の極小素因子である．この逆も正しい．そして極小素因子 $\mathfrak{p}$ に応ずる準素成分は一意的に定まり，$R_\mathfrak{p} N \cap M$ である．

（証明） $\mathfrak{p}$ が $\mathfrak{a} = I_M(N)$ を含む，R の素イデアルのうち極小なものであるとする．M の作用域 R を $R_\mathfrak{p}$ にうつし，作用準同型 $M \to R_\mathfrak{p} M$ を考える．すると明らかに

$$I_{R_\mathfrak{p} M}(R_\mathfrak{p} N) = I_M(N) \cdot R_\mathfrak{p} = \mathfrak{a} R_\mathfrak{p}$$

---

1) $\mathfrak{p}_1$ の上述の極大性から $\mathfrak{p}_1^r \not\subseteq \mathfrak{p}_j$ $(j=s+1, \cdots, n)$．よって $x \in \mathfrak{p}_1^r$, $x \notin \mathfrak{p}_j$ なる x をとると $Q_j : \mathfrak{p}_1^r \subseteq Q_j : xR = Q_j$.

$\mathfrak{p}R_{\mathfrak{p}}$ は $R_{\mathfrak{p}}$ のただ一つの極大イデアルであり，$\mathfrak{p}R_{\mathfrak{p}}$ と $\mathfrak{a}R_{\mathfrak{p}}$ との間には素イデアル ($R_{\mathfrak{p}}$ の) は存在しないから，$\mathfrak{a}R_{\mathfrak{p}}$ は $\mathfrak{p}R_{\mathfrak{p}}$ に属する準素イデアルである[1]．ゆえに $R_{\mathfrak{p}}N$ は $R_{\mathfrak{p}}M$ の準素加群であり[1]，$R_{\mathfrak{p}}N \neq R_{\mathfrak{p}}M$.

他方　$N=\bigcap_i Q_i$ を準素加群による最短表示とすると

$$R_{\mathfrak{p}}N=\bigcap_i R_{\mathfrak{p}}Q_i$$

$I_M(Q_i)=\mathfrak{q}_i \nsubseteq \mathfrak{p}$ なら，$R_{\mathfrak{p}}Q_i \supseteq R_{\mathfrak{p}}\mathfrak{q}_i M=R_{\mathfrak{p}}M$. すべて i に対して $\mathfrak{q}_i \nsubseteq \mathfrak{p}$ なら，上述から $R_{\mathfrak{p}}N=R_{\mathfrak{p}}M$ となり矛盾する．ゆえに $\mathfrak{q}_i \subseteq \mathfrak{p}$ なる i は一つはある．これを $\mathfrak{q}_1$ とする．すると $\mathfrak{p}_1^r \subseteq \mathfrak{q}_1 \subseteq \mathfrak{p}$ となり $\mathfrak{p}_1 \subseteq \mathfrak{p}$. ところが $\mathfrak{p}_1 \supseteq \mathfrak{a}$ だから，$\mathfrak{p}$ の極小性から $\mathfrak{p}=\mathfrak{p}_1$. 他の $\mathfrak{p}_j \neq \mathfrak{p}_1$ であるから

$$R_{\mathfrak{p}}N=R_{\mathfrak{p}}Q_1.$$

前節でイデアルについて証明したと同様に $R_{\mathfrak{p}_1}Q_1 \cap M=Q_1$. よって

$$Q_1=R_{\mathfrak{p}_1}Q_1 \cap M=R_{\mathfrak{p}}N \cap M$$

逆に $\mathfrak{p}_1$ を N の極小素因子とすると，$\mathfrak{p}_1 \supseteq \mathfrak{a}$. $\mathfrak{p}_1$ に含まれ，$\mathfrak{a}$ を含む素イデアル $\mathfrak{p}$ がこの間に存在すると仮定すれば $(\mathfrak{p}_1\mathfrak{p}_2\cdots\mathfrak{p}_n)^r \subseteq \mathfrak{a} \subseteq \mathfrak{p}$. ゆえにある i に対し $\mathfrak{p}_i \subseteq \mathfrak{p}$. 従って $\mathfrak{p}_i \subsetneqq \mathfrak{p}_1$. これは $\mathfrak{p}_1$ の素因子としての極小性に矛盾する．

以上，R-加群について述べたが，とくに $M=R$ の場合には，本節の諸定理は古典的に知られた Noether のイデアルの分解定理を与える．

また A, B を M の R-部分加群とすれば $A \cap B:M=(A:M) \cap (B:M)$ だから，$N=\bigcap Q_i$ が R-加群 N の最短表示なら

$$I(N)=I(Q_1) \cap \cdots \cap I(Q_n)$$

は R のイデアル $\mathfrak{a}=I(N)$ の準素イデアルによる表示を与える．

Noether 環のうち，とくに重要なのは多元多項式整域（係数が体または整数整域の）である．しかも射影空間と関連してその同次イデアルが重要となる．多項式整域では，極大条件がみたされるから，イデアルの分解定理は成り立つ．次に同次イデアルについて注意しておく．

定義　体 k の上の多項式環

$$F=k[x_0, x_1, \cdots, x_n]$$

1) $\mathfrak{a}R_{\mathfrak{p}}=\mathfrak{p}R_{\mathfrak{p}}$ であるかもしれない．

の同次多項式ばかり（各多項式の次数は異なってよい）で，生成されるイデアルを F の**同次イデアル**という．

なお射影空間（$x_0:x_1:\cdots:x_n$）で $x_0=x_1=\cdots=x_n=0$ を除外するに応じ

定義 $F=k[x_0, x_1, \cdots, x_n]$ において（$x_0, x_1, \cdots, x_n$）のベキを含むイデアルを**無縁イデアル**という．

定理 5 $\mathfrak{a}$ が F の同次イデアルならば，$\mathfrak{a}$ は同次準素イデアルの共通集合として表わされる．

（証明） $\mathfrak{a}$ が $\mathfrak{m}=(x_0, x_1, \cdots, x_n)$ のベキを含めば，$\mathfrak{m}$ は F で極大ゆえ，$\mathfrak{a}$ 自身準素であって自明．

そうではないとする．$\mathfrak{a}$ に含まれる d 次同次式 f に対して f/x_0^d を $\bar{f}$ で示せば，$\bar{f}$ は整域

$$\bar{F}=k\left[\frac{x_1}{x_0}, \frac{x_2}{x_0}, \cdots, \frac{x_n}{x_0}\right]$$

の d 次多項式．$f\in\mathfrak{a}$ を $\mathfrak{a}$ の元すべてにわたって変えて[1)]，$\bar{f}$ で生成せられる $\bar{F}$ のイデアルを $\bar{\mathfrak{a}}$ とすると，$\bar{F}$ で極大条件は成り立つから

$$\bar{\mathfrak{a}}=\bar{\mathfrak{q}}_1\cap\cdots\cap\bar{\mathfrak{q}}_m$$

と準素イデアル $\bar{\mathfrak{q}}_i$ の共通集合で表わされる．

そこで F において同次式 g を次のようにとり

$$\{g \mid g\in F,\quad \exists d\quad g/x_0^d\in\bar{\mathfrak{q}}_i\}$$

で生成されるイデアル $\mathfrak{q}_i$ を考える．$\mathfrak{q}_i$ は同次イデアルで，従ってその底は同次式．$\mathfrak{q}_i$ は明らかに F で準素イデアルであり，$\mathfrak{q}_i$ のつくり方から $\mathfrak{a}\subseteqq\mathfrak{q}_i$．ゆえに

$$\mathfrak{a}\subseteqq\mathfrak{q}_1\cap\mathfrak{q}_2\cap\cdots\cap\mathfrak{q}_m$$

上では x_0 を特別にとって考えたが，これを他の x_j（$j=1, 2, \cdots, n$）にも及ぼして $\mathfrak{q}_{ij}$（$1\leqq i\leqq m_j$, $0\leqq j\leqq n$, $\mathfrak{q}_{i0}=\mathfrak{q}_i$）を得たとする．すると $\mathfrak{a}\subseteqq\bigcap_{i=1}^{mj}\mathfrak{q}_{i,j}$（$j=0, 1, \cdots, n$）だから

$$\mathfrak{a}\subseteqq\bigcap_{i,j}\mathfrak{q}_{i,j}$$

さて $\bigcap_{i,j}\mathfrak{q}_{i,j}$ は同次イデアルの共通集合として同次イデアル（脚註参照）．そこでこれの底を（$\varphi_1, \varphi_2, \cdots, \varphi_r$）とし，$\varphi_s$ は d_s 次同次とするとき，各 j につき

$$\frac{\varphi_s}{x_j^{d_s}}\in\bigcap_i\bar{\mathfrak{q}}_{i,j}=\bar{\mathfrak{a}}_j$$

---

1) 同次イデアルに属する多項式の各同次部分はそのイデアルに属する．なんとなればイデアル底はすべて同次式だから．

すなわち $\varphi_s/x_j^{q_s}=\bar{f}(x_0/x_j, \cdots, x_n/x_j)$. d_j を適当に大きくとると $1\leqq s\leqq r$ に共通に

$$x_j^{d_j}(\varphi_1, \cdots, \varphi_r)\in\mathfrak{a} \quad (j=0, 1, \cdots, n)$$

故に $\mathrm{Max}(d_j)=d$ とすれば

$$(x_0^d, x_1^d, \cdots, x_n^d)(\bigcap_{i,j}\mathfrak{q}_{i,j})\subseteqq\mathfrak{a}$$

従って $u=(n+1)d$ ととっておけば

$$(x_0, x_1, \cdots, x_n)^u(\bigcap_{ij}\mathfrak{q}_{i,j})\subseteqq\mathfrak{a}$$

$\mathfrak{a}$ の準素成分 $\mathfrak{q}_i'$ に，無縁成分がなかった，すなわち $\mathfrak{a}$ の素因子に $\mathfrak{m}$ が入ってなかったとすれば，$(x_0, x_1, \cdots, x_n)^u\not\subseteq\mathfrak{p}_i'$（$\mathfrak{p}_i'$ は $\mathfrak{q}_i'$ が属する素因子）ゆえ，$\bigcap_{i,j}\mathfrak{q}_{ij}$ は $\mathfrak{q}_i'$ に含まれなければならず，

$$\bigcap_{i,j}\mathfrak{q}_{ij}\subseteqq\mathfrak{a}$$

よって $\mathfrak{a}=\bigcap_{i,j}\mathfrak{q}_{i,j}$ となり，各 $\mathfrak{q}_{i,j}$ は同次準素イデアルである．

もし $\mathfrak{a}$ が無縁成分 $\mathfrak{q}_0'$ を含むときには，$\mathfrak{a}=\mathfrak{q}_0'\cap\mathfrak{a}'$ とし，$\mathfrak{a}'$ は無縁成分以外の $\mathfrak{a}$ の準素成分の共通集合とする．すると上の論法から

$$\bigcap_{i,j}\mathfrak{q}_{i,j}\subseteqq\mathfrak{a}'$$

他方 $\mathfrak{q}_0'$ は $\mathfrak{m}=(x_0, x_1, \cdots, x_n)$ のベキ $\mathfrak{m}^v$ を含むから，そして $\mathfrak{m}$ は極大ゆえ，$\mathfrak{m}^v$ を含めば準素イデアルで，

$$\mathfrak{q}_0'=(\mathfrak{a}, \mathfrak{m}^v)$$

とみてよい． $\mathfrak{a}$ は同次イデアルであったから，$\mathfrak{q}_0'$ の底も同次式のみから成る．そして

明らかに $$\mathfrak{a}\subseteqq\bigcap_{i,j}\mathfrak{q}_{i,j}\cap\mathfrak{q}_0',$$

他方 $$\bigcap_{i,j}\mathfrak{q}_{i,j}\cap\mathfrak{q}_0'\subseteqq\mathfrak{a}'\cap\mathfrak{q}_0'=\mathfrak{a}$$

よって $\mathfrak{a}=\bigcap_{i,j}\mathfrak{q}_{i,j}\cap\mathfrak{q}_0'$ として，同次準素イデアルの共通集合で表わされる．

8. イデアルの階数

環 R の素イデアルの鎖 $\mathfrak{p}_0\supset\mathfrak{p}_1\supset\cdots\supset\mathfrak{p}_r$ において，$\mathfrak{p}_0$ は極大イデアル，$\mathfrak{p}_r$ が極小な素イデアル，さらに $\mathfrak{p}_i, \mathfrak{p}_{i+1}$ の間には素イデアルが存在しないとき，$\mathfrak{p}_0, \mathfrak{p}_1, \cdots, \mathfrak{p}_r$ は素イデアルの極大鎖であるという．そしてその長さは r であるという．

環 R において，長さ r の素イデアル鎖はあるが，長さ $r+1$ の素イデアル鎖が存在しないとき，R の**階数**は r であるという．かかる r の存しないとき，R の階数は無限であるという．階数は rank R で示す．

$\mathfrak{p}$ が環 R の素イデアルのとき，rank $R_{\mathfrak{p}}$ を $\mathfrak{p}$ **の階数**といい，rank $\mathfrak{p}$ で示す．すなわち rank $\mathfrak{p}$ は $\mathfrak{p}_0=\mathfrak{p}\supset\mathfrak{p}_1\supset\cdots\supset\mathfrak{p}_r$ となる形の鎖の長さの最大．

$\mathfrak{a}$ が環 R のイデアルのとき，$\mathfrak{a}$ を含む素イデアルの階数の最小を $\mathfrak{a}$ **の階数**といい rank $\mathfrak{a}$ で示す．

環 $R/\mathfrak{a}$ の階数を $\mathfrak{a}$ の**相対階数**といい，corank $\mathfrak{a}$ で示す[1)]．

弱極小条件をみたす整域の階数は1である．実際0と異なる素イデアル $\mathfrak{p}$ は極大であり，0は素イデアルだから，$\mathfrak{p}_0=\mathfrak{p}\supset\mathfrak{p}_1=0$ が素イデアルの極大鎖である．

定理 1　R が Noether 整域，$a\in R$ で $a\neq 0$ かつ $Ra\neq R$ とする．aR の任意の極小素因子 $\mathfrak{p}$ の階数は1である．[**Krull**]

（証明）　これを証明するには R の代りに $R_{\mathfrak{p}}$ をとって考えてよい．だからはじめから R は局所整域であって，aR の極小素因子 $\mathfrak{p}$ が R で極大イデアルであると仮定しておく．すると aR は極大イデアル $\mathfrak{p}$ に属する準素イデアルとなる．従って R/aR では極小条件が成立する．

さて R が $\mathfrak{p}$ の他に素イデアル $\mathfrak{l}$ をもつとすれば，$\mathfrak{p}\supset\mathfrak{l}$ であり，$a\notin\mathfrak{l}$ である．$\mathfrak{l}$ の記号的累乗 $\mathfrak{l}^{(i)}(=\mathfrak{l}^iR_{\mathfrak{l}}\cap R)$ は $\mathfrak{l}$ に属する準素イデアルであるが，イデアル列

$$\cdots\supseteq\mathfrak{l}^{(i)}+aR\supseteq\mathfrak{l}^{(i+1)}+aR\supseteq\cdots$$

は，R/aR が極小条件をみたすべき故，ある n に対して

$$\mathfrak{l}^{(n)}+aR=\mathfrak{l}^{(n+1)}+aR=\cdots$$

そこで剰余類環 $\bar{R}=R/\mathfrak{l}^{(n+1)}$ についてみると，$\bar{a}=a \bmod \mathfrak{l}^{(n+1)}$, $\bar{\mathfrak{l}}^{(n)}=\mathfrak{l}^{(n)}/\mathfrak{l}^{(n+1)}$ とおけば

$$\bar{\mathfrak{l}}^{(n)}\subseteqq\bar{a}\bar{R},\ \text{従って}\ \bar{\mathfrak{l}}^{(n)}=\bar{a}\bar{\mathfrak{l}}'\ \ \text{ここに}\ \bar{\mathfrak{l}}'=\bar{\mathfrak{l}}^{(n)}:\bar{a}\bar{R}$$

しかるに $\bar{a}\notin\bar{\mathfrak{l}}$ で，$\bar{\mathfrak{l}}^{(n)}$ は準素イデアルだから，$\bar{\mathfrak{l}}'=\bar{\mathfrak{l}}^{(n)}$ でなければならず

$$\bar{\mathfrak{l}}^{(n)}=\bar{a}\bar{\mathfrak{l}}^{(n)}$$

いま $\bar{\mathfrak{l}}^{(n)}$ の底を $\eta_1,\cdots,\eta_m$ とすれば，$\eta_i=\bar{a}\sum c_{ij}\eta_j$, $c_{ij}\in\bar{R}$ となる．これの行列式 $|\delta_{ij}-\bar{a}c_{ij}|$ は，$\bar{a}\in\bar{\mathfrak{p}}$ だから，$\bar{R}$ の単元．従ってすべての η_i が0でなければならぬ．よ

1)　corank $\mathfrak{p}$+rank $\mathfrak{p}\leqq$ rank R. $\mathfrak{p}$ を通る素イデアル鎖よりも長い素イデアル鎖があるかもしれない．

って $\bar{\mathfrak{l}}^{(n)}=0$.

上述からもとの R にかえって $\mathfrak{l}^{(n)}=\mathfrak{l}^{(n+1)}=\cdots$. 従って

$$\bigcap_r^{\infty}\mathfrak{l}^{(r)}=\mathfrak{l}^{(n)}$$

他方，第6節定理3，系で得たように $\bigcap_r^{\infty}\mathfrak{l}^{(r)}=0$. よって

$$\mathfrak{l}^{(n)}=0$$

ところが R は整域だから0は素イデアル．よって $\mathfrak{l}=0$. かく R には $\mathfrak{p}$ に含まれる素イデアルは0以外にはない．すなわち rank $\mathfrak{p}=1$.

定理 2 Noether 環 R のイデアル $\mathfrak{a}$ が r 個の元 $a_1, a_2, \cdots, a_r$ で生成され，$\mathfrak{p}$ が $\mathfrak{a}$ の極小素因子であれば，rank $\mathfrak{p}\leqq r$.

空集合で生成されるイデアルは0であるとみなす．

(証明) $r=0$, 従って $\mathfrak{a}=0$ なら，その極小素因子の長さは0であるから定理は自明．それで r についての帰納法で証明する．

R の代りに $R_{\mathfrak{p}}$ をとって考えてもよい．従ってはじめから R は局所環で，$\mathfrak{a}$ の極小素因子は R の極大イデアル $\mathfrak{p}$ であるとし，素イデアル鎖

$$\mathfrak{p}_0=\mathfrak{p}\supsetneqq\mathfrak{p}_1\supsetneqq\cdots\supsetneqq\mathfrak{p}_s$$

を考える．このとき $s\leqq r$ であることを示せばよい．$\mathfrak{p}_0$ と $\mathfrak{p}_1$ との間には素イデアルがないようにとっておく．(それは極大条件から，そのように細分できることがわかる)．しかるとき $a_1, \cdots, a_r$ の中，少なくとも一つ，例えば a_1 は $\mathfrak{p}_1$ に含まれていないとしてよい．(でないと $\mathfrak{p}$ が $\mathfrak{a}$ の極小素因子に反する)．すると $a_1R+\mathfrak{p}_1(\subsetneqq\mathfrak{p})$ は $\mathfrak{p}$ に属する準素イデアル (なんとなれば，$a_1R+\mathfrak{p}_1$ の素因子は R が局所環ゆえ，みな $\mathfrak{p}$ に含まれるが，$\mathfrak{p}_1$ と $\mathfrak{p}$ の間に素イデアルは介在しない)．ところが $\mathfrak{a}\subseteqq\mathfrak{p}$ ゆえ，ある自然数 t に対し，$a_i^t\in a_1R+\mathfrak{p}_1$ $(i=2,3,\cdots,r)$, ゆえに $a_i^t=a_1c_i+b_i(c_i\in R,\ b_i\in\mathfrak{p}_1,\ i\geqq2)$ そこで $\mathfrak{b}=(b_2, b_3, \cdots, b_r)$ とすれば，$a_i^t\in a_1R+\mathfrak{b}$. 従って $\mathfrak{p}^N\subseteqq a_1R+\mathfrak{b}$. このように $a_1R+\mathfrak{b}$ は $\mathfrak{p}$ に属する準素イデアル，すなわち $\mathfrak{p}$ は $a_1R+\mathfrak{b}$ の極小素因子．

さて $\mathfrak{b}\subseteqq\mathfrak{p}_1$ なることは明らかだが，いま仮りに $\mathfrak{b}\subseteqq\mathfrak{l}\subsetneqq\mathfrak{p}_1$ なる素イデアル $\mathfrak{l}$ があるとすると，$\bar{R}=R/\mathfrak{l}$ なる整域において，$(a_1R+\mathfrak{l})/\mathfrak{l}=a_1\bar{R}$ の素イデアル鎖は $\mathfrak{p}/\mathfrak{l}\supset\mathfrak{p}_1/\mathfrak{l}\supset0$ となり定理1に矛盾する．ゆえに $\mathfrak{p}_1$ は $\mathfrak{b}$ の極小素因子である．そこで帰納法の仮設を用いて rank $\mathfrak{p}_1\leqq r-1$. すなわち $s-1\leqq r-1$. よって $s\leqq r$.

定理 3 $\mathfrak{a}$ が Noether 環 R のイデアルで，rank $\mathfrak{a}=r$ とする．$\mathfrak{a}$ の元 $a_1, a_2,$

$\cdots, a_r$ を $\mathrm{rank}\,(a_1, \cdots, a_i) = i (i=1, 2, \cdots, r)$ であるようにとることができる.

（証明）　$i=0$ のときは自明. そこで r についての帰納法による. $i<r$ のとき, $a_1, \cdots, a_i$ までとれたとして, a_{i+1} を選ぼう. $(a_1, \cdots, a_i)$ の極小素因子で階数が i であるものを $\mathfrak{p}_1, \mathfrak{p}_2, \cdots, \mathfrak{p}_s$ とする. $\mathrm{rank}\,\mathfrak{a} = r > i$ だから $\mathfrak{a}$ の中にどの $\mathfrak{p}_1, \cdots, \mathfrak{p}_s$ にも属しない元 a_{i+1} は存在しなければならぬ. すると $\mathrm{rank}(a_1, \cdots, a_i, a_{i+1}) \geqq i+1$. 他方前定理から $\mathrm{rank}(a_1, \cdots, a_i, a_{i+1}) \leqq i+1$. 故に $\mathrm{rank}(a_1, \cdots a_{i+1}) = i+1$.

定理 2, 3 からわかることは, R が階数 r の局所環の場合, 適当に r 個の元 $a_1, a_2, \cdots, a_r$ をとれば, $(a_1, \cdots, a_r)$ が極大イデアル $\mathfrak{p}$ に属する準素イデアルになり, r 個より少ない元なら $(a_1, \cdots, a_s)$ は, いかに a_i をとろうと, 極大イデアルに属する準素イデアルにはならないことである.

定義　階数 r の局所環において, r 個の元で生成されるイデアル $(a_1, a_2, \cdots, a_r)$ が極大イデアルに属する準素イデアルの場合, $a_1, a_2, \cdots, a_r$ をこの環の**パラメター系**とよぶ.

とくにパラメター系で生成されるイデアルが極大イデアルそのものになり得るとき, 環は**正則**であるといい, そのパラメター系を**正則パラメター系**という.

系 1　局所環 R の非単元 x が, R の 0 のどの極小素因子にも含まれないならば, $\mathrm{rank}\,(R/xR) = \mathrm{rank}\,R - 1$.

（証明）　仮設から $\mathrm{rank}\,xR = 1$[1]. そこで定理 3 の証明における方法で, $x = a_1$ として $\mathrm{rank}(a_1, a_2, \cdots, a_r) = r (=\mathrm{rank}\,R)$ ととり得る. 従って $(a_2, \cdots, a_r)R/xR$ は R/xR の極大イデアルに属する準素イデアルであり, $\mathrm{rank}\,R/xR = \mathrm{rank}\,R - 1$.

系 2　$x_1, \cdots, x_s$ が局所環 R の非単元で, $\mathrm{rank}(x_1, \cdots, x_s) = s$ であれば

$\mathrm{rank}\,R/(x_1, \cdots, x_s)R = \mathrm{rank}\,R - s$.

また §2, 定理 12 から

定理 4　正則局所環 R の極大イデアルを $\mathfrak{m}$ とする. $x_1, \cdots, x_r \in \mathfrak{m}$ を含む R の正則パラメター系が存在するための必要十分条件は, $x_1, \cdots, x_r$ の法 $\mathfrak{m}^2$ での類 $\bar{x}_1, \cdots, \bar{x}_r$ が $(R/\mathfrak{m})$-加群 $\mathfrak{m}/\mathfrak{m}^2$ において一次独立なことである.

1)　0 の極小素因子の一つ $\mathfrak{l}$ をとり, $R/\mathfrak{l}$ を考えるとこれは整域. $x(R/\mathfrak{l})$ の階数は 1. よって $\mathrm{rank}\,xR = 1$.

9. 整元，整拡大

R が環 R' の部分環であるとする．$\alpha \in R'$ について，適当な自然数 n および R の元 $c_1, c_2, \cdots, c_n$ があって

$$\alpha^n + c_1\alpha^{n-1} + \cdots + c_n = 0$$

となるとき，α は R の上に**整**であるという．また R' の各元が R の上に整であるとき，R' は R の上に**整**であるという．

補題 1 環 R' が環 R の上に整であり，S は R の（0を含まない）乗法に関して閉じた部分集合であれば，$R_S{}'$ は R_S 上に整である．

（証明） R' から $R_S{}'$ の中への自然準同型を φ とする．$S \subseteqq R$ ゆえ，φ を R の上に制限すれば R から R_S の中への自然準同型が得られる．$\varphi(\alpha)/\varphi(s)$ を $R_S{}'$ の任意の元とする．$\varphi(\alpha)$ は $\varphi(R)$ の上に整であるから，$\varphi(\alpha)/\varphi(s)$ は $\varphi(R)[1/\varphi(s)] \subseteqq R_S$ の上に整である．

補題 2 体 K が部分環 L の上に整であれば，L はまた体である．

（証明） $0 \neq a \in L$ を任意にとる．$a \in K$ だから $a^{-1} \in K$．よって仮設から

$$(a^{-1})^n + c_1(a^{-1})^{n-1} + \cdots + c_n = 0 \qquad c_i \in L$$

よって $$a^{-1} + c_1 + c_2 a + \cdots + c_n a^{n-1} = 0,\ \text{すなわち}\ a^{-1} \in L$$

従って L は体である．

補題 3 整域 L が体 K の上に整であれば，L はまた体である．

（証明） $0 \neq a \in L$ を任意にとる．すると

$$a^n + c_1 a^{n-1} + \cdots + c_n = 0 \qquad (c_i \in K)$$

$c_n = 0$ なら，L は整域だから n が小さい場合に帰着できる．だから $c_n \neq 0$ として一般性を失わない．K は体だから $\dfrac{c_i}{c_n} = d_i \in K$，$\dfrac{1}{c_n} = d_0 \in K$ ゆえ

$$d_0 a^n + d_1 a^{n-1} + \cdots + d_{n-1} a + 1 = 0$$

すなわち $a^{-1} = -(d_0 a^{n-1} + \cdots + d_{n-1}) \in K[a] \subseteqq L$．よって L は体．

定理 1 環 R' が部分環 R の上に整であるとする．$\mathfrak{p}$ を R の素イデアルとし，$\mathfrak{p}$ の R に関する補集合を S とする． R' の素イデアル $\mathfrak{p}'$ が $\mathfrak{p}' \cap R = \mathfrak{p}$ をみたすための必要十分条件は，$\mathfrak{p}'$ が S に関する R' の極大イデアルなることである．

（証明） $\mathfrak{p}' \cap R = \mathfrak{p}$ であったとする．すると $\mathfrak{p}'$ は S と元を共有できない．ゆえに $R_S \neq \mathfrak{p}' R'_S \cap R_S \supseteqq \mathfrak{p} R_S$．しかるに $\mathfrak{p} R_S$ は R_S の極大イデアルだから $\mathfrak{p}' R'_S \cap R_S = \mathfrak{p} R_S$.

他方 R_S' は R_S の上に整．$R_S'/\mathfrak{p}'R_S'$ は $R_S/\mathfrak{p}'R_S'\cap R_S=R_S/\mathfrak{p}R_S$ の上に整．ところが $R_S/\mathfrak{p}R_S$ は体．よって補題1から $R_S'/\mathfrak{p}'R_S'$ も体．すなわち $\mathfrak{p}'R_S'$ は R_S' で極大．従って第6節定理2，系1により $\mathfrak{p}'$ は S に関する R' の極大イデアルである．

逆に $\mathfrak{p}'$ が S に関する R' の極大イデアルとする．すると $R_S'/\mathfrak{p}'R_S'$ は体であって $R_S/\mathfrak{p}'R_S'\cap R_S$ の上に整である．よって $R_S/\mathfrak{p}'R_S'\cap R_S$ は体で，$\mathfrak{p}'R_S'\cap R_S$ は R_S の極大イデアルである．しかるにわれわれの R_S は局所環で極大イデアルは $\mathfrak{p}R_S$ に限る．従って $\mathfrak{p}'R_S'\cap R_S=\mathfrak{p}R_S$．ところが $\mathfrak{p}'R_S'\cap R'=\mathfrak{p}'$, $\mathfrak{p}R_S\cap R=\mathfrak{p}$ ゆえ $\mathfrak{p}'\cap R=\mathfrak{p}$.

系 1 環 R' が部分環 R の上に整であり，$\mathfrak{p}$ が R の素イデアルであれば，R' の素イデアル $\mathfrak{p}'$ で $\mathfrak{p}'\cap R=\mathfrak{p}$ となるものがある．このような $\mathfrak{p}'$ はいくつあったとしても，それらの相異なるものは互に他を含まない．

（証明） $\mathfrak{p}$ を含み，S に関して極大な R' のイデアルは存在する．これが $\mathfrak{p}'$ である．かかる $\mathfrak{p}'$ はいずれも S に関して極大だから他に含まれることはない．

系 2 環 R' が部分環 R の上に整であるとする．R の素イデアルの昇列 $\mathfrak{p}_1\subsetneqq\mathfrak{p}_2\subsetneqq\cdots\subsetneqq\mathfrak{p}_n$ に対して，R' の素イデアルの昇列 $\mathfrak{p}_1'\subsetneqq\mathfrak{p}_2'\subsetneqq\cdots\subsetneqq\mathfrak{p}_n'$ がつくれて $\mathfrak{p}_i'\cap R=\mathfrak{p}_i$[1]．［**昇列定理**］

（証明） 系1よりまず $\mathfrak{p}_1'$ は存在する．次に $\mathfrak{p}_2$ の補集合 S_2 をとると $\mathfrak{p}_1'\cap S_2\subseteqq\mathfrak{p}_1'\cap S_1=\phi$ であるから，$\mathfrak{p}_1'$ を含み S_2 に関し極大な R' のイデアル $\mathfrak{p}_2'$ が存在し，$\mathfrak{p}_2'\cap R=\mathfrak{p}_2$. もちろん $\mathfrak{p}_2'\supsetneqq\mathfrak{p}_1'$，以下同様.

定理 2 環 R' が部分環 R の上に整であるとき，$\operatorname{rank}R'=\operatorname{rank}R$.[2]

（証明） 環 R の素イデアルの極大鎖 $\mathfrak{p}_1\subsetneqq\mathfrak{p}_2\subsetneqq\cdots\subsetneqq\mathfrak{p}_n$ に対し，R' の昇列 $\mathfrak{p}_1'\subsetneqq\mathfrak{p}_2'\subsetneqq\cdots\subsetneqq\mathfrak{p}_n'$ が存在するから $\operatorname{rank}R'\geqq\operatorname{rank}R$. 他方 R' の素イデアルの極大鎖 $\mathfrak{p}_1'\subsetneqq\cdots\subsetneqq\mathfrak{p}_m'$ から $\mathfrak{p}_i'\cap R=\mathfrak{p}_i$ をとることにより $\mathfrak{p}_i$ は R の素イデアル，かつ定理1より $\mathfrak{p}_1\subsetneqq\cdots\subsetneqq\mathfrak{p}_m$ が得られるから $\operatorname{rank}R'\leqq\operatorname{rank}R$. よって $\operatorname{rank}R'=\operatorname{rank}R$.

定理 3 環 R' が環 R の上の有限加群であれば，R' は R の上に整である．

（証明） $R'=Ru_1+\cdots+Ru_n$ とする．$\alpha\in R'$ を任意にとり

$$\alpha u_i=\sum a_{ij}u_j \qquad (a_{ij}\in R)$$

---

1) 降列 $\mathfrak{p}_1\supsetneqq\mathfrak{p}_2\supsetneqq\cdots\supsetneqq\mathfrak{p}_n$ と，$\mathfrak{p}_1'\cap R=\mathfrak{p}_1$ なる素イデアルに対しては，$\mathfrak{p}_1'\supsetneqq\mathfrak{p}_2'\supsetneqq\cdots\supsetneqq\mathfrak{p}_n'$, $\mathfrak{p}_i'\cap R=\mathfrak{p}_i$ となる R' の素イデアルの降列は必ずしも存在しない．

2) R' の素イデアル $\mathfrak{p}'$ を与えるとき，$\operatorname{rank}\mathfrak{p}'=\operatorname{rank}(\mathfrak{p}'\cap R)$ であるとは限らない．

とし，行列式 $|\alpha\delta_{ij}-a_{ij}|=d$ とすると，$\forall j$, $du_j=0$. よって $d=0$. 行列式 d を展開すれば，α について n 次で，α^n の係数は1．ゆえに α は R の上に整.

系 1 環 R が環 R' の部分環であるとき，R' の元で R の上に整なものの全体 R'' は環である.

この R'' を R の R' における**整閉被**という．$R=R''$ であるとき，R は R' の中で**整閉**であるという．とくに整域であって，その商体内で整閉の場合，それを**正規環**という．

（証明） $\alpha,\beta\in R''$ とし，α,β が R の上に生成する環 $R[\alpha,\beta]$ は，R の上に有限な加群である．よって定理2から $R[\alpha,\beta]$ は R の上に整．従って $\alpha+\beta,\alpha\beta$ はいずれも R'' に属する.

系 2 元 α が環 R' の上に整であり，R' が環 R の上に整ならば，α は R の上に整である.

（証明） $\alpha^n+c_1\alpha^{n+1}+\cdots+c_n=0$, $c_i\in R'$ とする．すると $R[c_1,c_2,\cdots,c_n,\alpha]$ は R の上の有限 R–加群．ゆえに α は R の上に整である.

系 3 R が Noether 環で，R を含む環の元 β について，R の零因子でない元 a があって，自然数 n のいかんを問わず $a\beta^n\in R$ が成り立てば，β は R の上に整である.

（証明） $R[\beta]$ は $R+R\dfrac{1}{a}$ なる R–加群の R–部分加群である．R は Noether 環だから，有限 R–加群 $R+R\dfrac{1}{a}$ の部分加群として $R[\beta]$ も有限な R–加群．従って β は R の上に整である.

次に R が正規環の場合，定理3の逆を考えよう.

補題 R は正規環とし，$f(x)$ は R における，x についてのモニックな整式（n 次）とし，d をその判別式とする．$R[x]/f(x)R[x]=I$ の全商環内における，I の整閉被を $\mathfrak{o}$ とすれば $d\mathfrak{o}\subseteqq I$.

（証明） $d=0$ なら自明．$d\neq 0$ とする．R の商体を k とすれば $0\to R[x]\to k[x]$ は完全系．そして $f(x)k[x]\cap R[x]=f(x)R[x]$.[1] よって $I=R[x]/f(x)R[x]$ は $J=k[x]/$

1) $f(x)g(x)\in R[x]$, $g(x)\in k[x]$ とし $g(x)\notin R[x]$ とすれば，$g(x)$ の係数で R に属しない項の最高次数を r とせよ．このとき $f(x)g(x)$ の $n+r$ 次の項の係数をみ

$f(x)k[x]$ に埋めこめられる (injective). $d \neq 0$ だから, J は体 (k の分離拡大体) の直和(可換な準単純環). そこで I の全商環は J に一致することを知る. それで I における x の剰余類を a とすれば, $\mathfrak{o} \subseteqq k[a]$.

他方 $f(x)$ を体における整式とみて, k 上の $f(x)$ の最小分解体を L, すなわち $L=k(\alpha_1, \alpha_2, \cdots, \alpha_n)$; $\alpha_1, \alpha_2, \cdots, \alpha_n$ は $f(x)=0$ の L における, すべての根とする.

すると各 $i=1, 2, \cdots, n$ に対して, $I \to L$ の準同型 φ_i が存在して

$$\varphi_i(a)=\alpha_i, \quad \varphi_i(r)=r, \quad r \in R$$

いま $\beta \in \mathfrak{o}$ を勝手にとれば, 上述のように $\mathfrak{o} \subseteqq k[a]$ だから

$$\beta = \sum_{j=0}^{n-1} u_j a^j, \qquad u_j \in k$$

と表わせる. これに φ_i をほどこすと, $\varphi_i(u_j)=u_j$ ゆえ

$$\varphi_i(\beta) = \sum_{j=0}^{n-1} u_j \alpha_i^j$$

β は R におけるモニックな整式の零点だから, $\varphi_i(\beta)$ もそうであって, 体 L における, R に関し整の元である. もちろん α_i も整である.

さて上式を $u_0, u_1, \cdots, u_{n-1}$ について解くと, その係数の行列式 D は, (L において) $f(x)=0$ の根の差積であり, 従って $D^2=d$.

そこで du_j は, L における, R についての整な元 $\alpha_1, \cdots, \alpha_n$ および $\varphi_1(\beta), \cdots, \varphi_n(\beta)$ の整係数の整式にひとしく, 従って du_j は R に関し整である. 他方 $du_j \in k$. しかるに R は k の中で整閉. よって du_j はすべて R に属する. 従って $d\beta \in R[a]$. β は $\mathfrak{o}$ の勝手な元であったから $d\mathfrak{o} \subseteqq R[a]=I$.

定理 4 R を正規環とする. R の有限的整拡大[2] R' は, R' が R の上に分離的[3]であれば R' は有限 R-加群である.

(証明) R' は補題の $\mathfrak{o}$ の部分環であり $R \subseteqq R' \subseteqq \mathfrak{o}$. そして補題により $\mathfrak{o} \subseteqq \dfrac{1}{d} I = \sum_{j=0}^{n-1} R\left(\dfrac{a^j}{d}\right)$. $d \neq 0$ だから, R-有限加群の部分加群として $\mathfrak{o}$ 従って, R' も R-有限加群である.

ると, $f(x)$ の $n-1$ 次またはそれより低次の項の係数と $g(x)$ の r 次より高次の項の係数との積はすべて R の元であり, $f(x)$ の x^n と $g(x)$ の x^r の項の積の係数は R に属しない. これは不可能.

2) R' の全商環が R の商体 k に関し, 有限な場合をいう.

3) R' の全商環が k の分離拡大体の直和になるときをいう.

10. 正規環，Dedekind 環

本節では R をいつも Noether 整域として考える．$\mathfrak{p}$ は常に R の素イデアルを示す．

R の商体 k において，R–加群

$$\{x|x\in k,\ \mathfrak{p}x\subseqq R\}$$

を $\mathfrak{p}^{-1}$ にて示す．

補題 1 R を局所整域，$\mathfrak{p}$ をその唯一の極大イデアルとする．rank $R=1$ なら $\mathfrak{p}^{-1}\supsetneqq R$. そして $\mathfrak{p}\cdot\mathfrak{p}^{-1}\neq R$ なら，$\mathfrak{p}(\mathfrak{p}^{-1})^n=\mathfrak{p}$ であり，$\mathfrak{p}^{-1}$ の元はすべて R の上に整である．

（証明） $0\neq a\in\mathfrak{p}$ とすると，rank $R=1$ で，しかも局所整域だから aR は $\mathfrak{p}$ に属する準素イデアルである．従って

$$\mathfrak{p}^{r-1}\nsubseteq aR,\quad \mathfrak{p}^r\subseteqq aR$$

なる自然数 $r\geqq 1$ が存在する．そこで aR に含まれないように，$\mathfrak{p}^{r-1}$ の元 b をとると $b\mathfrak{p}\subseteqq\mathfrak{p}^r\subseteqq aR$, しかし $b/a\notin R$. そして $(b/a)\cdot\mathfrak{p}\subseteqq R$. だから $\mathfrak{p}^{-1}\ni b/a$. よって $\mathfrak{p}^{-1}\supsetneqq R$.

ところで $\mathfrak{p}\cdot\mathfrak{p}^{-1}\subseteqq R$ だし，$\mathfrak{p}^{-1}\supsetneqq R$ だから $\mathfrak{p}\subseteqq\mathfrak{p}\cdot\mathfrak{p}^{-1}\subseteqq R$. いま $\mathfrak{p}\cdot\mathfrak{p}^{-1}\neq R$ とすれば $\mathfrak{p}\mathfrak{p}^{-1}=\mathfrak{p}$ でなければならない．よって $\mathfrak{p}(\mathfrak{p}^{-1})^2=\mathfrak{p}\cdot\mathfrak{p}^{-1}=\mathfrak{p}$. 一般に $\mathfrak{p}\cdot(\mathfrak{p}^{-1})^n=\mathfrak{p}$.

それゆえ $\mathfrak{p}^{-1}$ から勝手に元 ξ をとり，$\mathfrak{p}$ から元 h をとっておくと，$\mathfrak{p}(\mathfrak{p}^{-1})^n=\mathfrak{p}$ から，$h\xi^n\in\mathfrak{p}\subseteqq R$. 前節定理 2，系 3 により ξ は R の上に整である．

補題 2 R を局所整域，$\mathfrak{p}$ をその極大イデアルとする．rank $R>1$ のときは，常に $\mathfrak{p}\cdot\mathfrak{p}^{-1}=\mathfrak{p}$（従って $\mathfrak{p}\cdot(\mathfrak{p}^{-1})^n=\mathfrak{p}$）であり，$\mathfrak{p}^{-1}$ の元はすべて R の上に整である，

（証明） $0\neq\xi\in\mathfrak{p}^{-1}$ を勝手にとれば $\xi\mathfrak{p}\subseteqq R$. $0\neq h\in\mathfrak{p}$ を任意に一つとって $\xi h=c\notin\mathfrak{p}$ と仮定しよう．このとき $\xi=b/a,\ a,b\in R$ と表わせば $a\in\mathfrak{p}$ でなければならぬし，$cR=R$ だから $aR=bhR$.

いま hR の極小素因子の一つを $\mathfrak{l}$ とすると，$aR\subseteqq\mathfrak{l}$ だから§8，定理 1 により $\mathfrak{l}$ はまた aR の極小素因子である．$\mathfrak{q}$ を aR の $\mathfrak{l}$ に属する準素成分，すなわち $\mathfrak{q}=aR_{\mathfrak{l}}\cap R$ とする．

他方 rank $R>1$ により $\mathfrak{l}\subsetneqq\mathfrak{p}$. だから $\mathfrak{q}:\mathfrak{p}=\mathfrak{q}$. ところが $b\mathfrak{p}\subseteqq aR\subseteqq\mathfrak{q}$ ゆえ $b\in\mathfrak{q}:\mathfrak{p}=\mathfrak{q}$. よって $aR=bhR$ から $\mathfrak{q}R_{\mathfrak{l}}\subseteqq\mathfrak{q}\mathfrak{l}R_{\mathfrak{l}}$, $\mathfrak{l}$ は素イデアル（$\neq 1$）だから，§2. 定理 10 により $\mathfrak{q}=0$

なるべきを知る．これは不可能である．よって $c\in\mathfrak{p}$ でなければならぬ．すなわち $\mathfrak{p}^{-1}\cdot\mathfrak{p}=\mathfrak{p}$ である．従ってまた $(\mathfrak{p}^{-1})^n\cdot\mathfrak{p}=\mathfrak{p}$. だから $\xi^n\cdot h\in\mathfrak{p}$ $(\forall n)$. ゆえに ξ は R の上に整である．

補題 3 R を局所整域, $\mathfrak{p}$ をその極大イデアルとする. rank $R>1$ のとき, 極大イデアル $\mathfrak{p}$ が aR ($0\neq a$ は $\mathfrak{p}$ の元) の素因子であるための必要十分条件は, R の商体 k の元 $\xi=b/a$ であって, 環 $R[\xi]$ の R に関する導手が $\mathfrak{p}$ となるものの存在することである.

ここに**導手**とは：二つの環 $R'\supset R$ において, R のイデアル $\{c|c\in R, cR'\subseteq R\}$ を R' の R に関する導手といい, $R:R'$ で示す.

（証明） 極大イデアル $\mathfrak{p}$ が aR の一つの素因子であったとすれば, $aR:\mathfrak{p}\underset{\neq}{\supset}aR$ である．だから $b\in aR:\mathfrak{p}$, $b\notin aR$ ととることができる．すると $\dfrac{b}{a}=\xi\in\mathfrak{p}^{-1}$ であり，補題2から $\xi^n\cdot\mathfrak{p}\subseteq\mathfrak{p}\subseteq R$. 従って $\mathfrak{p}R[\xi]\subseteq R$. これから明らかに $\mathfrak{p}=R:R[\xi]$.

逆に $\mathfrak{p}=R:R[\xi]$ なる $\xi\in k$ が存在したとする．もちろん $\xi\notin R$ でなければならぬ．$\xi=b/a$ とすると, $b\mathfrak{p}\in aR$ ゆえ $b\in aR:\mathfrak{p}$. 従って $aR:\mathfrak{p}\underset{\neq}{\supset}aR$. よって $\mathfrak{p}$ のベキは aR のある準素成分に含まれねばならず, $\mathfrak{p}$ は aR の一つの素因子である．

定理 1 R を Noether 整域, $0\neq a$ を R の一つの元とする. aR が極小でない素因子 $\mathfrak{p}$ をもてば[1], $b/a\notin R$ で, b/a が R の上に整であるような $b\in R$ が存在し, また $\mathfrak{p}$ のいずれの元 $a'(\neq 0)$ をとっても $\mathfrak{p}$ は $a'R$ の素因子である. [**永田**]

（証明） R の代りに $R_\mathfrak{p}$ をとって考えてもよく，従って補題3が適用できる．このとき $R_\mathfrak{p}$ の階数は >1. そして極大イデアル $\mathfrak{p}R_\mathfrak{p}$ が $aR_\mathfrak{p}$ の一つの素因子．それゆえ，補題3から，定理に述べた元 b/a が存在する．これで定理の前半は証明された．

後半については, $(b/a)\mathfrak{p}\subseteq\mathfrak{p}$ であるから, $0\neq a'\in\mathfrak{p}$ を勝手にとっても $(b/a)a'=b'\in\mathfrak{p}$ であり, $\xi=b/a=b'/a'\notin R$. それで補題3から $\mathfrak{p}R_\mathfrak{p}$ は $a'R_\mathfrak{p}$ の素因子である．

系 R が Noether 整域で，商体内で整閉ではないとし, $a,b\in R$, $b/a\notin R$, b/a が R の上に整であるとする．単項イデアル aR は極小でない素因子をもつか，さもなければ aR の極小素因子 $\mathfrak{l}$ であって $R_\mathfrak{l}$ が正規環でないものがあるかのいずれかである.

---

1) 極小でない素因子を imbedded prime という.

（証明） 背理法によって証明しよう．すなわち系に述べたいずれの場合も起っていなかったとし，aR の素因子は極小なもののみで $\mathfrak{l}_1, \cdots, \mathfrak{l}_r$ とし，$R_{\mathfrak{l}_i}$ はいずれも正規であったとする．aR の $\mathfrak{l}_i$ に属する準素成分を $\mathfrak{q}_i$ とすれば

$$aR=\mathfrak{q}_1 \cap \mathfrak{q}_2 \cap \cdots \cap \mathfrak{q}_r$$

さて b/a は R に関して整であるから，$R_{\mathfrak{l}_i}$ に関しても整である．ところが $R_{\mathfrak{l}_i}$ は整閉ゆえ $b/a \in R_{\mathfrak{l}_i}$．よって

$$bR_{\mathfrak{l}_i} \subseteq aR_{\mathfrak{l}_i}=\mathfrak{q}_i R_{\mathfrak{l}_i} \qquad \therefore \quad b \in \mathfrak{q}_i$$

よって $b \in \mathfrak{q}_1 \cap \mathfrak{q}_2 \cap \cdots \cap \mathfrak{q}_r = aR$．従って $b/a \in R$ となって矛盾する．

定理 2 Noether 整域 R が正規環であるための必要十分条件は次の二条件の成立することである．

（1） $\mathfrak{p}$ が R の階数 1 の素イデアルならば，$R_{\mathfrak{p}}$ は正規環である．

（2） R の単項イデアルの素因子はすべて極小である．

（証明） 必要条件：R を正規とすれば，条件 (1) は自明である．条件 (2) については，これがみたされず，単項イデアルが極小でない素因子をもてば定理 1 により R は (k 内で) 整閉ではない．

十分条件：R が整閉でないとすると，系によって条件 (1) か (2) のいずれかが成り立たなくなる．従って (1)，(2) が共に成り立てば R は正規である．

補題 4 $\mathfrak{p}$ を R の階数 1 の素イデアルとする．$R_{\mathfrak{p}}$ が正規であるための必要十分条件は $R_{\mathfrak{p}}$ が単項イデアル環なることであり，$R_{\mathfrak{p}}$ のイデアルは $\mathfrak{p}R_{\mathfrak{p}}$ のベキ以外に存しない．

（証明） $R_{\mathfrak{p}}$ が正規であったとする．補題 1 により $R_{\mathfrak{p}}$ で ($\mathfrak{p}R_{\mathfrak{p}}$ を $\mathfrak{p}$ で示す)．

$$\mathfrak{p}\mathfrak{p}^{-1}=R_{\mathfrak{p}}$$

でなければならぬ．さて $\mathfrak{p}$ から $a \in \mathfrak{p}, a \notin \mathfrak{p}^2$ [1] なる元 a をとると，$a\mathfrak{p}^{-1} \subseteq R_{\mathfrak{p}}$．もし $a\mathfrak{p}^{-1} \subseteq \mathfrak{p}$ とすれば $a\mathfrak{p}^{-1}\mathfrak{p} \subseteq \mathfrak{p}^2$，従って $aR_{\mathfrak{p}} \subseteq \mathfrak{p}^2$ となり a のとり方に矛盾する．よって $a\mathfrak{p}^{-1}$ は $R_{\mathfrak{p}}$ のイデアルとして $a\mathfrak{p}^{-1}=R_{\mathfrak{p}}$ でなければならぬ．従って $aR_{\mathfrak{p}}=a\mathfrak{p}^{-1}\mathfrak{p}=\mathfrak{p}$．かく $\mathfrak{p}$ は $R_{\mathfrak{p}}$ で単項イデアルである．

次に $0 \neq \mathfrak{q}$ を $R_{\mathfrak{p}}$ の任意のイデアルとすれば，$\mathfrak{q}$ は $\mathfrak{p}$ に属する準素イデアルで $\mathfrak{p}^r$ を含む．ところが，$\mathfrak{q} \subseteq \mathfrak{p}=aR_{\mathfrak{p}}$ だから，$\mathfrak{q}=a\mathfrak{q}'$．そして $\mathfrak{q}'$ は $\mathfrak{p}^{r-1}$ を含む．また $\mathfrak{q}'=a\mathfrak{q}''$． 以

1） 整域だから $\bigcap_n \mathfrak{p}^n=0$．$\mathfrak{p}=\mathfrak{p}^2$ と仮定すれば $\mathfrak{p}=0$ となる．

下同様にして $\mathfrak{q}=a^sR$ $(s\leqq r)$ すなわち $\mathfrak{q}=\mathfrak{p}^s$.

逆に $R_\mathfrak{p}$ が単項イデアル環であって $\mathfrak{p}=aR_\mathfrak{p}$ とする．すると上述から任意の $\mathfrak{q}$ につき $\mathfrak{q}=\mathfrak{p}^s=a^sR_\mathfrak{p}$. $R_\mathfrak{p}$ の商体の元は，$R_\mathfrak{p}$ に属しないものは ca^{-r}，ここに c は $R_\mathfrak{p}$ の単元，r は正整数の形をもつ．ところが a^{-r} は明らかに $R_\mathfrak{p}$ の上に整ではあり得ない．よって $R_\mathfrak{p}$ は正規である．

定理 3　Noether 正規環では，零以外の単項イデアルの素因子 $\mathfrak{p}_i$ はすべて極小（階数 1）であり，各素因子の記号的累乗の共通集合として一意的に表わされる．

（証明）R を正規環とすれば，$0\neq aR$ の素因子は定理 2 からすべて極小であり，これを $\mathfrak{p}_1,\cdots,\mathfrak{p}_r$ とする．すると $aR=\bigcap_i \mathfrak{q}_i$，$\mathfrak{q}_i$ は $\mathfrak{p}_i$ に属する準素成分で，この分解の一意的なことは，Noether 環の一般論より知るところである．

さて $aR_{\mathfrak{p}_i}=\mathfrak{q}_iR_{\mathfrak{p}_i}$ であるが，補題 4 から $\mathfrak{q}_iR_{\mathfrak{p}_i}=(\mathfrak{p}_iR_{\mathfrak{p}_i})^{s_i}$ に他ならぬ．従って

$$\mathfrak{q}_i=\mathfrak{p}_i^{s_i}R_{\mathfrak{p}_i}\cap R=\mathfrak{p}_i^{(s_i)}$$

よって $aR=\mathfrak{p}_1^{(s_1)}\cap\mathfrak{p}_2^{(s_2)}\cap\cdots\cap\mathfrak{p}_r^{(s_r)}$ と一意的に表わされる．

系　R が Noether 正規環ならば，$\mathfrak{p}$ を R の階数 1 の素イデアル全体にわたって動かすとき $\bigcap_\mathfrak{p} R_\mathfrak{p}=R$ である．

（証明）R の商体 k の元 b/a が，いずれの階数 1 の素イデアル $\mathfrak{p}$ についても $R_\mathfrak{p}$ に含まれていたとする．いま aR, bR の $\mathfrak{p}$ に属する準素成分をそれぞれ $\mathfrak{p}^{(s)}, \mathfrak{p}^{(t)}$ とすれば，$b/a\in R_\mathfrak{p}$ から $t\geqq s$ でなければならぬ．よって

$$bR=\bigcap_\mathfrak{p}\mathfrak{p}^{(t)}\subseteq\bigcap_\mathfrak{p}\mathfrak{p}^{(s)}=aR.$$

従って $b/a\in R$ となり $\bigcap_\mathfrak{p} R_\mathfrak{p}\subseteq R$. 逆の包含関係は自明だから $R=\bigcap_\mathfrak{p} R_\mathfrak{p}$.

階数が 1 より大なる正規環は代数幾何学において重要であるが，整数論において，また代数曲線論において大切であり，歴史的にも最も重要なのは階数 1 の場合である．

定義　階数 1 の Noether 正規環を **Dedekind 環**という．

Dedekind 環では，すべての素イデアルは極大であると同時に極小である．そして弱極小条件が成立している．

定理 4　Dedekind 環では，零以外のイデアル $\mathfrak{a}$ は，

$$\mathfrak{a}=\mathfrak{p}_1^{s_1}\mathfrak{p}_2^{s_2}\cdots\mathfrak{p}_r^{s_r}$$

と相異なる素イデアルのベキ積に一意的に分解される．

（証明） 弱極小条件が成り立つから，相異なる極大イデアル $\mathfrak{p}_1,\cdots,\mathfrak{p}_r$ に属する準素成分 $\mathfrak{q}_1,\cdots,\mathfrak{q}_r$ の積に一意的に分解せられることは第3節に論じたところである．そして $\mathfrak{q}_i=\mathfrak{p}_i^{(s_i)}$ なることも定理3で知るところである．

さて $\mathfrak{p}$ は極大であるから $\mathfrak{p}^s$ 自身，$\mathfrak{p}$ に属する準素イデアルである．よって $\mathfrak{p}^{(s)}=\mathfrak{p}^s R_{\mathfrak{p}}\cap R=\mathfrak{p}^s$．ゆえに $\mathfrak{a}=\mathfrak{p}_1^{s_1}\cdots\mathfrak{p}_r^{s_r}$ と一意的に分解せられる．

定理 5 整域 R において，零以外のイデアルが，素イデアルのベキ積に分解せられるならば，R は Dedekind 環でなければならない．（従って素イデアルは極大であると同時に極小であり，また分解は一意的でなければならない）．

(証明) R で $\mathfrak{a}\mathfrak{b}=\mathfrak{a}\mathfrak{c}$ から $\mathfrak{b}=\mathfrak{c}$ が従うとき，$\mathfrak{a}$ は正則とよぶ．すると零でない単項イデアルは正則，$\mathfrak{a}_1\mathfrak{a}_2$ が正則なら，明らかに $\mathfrak{a}_1,\mathfrak{a}_2$ も正則．よって単項イデアルの素因子は正則．これから単項イデアルの素因子分解は一意的なことがわかる．

さて $\mathfrak{p}$ を任意の素イデアルとし，$a\notin\mathfrak{p}$ とすれば，$(a,\mathfrak{p})^2$ も $(a^2,\mathfrak{p})$ も $\mathfrak{p}$ を含む素イデアルの積として表わされ

$$(a,\mathfrak{p})^2=\mathfrak{p}_1\cdots\cdots\mathfrak{p}_r,\qquad (a^2,\mathfrak{p})=\mathfrak{p}_1'\cdots\cdots\mathfrak{p}'_s\qquad (\mathfrak{p}_i,\mathfrak{p}_j'\supset\mathfrak{p})$$

剰余環 $\bar{R}=R/\mathfrak{p}$ にうつして $(a\bar{R})^2=\bar{\mathfrak{p}}_1\cdots\cdots\bar{\mathfrak{p}}_r=\bar{\mathfrak{p}}'_1\cdots\cdots\bar{\mathfrak{p}}'_s$．$(\bar{\mathfrak{p}}_i=\mathfrak{p}_i/\mathfrak{p},\ \bar{\mathfrak{p}}_j'=\mathfrak{p}_j'/\mathfrak{p})$ $(a\bar{R})^2$ の素因子分解は一意的．そこで $r=s$ で，$\bar{\mathfrak{p}}_i=\bar{\mathfrak{p}}_i'$，従って $(a,\mathfrak{p})^2=(a^2,\mathfrak{p})$．そこで $\mathfrak{p}\subset(a^2,\mathfrak{p})$ $=(a^2,a\mathfrak{p},\mathfrak{p}^2)$．ゆえに $\mathfrak{p}$ の元 p は

$$p=a^2x+q,\qquad (q\in(a\mathfrak{p},\mathfrak{p}^2))$$

よって $a^2x\in\mathfrak{p}$，$a^2\notin\mathfrak{p}$．ゆえに $x\in\mathfrak{p}$．よって $\mathfrak{p}\subseteq(a\mathfrak{p},\mathfrak{p}^2)$．明らかに $\mathfrak{p}\supseteq(a\mathfrak{p},\mathfrak{p}^2)$，ゆえに $\mathfrak{p}=(a\mathfrak{p},\mathfrak{p}^2)=(a,\mathfrak{p})\mathfrak{p}$．すなわち一般に $\mathfrak{a}\supset\mathfrak{p}$ なら $\mathfrak{a}\mathfrak{p}=\mathfrak{p}$．

これから単項イデアル cR の素因子はすべて極大．なぜなら $\mathfrak{a}\supset\mathfrak{p}_i$ とすれば $\mathfrak{a}\mathfrak{p}_i=\mathfrak{p}_i$．従って $\mathfrak{a}cR=cR$．よって $\mathfrak{a}=R$．従って c を含む素イデアルはいずれかの $\mathfrak{p}_i$（極大）を含み，極大である．それゆえ素イデアルは必ず極大であり，cR の素因子として階数は 1．これから容易に R は Noether 整域で，従って定理 2 から R は Dedekind 環である．

有理数体 Q の上の有限次代数拡大体 K において，有理整数整域 Z に関し整なる元（すなわち代数的整数）の全体のつくる正規環を $\mathfrak{o}$ とすれば，（$\mathfrak{o}$ を K

1） 浅野啓三君による．代数学 I（岩波現代数学 170 頁）

の**主整域**という), $\mathfrak{o}$ は Dedekind 環である. 0 以外のイデアルは素イデアルのベキ積に一意的に分解せられる.

なんとなれば $\mathfrak{o}$ は Z の上に整であり, Z は単項イデアル環であり素数分解が一意的であるから, その階数は1である. 従って前節定理2により $\mathfrak{o}$ の階数も1である. なお前節定理4から $\mathfrak{o}$ は有限 Z-加群であり Noether 環である. しかも $\mathfrak{o}$ は正規である[1].

有理数体の代りに, 体における一元函数体 $k(x)$ の有限次拡大体 L (代数函数体) において, 整域 $k[x]$ に関し整な元全体のつくる正規環を $\mathfrak{o}$ としても, $\mathfrak{o}$ はやはり Dedekind 環である.

それは $k[x]$ で素元分解が一意的であるから, 上と同様に $\mathfrak{o}$ も階数1である[1].

さて一般に R が正規環の場合, R とその整拡大整域 R' とにおいて, R, R' それぞれの素イデアルの階数の関係について論じよう. とくに R' の商体 K' が R の商体 K の有限次拡大なる場合 (このとき簡単に R' は R の有限次整拡大という) に限定しよう.

K' を含む, K の最小ガロア拡大体を N とするとき, N における R に関しての主整域 $\mathfrak{O}$ を R' に応ずる R のガロア主整域という.

ガロア体 N/k のガロア写像を $\{\sigma, \tau, \cdots\}$ とするとき, $\mathfrak{O}$ のイデアル $\mathfrak{A}$ の σ による像はまた $\mathfrak{O}$ のイデアルをつくる. これを $\mathfrak{A}^\sigma$ で示して, $\mathfrak{A}$ の共役イデアルという.

補題 5 R を正規環とし, $\mathfrak{O}$ を有限次ガロア主整域拡大とする. $\mathfrak{p}$ を R の素イデアル, $\mathfrak{P}, \mathfrak{P}'$ を $\mathfrak{O}$ の相異なる素イデアルで, $\mathfrak{P} \cap R = \mathfrak{P}' \cap R = \mathfrak{p}$ とすれば, $\mathfrak{P}, \mathfrak{P}'$ は互に共役である.

(証明) $\mathfrak{O}$ は R の上に整であるから前節定理1, 系1により $\mathfrak{P}, \mathfrak{P}'$ は互に他を含まない. さて $\mathfrak{P}$ の共役イデアルの全体を $\mathfrak{P}^{\sigma_0} = \mathfrak{P}, \cdots, \mathfrak{P}^{\sigma_{n-1}}$ とすれば, 明らかに $\mathfrak{P}^\sigma \cap R = \mathfrak{p}$. いま $\mathfrak{P}'$ がいずれの $\mathfrak{P}^\sigma$ ともひとしくなければ, $\mathfrak{P}'$ はまた $\mathfrak{P}^\sigma$ のいずれとも互に他を含まない. 従って $\alpha \in \mathfrak{P}'$, $\forall i\, \alpha \notin \mathfrak{P}^{\sigma_i}$ なる元 α が $\mathfrak{O}$ からとれる (§2, 定理3) する

1) しかし $\mathfrak{o}$ は単項イデアル環であるとはかぎらない.

と $\forall j, \alpha^{\sigma_j} \notin \mathfrak{P}$ である.（なんとなれば $\alpha^{\sigma_j} \in \mathfrak{P}$ なら $\alpha \in \mathfrak{P}^{\sigma_j^{-1}}$ となるから）従って

$$n(\alpha)=\alpha^{\sigma_0+\sigma_1+\cdots+\sigma_{n-1}}=\alpha\cdot\alpha^{\sigma_1+\cdots+\sigma_{n-1}} \notin \mathfrak{P}.$$

他方 $\alpha \in \mathfrak{O}$，よって $\alpha^{\sigma_i} \in \mathfrak{O}$，$\alpha^{\sigma_1+\cdots+\sigma_{n-1}} \in \mathfrak{O}$．ゆえに

$$n(\alpha) \in \alpha\mathfrak{O} \subseteqq \mathfrak{P}'$$

また $n(\alpha) \in K$．ところが R は K の中で整閉だから $n(\alpha) \in K \cap \mathfrak{O}=R$．よって

$$n(\alpha) \in \mathfrak{P}' \cap R=\mathfrak{p} \subset \mathfrak{P}$$

これは上述の $n(\alpha) \notin \mathfrak{P}$ と矛盾する．ゆえに $\mathfrak{P}'$ は $\{\mathfrak{P}^\sigma\}$ のいずれかと一致しなければならぬ．すなわち $\mathfrak{P}, \mathfrak{P}'$ は互に共役である．

$R, R', \mathfrak{O}, \mathfrak{A}$ を上述の意味どおりにしておいて，R' のイデアル $\mathfrak{a}_1', \mathfrak{a}_2'$ が

$$\mathfrak{a}_1'=\mathfrak{A} \cap R', \quad \mathfrak{a}_2'=\mathfrak{A}^\sigma \cap R'$$

なるとき，$\mathfrak{a}_1'$ と $\mathfrak{a}_2'$ とは R の上に共役であるということにすれば

系 Rを正規環とし，R' を R の上の有限次整拡大とする．$\mathfrak{p}$ を R の素イデアル，$\mathfrak{p}_1', \mathfrak{p}_2'$ を R' の素イデアルで $\mathfrak{p}_1' \cap R=\mathfrak{p}_2' \cap R=\mathfrak{p}$ とすれば，$\mathfrak{p}_1', \mathfrak{p}_2'$ は互に共役である．

（証明）$\mathfrak{O}$ は R' の上にも整だから前節定理 1 により，$\mathfrak{O}$ から素イデアル $\mathfrak{P}_1, \mathfrak{P}_2$ をとって $\mathfrak{P}_1 \cap R'=\mathfrak{p}_1'$，$\mathfrak{P}_2 \cap R'=\mathfrak{p}_2'$ とできる．すると $\mathfrak{P}_i \cap R=\mathfrak{p}_i \cap R=\mathfrak{p}\ (i=1,2)$．よって前補題から $\mathfrak{P}_2=\mathfrak{P}_1^\sigma$ なるガロア写像 σ がある．よって $\mathfrak{p}_1', \mathfrak{p}_2'$ は共役である．

補題 6 R を正規環とし，R' を R の上の有限次整拡大であるとする．R の素イデアルの降列 $\mathfrak{p}_1 \underset{\neq}{\supset} \mathfrak{p}_2 \underset{\neq}{\supset} \cdots \underset{\neq}{\supset} \mathfrak{p}_n$ と $\mathfrak{p}_1' \cap R=\mathfrak{p}_1$ なる R' の素イデアル $\mathfrak{p}_1'$ に対し，R' の素イデアルの降列 $\mathfrak{p}_1' \underset{\neq}{\supset} \mathfrak{p}_2' \underset{\neq}{\supset} \cdots \underset{\neq}{\supset} \mathfrak{p}_n'$ を $\mathfrak{p}_i' \cap R=\mathfrak{p}_i\ (i=1,2,\cdots,n)$ となるようにとることができる．**[降列定理]**

（証明）R が正規環でなくても，R' が整拡大なら，R の素イデアルの昇列

$$\mathfrak{p}_n \underset{\neq}{\subset} \mathfrak{p}_{n-1} \underset{\neq}{\subset} \cdots \underset{\neq}{\subset} \mathfrak{p}_1$$

に対し，$\mathfrak{O}$ の素イデアルの昇列

$$\mathfrak{p}_n^* \underset{\neq}{\subset} \mathfrak{p}_{n-1}^* \underset{\neq}{\subset} \cdots \underset{\neq}{\subset} \mathfrak{p}_1^*, \quad \mathfrak{p}_i^* \cap R=\mathfrak{p}_i \quad (i=1,2,\cdots,n)$$

となるようにとりうる．（前節定理 1，系 2 昇列定理）$\mathfrak{p}_1^{**}$を$\mathfrak{O}$ のイデアルで $\mathfrak{p}_1^{**} \cap R'=\mathfrak{p}_1'$ なるものとする．ところが R が正規環ゆえ $\mathfrak{O}$ の属するガロア拡大の写像 σ で，与えられた $\mathfrak{p}_1^*$ を $\mathfrak{p}_1^{**}$ に写すものが存在する（前系）．そこで $\mathfrak{O}$ の素イデアルの降列 $\mathfrak{p}_1^* \underset{\neq}{\supset}$

$\mathfrak{p}_2^* \supsetneq \cdots \supsetneq \mathfrak{p}_n^*$ をこの σ で写し，$\mathfrak{p}_i^{*\sigma} \cap R' = \mathfrak{p}_i'$ とおくと

$$\mathfrak{p}_1' \supset \mathfrak{p}_2' \supset \cdots \supset \mathfrak{p}_n'$$

なる R' の素イデアルの列を得るが，$\mathfrak{p}_i^{*\sigma} \cap R = \mathfrak{p}_i$ だから，$\mathfrak{p}_i' \cap R = \mathfrak{p}_i$ でもあり明らかに $\mathfrak{p}_i' \neq \mathfrak{p}_{i+1}'$.

定理 6　R を正規環とし，R' を R の有限次整拡大とする．このとき R' の任意の素イデアルを $\mathfrak{p}'$ とすれば，$\mathrm{rank}_{R'}\,\mathfrak{p}' = \mathrm{rank}_R\,\mathfrak{p}$, $\mathfrak{p} = \mathfrak{p}' \cap R$.

（証明）　まず $\mathfrak{p}'$ の極大降鎖 $\mathfrak{p}' = \mathfrak{p}_0' \supsetneq \mathfrak{p}_1' \supsetneq \cdots \supsetneq \mathfrak{p}_r'$ に対し，R の降列 $\mathfrak{p} = \mathfrak{p}_0 \supsetneq \mathfrak{p}_1 \supsetneq \cdots \supsetneq \mathfrak{p}_r$, $\mathfrak{p}_i = \mathfrak{p}_i' \cap R$ が存在する．よって $\mathrm{rank}_{R'}\,\mathfrak{p}' \leqq \mathrm{rank}_R\,\mathfrak{p}$.

他方 R における $\mathfrak{p}$ の降極大鎖 $\mathfrak{p} = \mathfrak{p}_0 \supsetneq \mathfrak{p}_1 \supsetneq \cdots \supsetneq \mathfrak{p}_s$ に対し，前補題から，$\mathfrak{p}'$ の降列 $\mathfrak{p}' = \mathfrak{p}_0' \supsetneq \mathfrak{p}_1' \supsetneq \cdots \supsetneq \mathfrak{p}_s'$ が存在する．よって $\mathrm{rank}_{R'}\,\mathfrak{p}' \geqq \mathrm{rank}_R\,\mathfrak{p}$.

両者から $\mathrm{rank}_{R'}\,\mathfrak{p}' = \mathrm{rank}_R\,\mathfrak{p}$.

11. アフィン環，正規化定理とその応用

体 k の上に有限個の元で生成された整域を**アフィン環**という．体 k の上のアフィン環 R の商体を L とするとき，L を k の上の**函数体**であるといい，R は L の一つのアフィン環であるという．L の k の上の超越次数を L の次元または R の 次元といい，$\dim_k L$, $\dim R$ で表わす．

k の上のアフィン環で最も簡単なものは，k の上に独立な変数 $X_1, \cdots, X_n$ の生成する多項式整域 $k[X_1, X_2, \cdots, X_n]$ である．

k の上の多項式整域は正規環である．実際 k の上の多項式の素元分解は一意的である．（基礎講座，代数学，77頁）．従って $R = k[X_1, \cdots, X_n]$ の単項イデアルの素因子はすべて極小であり，また $\mathfrak{p}$ を極小な素イデアル（既約多項式）とすれば，$R_{\mathfrak{p}}$ は単項イデアル環（従って正規）である．よって R は正規環である．

次に多項式整域 $k[X_1, \cdots, X_n]$ の階数は n である．これについては

補題 1　多項式整域 $k[X_1, \cdots, X_n]$ の一元 Y_1（$Y_1 \notin k$ なる多項式）に対し，$Y_2, \cdots, Y_n$ を $k[X_1, \cdots, X_n]$ より選び

1）　$Y_i = X_1^{m_i} + X_i$　$(i = 2, 3, \cdots, n)$　（m_i は適当な自然数）

2）　$X_1, \cdots, X_n$ の各々が $k[Y_1, Y_2, \cdots, Y_n]$ の上に整である

ようにすることができる．従って $Y_1, Y_2, \cdots Y_n$ は k の上で独立．

（証明） $X_1, \cdots, X_n$ についての単項式を M_λ で表わし，

$$Y_1=\sum a_\lambda M_\lambda, \qquad 0 \neq a_\lambda \in k$$

とする．この右辺に現われる単項式 M_λ の重さがすべて異なってくるように，$X_1, \cdots, X_n$ の重さを定めよう．すなわち X_1 の重さを1として $X_2, \cdots, X_n$ の重さをそれぞれ $m_2, \cdots, m_n$ としよう（これはいつも可能．例えば Y_1 の $X_1, \cdots, X_n$ についての次数よりも大きく d をとり，$m_i=d^{i-1}$ ととれば明らかであろう）．そこで M_λのうち，最も重い項を，例えば M_1 とし，その重さを w としておく．各 M_λ の $X_1, X_2, \cdots, X_n$ に

$$X_1, Y_2-X_1^{m_2}, \cdots, Y_n-X_1^{m_n}$$

を代入すれば，M_λ は $X_1, Y_2, \cdots, Y_n$ についての（k における）多項式に変形され，とくに M_1 からは X_1 について w 次の項が現われ，しかもその係数は ± 1．そして他の M_λ からは X_1 についてはいずれも w 次より低いもののみが出てくる．従って

$$Y_1=\pm a_1 X_1^w+f_1 X_1^{w-1}+\cdots+f_w, \quad f_i \in k[Y_2, \cdots, Y_n]$$

そして $a_1 \neq 0$，$a_1 \in k$ である．すなわち

$$X_1^w+f_1' X^{w-1}+\cdots+f_w'=0, \quad f_i' \in k[Y_1, Y_2, \cdots, Y_n]$$

であって X_1 は $k[Y_1, \cdots, Y_n]$ の上に整である．

さらに $k[Y_1, Y_2, \cdots, Y_n, X_1]=k[X_1, X_2, \cdots, X_n]$ ゆえ，$X_2, \cdots, X_n$ のいずれも $k[Y_1, \cdots, Y_n]$ の上に整である．

定理 1 k を任意の体とし，$X_1, X_2, \cdots, X_n$ を k の上で独立な変数とする．$\mathfrak{a}$ を多項式環 $k[X_1, \cdots, X_n]$ の階数 r のイデアルとするとき，$k[X_1, \cdots, X_n]$ より多項式 $Y_1, Y_2, \cdots, Y_n$ を次のように選ぶことができる．

（1） $k[X_1, X_2, \cdots, X_n]$ が $k[Y_1, Y_2, \cdots, Y_n]$ の上に整である．

（2） $\mathfrak{a} \cap k[Y_1, Y_2, \cdots, Y_n]$ は $Y_1, Y_2, \cdots, Y_r$ で生成せられる．

（3） $Y_{r+j}=X_{r+j}+f_j, \quad f_j \in \pi[X_1, \cdots, X_r] \quad (j=1, 2, \cdots, n-r)$

ここに π は素体を意味する．**[多項式環の正規化定理]**

（証明） $r=0$ なら，$R=k[X_1, \cdots, X_n]$ は整域だから $\mathfrak{a}=0$ で，定理は自明．r についての帰納法で証明する．

$\mathfrak{a}'$ を $\mathfrak{a}$ に含まれる階数 $r-1$ のイデアルとする．例えば§8，定理3の証明で述べたようにして $\mathfrak{a}'$ をとればよい．帰納法の仮設によって，$Y_1, \cdots, Y_{r-1}, Y_r', \cdots, Y_n' \in k[X_1, \cdots, X_n]$ を

(1′) $k[X_1, \cdots, X_n]$ が $k[Y_1, \cdots, Y_{r-1}, Y_r', \cdots, Y_n']$ の上に整（従って $Y_1, \cdots, Y_n'$ は独立）

(2′) $\mathfrak{a}' \cap k[Y_1, \cdots, Y_{r-1}, Y_r', \cdots, Y_n']$ が $Y_1, \cdots, Y_{r-1}$ で生成される.

(3′) $Y_{r+j}' = X_{r+j} + f_j'$, $f_j' \in \pi[X_1, \cdots, X_{r-1}]$ $(j=0, 1, 2, \cdots, n-r)$

となるようにとることができる.

さて $k[Y_1, \cdots, Y_r', \cdots, Y_n']$ は多項式環として正規環だから，(1′) により前節定理6を用いて

$$\mathrm{rank}\,\mathfrak{a} = \mathrm{rank}(\mathfrak{a} \cap k[Y_1, \cdots Y_{r-1}, Y_r', \cdots, Y_n']) = r.$$

従って $\mathfrak{a} \cap k[Y_1, \cdots, Y_r', \cdots, Y_n']$ は $\mathfrak{a}' \cap k[Y_1, \cdots, Y_r', \cdots, Y_n']$ を含みかつ異なり (2′) から $Y_1, \cdots, Y_{r-1}$ は $\mathfrak{a}'$ に入っているから，$Y_r', \cdots, Y_n'$ のみについての多項式 Y_r で $\mathfrak{a}$ に入るものがある．すなわち

$$Y_r \in \mathfrak{a} \cap k[Y_r' \cdots, Y_n']$$

が存在する．$k[Y_r', \cdots, Y_n']$ とこの Y_r について，前補題を適用し，前補題の終結として得られる $Y_r', \cdots, Y_n'$ についての（従って $X_1, \cdots, X_n$ についての）多項式を $Y_r, \cdots, Y_n$ とすれば (1′) により，命題 (1) の成立することがわかる．すなわち：

$k[X_1, \cdots, X_n]$ は $k[Y_1, \cdots, Y_r, \cdots, Y_n]$ の上に整である.

また (3′) と，前補題とから，(3) の成立することがわかる．すなわち

$$Y_{r+j} = X_{r+j} + f_j, \quad f_j = \pi[X_1, \cdots, X_r]$$

最後に(2)ついては，上に述べたと同様に $\mathrm{rank}(\mathfrak{a} \cap k[Y_1, \cdots, Y_n]) = r$ であり，また $Y_1, \cdots, Y_r$ は $\mathfrak{a}$ に属する．ところが多項式環 $k[Y_1, \cdots, Y_n]$ で，明らかに $(Y_1, \cdots, Y_r)$ は素イデアルであり，その階数は $\geqq r$ である．$\mathfrak{a} \cap k[Y_1, \cdots, Y_n]$ の素因子はいずれも $(Y_1, \cdots, Y_r)$ を含むが，それらが $(Y_1, \cdots, Y_r)$ と一致しなければそれらの階数は常に $> r$ となり，矛盾する．よって $\mathfrak{a} \cap k[Y_1, \cdots, Y_n] = (Y_1, \cdots, Y_r)$ でなければならない.

系 多項式環 $k[X_1, \cdots, X_n]$ の階数はその次元 n にひとしく，$\mathfrak{p}$ をその素イデアルとすれば

$$\mathrm{rank}\,\mathfrak{p} + \mathrm{corank}\,\mathfrak{p} = n.$$

（証明） $\mathrm{rank}\,\mathfrak{p} = r$ とし，$\mathfrak{p}$ に $r=0$ からはじめて正規化定理を適用していくと，$r \leqq n$ でなければならぬことを知る．しかるに $k[X_1, \cdots, X_n]$ で $(X_1, \cdots, X_n)$ は一つの極大イデアルであって

$$(X_1, X_2, \cdots, X_n) \supset (X_2, \cdots, X_n) \supset \cdots \supset 0$$

から，これの階数は$\geqq n$，従って$\mathrm{rank}\,(X_1,\cdots,X_n)=n$．すなわち$\mathrm{rank}\,k[X_1,\cdots,X_n]=n$．

次に$\mathfrak{p}$を階数rの素イデアルとし，これに正規化定理を用いて変数XをYに換えたとする．

$\mathrm{corank}\,\mathfrak{p}=\mathrm{rank}\,k[X]/\mathfrak{p}$．ところが$k[X]$は$k[Y]$の上に整だから

$$\mathrm{rank}\,k[X]/\mathfrak{p}=\mathrm{rank}\,k[Y]/\mathfrak{p}\cap k[Y]$$

さらに$\mathfrak{p}\cap k[Y]=(Y_1,\cdots,Y_r)$だから$k[Y]/\mathfrak{p}\cap k[Y]\cong k[Y_{r+1},\cdots,Y_n]$．

ゆえに$\mathrm{corank}\,\mathfrak{p}=n-r$．よって

$$\mathrm{rank}\,\mathfrak{p}+\mathrm{corank}\,\mathfrak{p}=r+(n-r)=n$$

正規化定理　アフィン環$\mathfrak{o}$が体kの上に元$x_1,\cdots,x_n$で生成されているとし，$\mathfrak{o}$の商体のkの上の次元をtとする．すると$\pi[x_1,x_2,\cdots,x_n]$の中から元$z_1,\cdots,z_t$を次のように選ぶことができる．

（1）　$z_1,\cdots,z_t$はkの上に代数的独立．

（2）　$\mathfrak{o}$は$k[z_1,\cdots,z_t]$の上に整である．

（証明）　$X_1,X_2,\cdots,X_n$を独立な変数とし，$k[X_1,X_2,\cdots,X_n]\to\mathfrak{o}$なる準同型$\varphi$で$\varphi(X_i)=x_i$であったとする．この準同型$\varphi$の核を$\mathfrak{a}$とし，$\mathrm{rank}\,\mathfrak{a}=r$とする．多項式環の正規化定理により，$Y_i\in k[X_1,\cdots,X_n]\,(1\leqq i\leqq n)$を

（1）　$k[X]$が$k[Y]$の上に整

（2）　$\mathfrak{a}\cap k[Y_1,\cdots,Y_n]$が$(Y_1,\cdots,Y_r)$で生成される．

（3）　$Y_{r+j}=X_{r+j}+f_j,\ \ f_j\in\pi[X_1,\cdots,X_r]$　$(j=1,2,\cdots,n-r)$

となるようにとり得る．

いま$\varphi(Y_i)=y_i$とすれば，(1)から$k(x_1,\cdots,x_n)$は$k(y_1,\cdots,y_n)$の上に整．ところが(2)から$Y_1,\cdots,Y_r\in\mathfrak{a}$だから$\varphi(Y_1)=0,\cdots,\varphi(Y_r)=0$．よって

$$k(x_1,\cdots,x_n)\text{ は }k(y_{r+1},\cdots,y_n)\text{ の上に整である．}$$

他方$\mathfrak{a}\cap k[Y_1,\cdots,Y_n]=(Y_1,\cdots,Y_r)$だから，$y_{r+1},\cdots,y_n$は$k$の上に代数的独立．よって$n-r=t$で$y_{r+1}=z_1,\cdots,y_n=z_t$とすれば，これらは定理をみたす．

系 1　$\mathfrak{o}$を体k上のアフィン環とすれば，$\mathrm{rank}\,\mathfrak{o}=\dim\mathfrak{o}=t$．そして$\mathfrak{p}$を$\mathfrak{o}$の素イデアルとすれば　$\mathrm{rank}\,\mathfrak{p}+\mathrm{corank}\,\mathfrak{p}=\dim\mathfrak{o}=t$

（証明）　正規化定理により$\mathfrak{o}$は多項式環$k[z_1,\cdots,z_t]$の上に整．よって

$$\mathrm{rank}\,\mathfrak{o}=\mathrm{rank}\,k[z_1,\cdots,z_t]=t.$$

また $\mathrm{rank}\,\mathfrak{p}=\mathrm{rank}_{k[z]}\mathfrak{p}\cap k[z_1,\cdots,z_t]$

$$\mathrm{corank}\,\mathfrak{p}=\mathrm{rank}\,\mathfrak{o}/\mathfrak{p}=\mathrm{rank}\,k[z_1,\cdots,z_t]/\mathfrak{p}\cap k[z_1,\cdots,z_t]=\mathrm{corank}(\mathfrak{p}\cap k[z])$$

ところが多項式環 $k[z]$ では

$$\mathrm{rank}(\mathfrak{p}\cap k[z])+\mathrm{corank}(\mathfrak{p}\cap k[z])=\dim k[z]=t$$

ゆえに $$\mathrm{rank}\,\mathfrak{p}+\mathrm{corank}\,\mathfrak{p}=t=\dim\mathfrak{o}.$$

系 2 アフィン環 $\mathfrak{o}$ を $\mathfrak{o}=k[x_1,x_2,\cdots,x_n]$ とする．$\mathfrak{o}$ の極大イデアル $\mathfrak{m}$ は n 個の元で生成され，剰余体 $\mathfrak{o}/\mathfrak{m}$ は k の代数拡大体である．

(証明) $\mathrm{corank}\,\mathfrak{m}=0$ 従って $0=\mathrm{rank}(\mathfrak{o}/\mathfrak{m})=\dim(\mathfrak{o}/\mathfrak{m})$．よって剰余体 $\mathfrak{o}/\mathfrak{m}$ は k に関し超越次数が 0，すなわち代数的である．

さて $\mathfrak{o}=k[x]\xrightarrow{\varphi}k[x]/\mathfrak{m}$ なる準同型で，$\varphi(x_i)=x_i'$ $(i=1,2,\cdots,n)$ とすれば x_i' は $k[x_1',\cdots,x_{i-1}']$ の上に代数的．$(i=1,2,\cdots,n)$．そこで x_i' のみたす $k[x_1',\cdots,x_{i-1}']$ に関して既約な方程式を $f_i'(X:x_1',\cdots,,x_{i-1}')=0$ とする．この f_i' において，X を x_i に，x_j' $(1\leqq j\leqq i-1)$ を x_j におきかえて得る $x_1,x_2,\cdots,x_i$ についての多項式を $f_i(x_1,\cdots x_{i-1},x_i)$ とする．すると明らかに $f_i\in\mathfrak{m}$ であって

$$k[x_1,x_2,\cdots,x_n]/(f_1,f_2,\cdots,f_n)\cong k(x_1')[x_2,\cdots,x_n]/(f_2,\cdots,f_n)$$
$$\cong\cdots\cong k(x_1',\cdots,x_{n-1}')[x_n]/f_n\cong k(x_1',\cdots,x_n')$$

よって $k[x]/(f_1,\cdots,f_n)$ は体であり，$(f_1,\cdots,f_n)$ は極大イデアル，従って

$$\mathfrak{m}=(f_1,f_2,\cdots,f_n)$$

系 3 k を体，$x_1,x_2,\cdots,x_n$ を k の上に独立な変数とする．$\mathfrak{p}$ が $\mathfrak{o}=k[x_1,x_2,\cdots,x_n]$ の素イデアルなるとき，商環 $\mathfrak{o}_{\mathfrak{p}}$ は正則な局所環である[1)]．

(証明) $\mathrm{rank}\,\mathfrak{p}=r$ とし，$\mathfrak{o}$ と $\mathfrak{p}$ とに多項式環の正規化定理を適用して得られる元を $y_1,y_2,\cdots,y_n$ とする．すなわち $k[x]$ は $k[y]$ の上に整，$(y_1,\cdots,y_r)$ が $\mathfrak{p}\cap k[y]$ を生成し，$y_{r+j}=x_{r+j}+f_j$，$f_j\in\pi[x_1,\cdots,x_r]$ とする．すると

$$\mathfrak{o}=k[x_1,\cdots,x_r,y_{r+1},\cdots,y_n]$$

$\mathfrak{p}\cap k[y_{r+1},\cdots,y_n]=0$ だから体 $K=k(y_{r+1},\cdots,y_n)$ は $\mathfrak{o}_{\mathfrak{p}}$ に含まれる．従って

$$K[x_1,\cdots,x_r]\subseteq\mathfrak{o}_{\mathfrak{p}}.$$

$k[x_1,\cdots,x_r]=k[x_1,\cdots,x_n]$ であり，$K[x_1,\cdots,x_n]$ は $K[y_1,\cdots,y_n]$ の上に整であり，$(y_1,\cdots,y_r)\subseteqq\mathfrak{p}K[x_1,\cdots,x_n]$ であるから剰余環 $K[x_1,\cdots,x_n]/\mathfrak{p}K[x_1,\cdots,x_n]$ は K の

1) 幾何的にいえば，この系はアフィン空間の既約多様体($\mathfrak{p}$ で定義される)は単純である，すなわちその一般点は単純点なることを主張する．

拡大体である．従って $\mathfrak{p}K[x_1, \cdots, x_n]$ は多項式環 $K[x_1, \cdots, x_r]$ の極大イデアルである．よって前系により，$\mathfrak{p}K[x_1, \cdots, x_r]$ は r 個の元で生成せられる．ところが既述のように $K[x_1, \cdots, x_r] \subseteqq \mathfrak{o}_\mathfrak{p}$. 従って $\mathfrak{p}\mathfrak{o}_\mathfrak{p}$ は r 個の元で生成され，$\mathfrak{o}_\mathfrak{p}$ は正則局所環である．

系 5 $\mathfrak{o}$ を体上のアフィン環，$\mathfrak{a}$ を $\mathfrak{o}$ の一つのイデアルとする．$\mathfrak{a}$ を含む極大イデアル全部の共通集合（すなわち $\mathfrak{a}$ の J-根基）$\bar{\mathfrak{a}}$ は，$\mathfrak{a}$ の根基である[1]．

[Hilbert の零点定理]

（証明）(i) まず $\mathfrak{a}=\mathfrak{p}$ が $\mathfrak{o}$ の素イデアルの場合．（このときは $\mathfrak{p}$ の J-根基は $\mathfrak{p}$ 自身）証明には，$\mathfrak{p}$ に含まれない元を任意にとると，それを含まず，$\mathfrak{p}$ を含む極大イデアルが少なくとも一つ存在することを示そう．

$\mathfrak{o}/\mathfrak{p}$ はアフィン環であるが，$0 \neq f \in \mathfrak{o}/\mathfrak{p}$ を任意に一つ選ぶ．すると $\mathfrak{o}^*=(\mathfrak{o}/\mathfrak{p})[f^{-1}]$ はやはりアフィン環．$\mathfrak{o}^*$ の極大イデアル $\mathfrak{m}^*$ を一つとると，$f \notin \mathfrak{m}^*$ である．（なんとなれば $f \in \mathfrak{m}^*$ とすれば，$1=f \cdot f^{-1} \in f\mathfrak{o}^* \subseteqq \mathfrak{m}^*$ となる）．$\mathfrak{o}^*$ がアフィンだから，$\mathfrak{o}^*/\mathfrak{m}^*$ は k の上に有限次代数的（系 2 による）．よって $\mathfrak{m}'=\mathfrak{m}^* \cap (\mathfrak{o}/\mathfrak{p})$ とおくと $\mathfrak{m}'$ は $\mathfrak{o}/\mathfrak{p}$ の極大イデアル．$\mathfrak{m}'$ の $\mathfrak{o}$ における原像を $\mathfrak{m}$ とすれば，$\mathfrak{m}$ は $\mathfrak{o}$ で極大．他方 $f \notin \mathfrak{m}^*$ から $f \notin \mathfrak{m}'$，従って f の原像は $\mathfrak{m}$ に属しない．これは証明すべきことであった．

(ii) 一般の場合．$\mathfrak{a}$ の根基は $\mathfrak{a}$ を含むすべての素イデアルの共通集合（従って $\mathfrak{a}$ を含む極小な素イデアルの共通集合）である．ところが (i) に証明したところから，アフィン環では素イデアルはそれを含む極大イデアルすべての共通集合．また $\mathfrak{a}$ を含む極大イデアルはなにがしか $\mathfrak{a}$ の極小素因子を含むから，$\mathfrak{a}$ を含む極大イデアルの共通集合は $\mathfrak{a}$ の根基である．

系 6 アフィン環 $\mathfrak{o}$ の整閉被はまたアフィン環である．さらに詳しく体 k 上のアフィン環 $\mathfrak{o}$ の，その商体内における整閉被は有限 $\mathfrak{o}$-加群である．

（証明）$\mathfrak{o}$ に正規化定理を適用して，$\mathfrak{o}$ が $k[z_1, \cdots, z_t]$ の上に整であるようにできる．そして $z_1, \cdots, z_t \in \mathfrak{o}$ で，これらは k の上に独立．いま $\mathfrak{o}$ の商体を L，体 $k(z_1, \cdots, z_t)=K$ とおけば，この系は次の補題から従う．

---

1) $f \in \bar{\mathfrak{a}}$ ならば $f^\rho \in \mathfrak{a}$ である．これを幾何的にいえば次のようになる．$\mathfrak{o}$ に属するアフィン多様体 V 上に $\mathfrak{a}$ で定義された部分多様体（またはその有限集合）を A とする．$\mathfrak{a}$ を含む極大イデアルは粗雑にいって A 上の点と対応する．$f \in \bar{\mathfrak{a}}$ なることは，f は A 上のいずれの点でも零になることを意味する．従ってこの定理は A 上のどの点でも 0 になる多項式を f とすると，f^ρ は A の定義イデアル $\mathfrak{a}$ の中へ入ることを主張する．この幾何的な意味が Hilbert の定理の原型である．

補題 t 独立変数の函数体 $K=k(z_1,\cdots,z_t)$ の上の有限拡大体を L とし，L における $\mathfrak{o}=k[z_1,\cdots z_t]$ の整閉被を $\mathfrak{o}'$ とすれば，$\mathfrak{o}'$ は有限 $\mathfrak{o}$–加群である．

（証明） L/K が分離的拡大の場合には，$\mathfrak{o}$ が正規環だから明らかである．

L/K が非分離的拡大とし，$L=K(\xi_1,\cdots,\xi_s)$ とする．ξ_i を零点とする $K=k(z_1,\cdots,z_t)$ における既約整式の係数は $p_{ij}(z_1,\cdots,z_t)$ なる z について多項式であるが，$p_{ij}(z_1,\cdots,z_t)$ の係数として現われる k の元の全体（i も j もすべて変えて）を，$a_1,\cdots,a_r$ とする．そして標数 p のベキ指数 m を相当大きくとって $p^m=q$ とする．すると

$$L^*=L\left(a_1^{\frac{1}{q}},\cdots,a_r^{\frac{1}{q}};\ z_1^{\frac{1}{q}},\cdots,z_t^{\frac{1}{q}}\right)$$

が

$$K^*=K\left(a_1^{\frac{1}{q}},\cdots,a_r^{\frac{1}{q}},\ z_1^{\frac{1}{q}},\cdots,z_t^{\frac{1}{q}}\right)$$

の上に分離拡大であるようにできる．$\mathfrak{o}^*$ を L^* における $\mathfrak{o}$ の整閉被とすれば，$\mathfrak{o}^*$ は $K^*=k^*\left[z_1^{\frac{1}{q}},\cdots,z_t^{\frac{1}{q}}\right]$ の L^* における整閉被．ここに $k^*=k\left(a_1^{\frac{1}{q}},\cdots,a_r^{\frac{1}{q}}\right)$ L^*/K^* は分離的ゆえ，$\mathfrak{o}^*$ は $k^*\left[z_1^{\frac{1}{q}},\cdots,z_t^{\frac{1}{q}}\right]$ の上の有限加群．$k^*\left[z_1^{\frac{1}{q}},\cdots,z_t^{\frac{1}{q}}\right]$ は $\mathfrak{o}$ の上に整であるから，$\mathfrak{o}^*$ は $\mathfrak{o}$ の上の有限加群．明らかに $\mathfrak{o}'\subseteqq\mathfrak{o}^*$．有限 $\mathfrak{o}$–加群の部分 $\mathfrak{o}$–加群として，$\mathfrak{o}'$ も $\mathfrak{o}$ の上の有限加群である．

第2章　附　　値　　論[1]

1. 基本概念

定義　$\mathfrak{K}$ を体，$\mathfrak{K}$ の元に，記号 ∞ で示す一つの元を付加した集合で，それらの間の演算を，$\mathfrak{K}$ の元同志の間では体における演算を保ち，$a \in \mathfrak{K}$ と ∞ との間では

$$a \pm \infty = \infty, \qquad a/\infty = 0$$

また $0 \neq a \in \mathfrak{K}$，あるいは $a = \infty$ に対し

$$a\infty = \infty, \qquad a/0 = \infty$$

と規約するとき，この集合を $\mathfrak{K}_\infty$ で記す．$\mathfrak{K}_\infty$ の上への写像を簡単に $\mathfrak{K}$ の上への写像とよぶこともある．

さて K を与えられた体とし，K の上に述べられた意味での体 $\mathfrak{K}_\infty$ 上への準同型写像にして，$f(1)$ が $\mathfrak{K}$ の主単位であるとき，f を K の一つの附値という．f' がまた一つの附値であって，$f(K) \cong f'(K)$ の場合，f と f' とは同値とよび，$f \sim f'$ で示す．

f を K の一つの附値とするとき，

$$R = \{x \mid x \in K,\ f(x) \neq \infty\}^{2)}$$

は K の部分整域をつくる．なんとなれば，$f(a)$，$f(b) \neq \infty$ なら，$f(a \pm b) = f(a) \pm f(b) \neq \infty$，$f(ab) = f(a)f(b) \neq \infty$ であるから．

そして $\mathfrak{K}$ の 0 の原像，すなわち写像 f の核は R のイデアル $\mathfrak{P}$ をつくる．そして明らかに

$$R/\mathfrak{P} \cong \mathfrak{K}$$

従って $\mathfrak{P}$ は R の極大イデアルである．かつ $\mathfrak{P}$ に含まれない R の元は全部 R の単元である．それゆえ $\mathfrak{P}$ は R のただ一つの極大イデアルであり，単元でないものの全体である．かくして R は広い意味での局所整域である．

---

1)　昔は賦値という訳語であったが，漢字がむずかしいので附値と本書では書く．

2)　$f(x) \neq \infty$ のとき，x を f で有限ということもある．

附値 f に対して定まる上述の整域 R を f の**附値環**，$\mathfrak{P}$ を**附値イデアル**と称える．K の二つの附値 f, f' が $f \sim f'$ の場合，それらの附値環 R と R' とは一致し，それらの単元でないものの全体として $\mathfrak{P}$ も定まる．逆に附値環 R が定まれば，それらを与える附値 f, f' は同値である．ゆえに附値の類は附値環で定められる．

附値環 R は単に局所整域というにとどまらず，次の性質をもっている．すなわち

$$R \cup R^{-1} = K$$

ここに $R^{-1} = \{y^{-1} \mid y \in R,\ y \neq 0\}$．実際 $x \notin R$ とすれば，$f(x) = \infty$，従って $f(x^{-1}) = 0$．ゆえに $y = x^{-1} \in R$，従って $y^{-1} = x \in R^{-1}$．

K から 0 を除いて得る乗法群 K^* のある剰余類群に，上述の性質から**全順序**を定めることができる．まず K の附値環を R とするとき，

$x, y \in K^*$ において $y \in xR$ のとき，$x \leq y$ と定義する．

定理 1 上述の定義の下に，剰余類群 $K^*/U(R)$ は全順序集合をつくる．ここに $U(R)$ は R の単元のつくる群を意味する．

（証明） 上の定義の順序は順序の公準：$x \leq y$，$y \leq z$ なら $x \leq z$ をみたす．実際 $y \in xR$，$z \in yR$ なら，$z \in xR$ であるから．

ところが $R \cup R^{-1} = K$ だから $y/x \in R$ か，さもなければ $x/y \in R$ かのいずれかである．ゆえに $x \leq y$ か $y \leq x$ のいずれかである．そして $x \leq y$，$y \leq x$ の両者が同時に成り立てば y/x が R の単元でなければならぬから，$y/x \in U(R)$．

いまこの全順序群 $K^*/U(R)$ を，直線的に順序づけられた加法群 Γ に写像し，その写像を v で示そう．すなわち v は $K^* \to \Gamma$ の準同型写像で，

$x \leq y$ のとき，Γ で $v(x) \leq v(y)$ であるとし，

$v(xy) = v(x) + v(y)$

$v(x) = 0 \iff x \in U(R)$ （もちろん $v(1) = 0$）

するとこのとき R の元 x は $1 \leq x$ として $0 \leq v(x)$．逆も正しい．なお

$$v(x+y) \geq \mathrm{Min}(v(x),\ v(y))$$

なんとなれば $v(x) \leq v(y)$ とすれば，$x + y = x(1 + y/x)$ であり，

$$v\left(\frac{y}{x}\right)=v(y)-v(x)\geq 0$$

であって，$y/x\in R$．従って $1+y/x\in R$．よって $v(1+y/x)\geq 0$．だから

$$v(x+y)=v(x)+v\left(1+\frac{y}{x}\right)\geq v(x)=\mathrm{Min}(v(x),\ v(y))$$

とくに $v(x)<v(y)$ なら，$v(y/x)>0$ であって $y/x\in\mathfrak{P}$．従って $1+y/x\notin\mathfrak{P}$．よって $1+y/x\in U(R)$．すなわち $v(1+y/x)=0$．だから

$$v(x)<v(y)\ \text{なら}\ v(x+y)=v(x)=\mathrm{Min}(v(x),\ v(y))$$

なお K^* として，0を K から除いてあったが，0も同時に考えて $v(0)=\infty$ と定義を追加する．すると

定理 2　K の附値 f によって，K の元の，直線的に順序づけられた加法群 Γ への準同型写像 v が決定され，v は次の公準を充たす．（この Γ を**附値加群**という）

（1）　$v(xy)=v(x)+v(y)$

（2）　$v(x+y)\geq\mathrm{Min}(v(x),\ v(y))$

（3）　$v(1)=0,\quad v(0)=\infty$

逆に (1), (2), (3) をみたす準同型写像 $v: K\to\Gamma_\infty$ で，附値は決定され，この附値から導かれる写像 v はもとのものと同値である．

（証明）　前半はすでに証明されている．後半について：逆に (1), (2), (3) をみたす写像 v が与えられていると，$\{x|v(x)\geq 0\}$ は0と共に整域 R をつくり，$\{y|v(y)>0\}$ は Rの極大イデアル $\mathfrak{P}$ をつくり，$\mathfrak{P}$ がただ一つの R の極大イデアルなることは明らかである．また $v(x)\leq 0$ なら $v(x^{-1})\geq 0$ であるから $R\cup R^{-1}=K$．そこで R の元 x に対しては自然写像 $R\to\mathfrak{R}=R/\mathfrak{P}$ による x の $\mathfrak{R}$ における像を対応せしめ，R^{-1} の元で $v(y)<0$ なる y には ∞ を対応せしめると，$K\to\mathfrak{R}_\infty$ なる写像が得られ，この写像 f は明らかに一つの附値を与える．

さてこの附値 f から前述のようにして導かれる写像 v を $v': K\to\Gamma'_\infty$ とすると，

$$v(x)=0 \rightleftarrows x\in U(R) \rightleftarrows v'(x)=0$$
$$v(x)>0 \rightleftarrows x\in\mathfrak{P} \rightleftarrows v'(x)>0$$

であって直線的に順序づけられた加群 Γ と Γ' とは $v'\circ v^{-1}$ によって順序を保って同型にうつさるれ．すなわち v と v' とは同値である．

系 1　体 K の部分環 R が附値環である必要十分条件は，R が局所環であり，$R \cup R^{-1} = K$ なることである．

なんとなれば $R \cup R^{-1} = K$ なら $K^*/U(R)$ に全順序が入れられ，従って v, f が定められるからである．

系 2　体 K の部分環 R（ただし R の商体は K）が附値環である条件は，a, $b \in R$, $ab \neq 0$ なら $a/b \in R$ または $b/a \in R$.

なんとなれば $a/b \in R$ のときに $v(a/b) \geq 0$ として $K^*/U(R)$ に全順序が入れられるからである．

系 3　R が体 K の附値環なら，$K \supset R' \supset R$ なる R' は附値環である．

（系2から明らか）

上の $K \to \Gamma_\infty$ なる対応 v を**指数附値**とよんでおこう．

定理 3　指数附値 v と v' とが同値なための条件は $v(x) \geq 0 \rightleftarrows v'(x) \geq 0$ なることである．

なんとなれば $\{x|v(x) \geq 0\}$ は附値環 R に他ならぬから，$R = R'$ となり，両附値は同値である．

同値な指数附値（従って附値）を類に一括して，これを K の**位置**と称え，$\mathfrak{p}$ で示す．位置 $\mathfrak{p}$ が附値 f で決定されているとき，$f(x)$ を $\mathfrak{p}$ における x の**函数値**とよび，$\mathfrak{p}$ が指数附値 v で定められているとき，$v(x)$ を $\mathfrak{p}$ における x の**位数**とよぶことがある．

例 1．K：有理数体，$\mathfrak{K}$：標数 $p \neq 0$ の素体とすれば，附値 $f : K \to \mathfrak{K}_\infty$ は決定されている．実際 $f(1) = 1$ なるべきゆえ，$f(p) = p = 0$，従って $f(p^{-1}) = \infty$．よってその附値環は整数整域の p による商環 Z_p でなければならぬ．

逆に Z_p をとれば，$Z_p \cup Z_p^{-1} = K$ で，$x \in K$ が $x = \alpha p^m$（α は Z_p の単数，m は正，負の整数）のとき，$v(x) = m$ とすれば，$K \to \Gamma_\infty$ なる写像 v が得られる，そしてこの v に応ずる f は $K \to \mathfrak{K}_\infty$ に他ならぬ．そこで素数 p を K の**素点**という．

例 2．K：複素数体 C 上の一変数有理函数体，すなわち $K = C(X)$ とする．$\alpha \in C$ とし $K \ni r(X)$ が $r(X) = r_1(X)(X-\alpha)^m$（ただし $r_1(X)$ の分母，子が $X-\alpha$ と素）なるとき，$v(r(X)) = m$ と定めることで K の指数附値 v が決定さ

れる．この v に応ずる f では，$m\geqq 0$ ならば $r(X)\to r(\alpha)$，$m<0$ ならば $r(X)\to\infty$ となる．すなわちこの v なり，f なりは，ガウス平面上の点 α に相応する．附値類を素点，位置というゆえんである．

例 3. K を複素数体上の二変数 X, Y の有理函数体とし，Γ を原点を通る解析曲線とし Γ の方程式を $X=\varphi(t)$，$Y=\psi(t)$，（ここに φ, ψ は t についてのベキ級数）．K の一元 $r(X, Y)$ をとるとき，$r(\varphi(t), \psi(t))=a_0t^m+a_1t^{m+1}+\cdots, (a_0\neq 0)$ ならば $v(r(X, Y))=m$ と定義する．これで K の一つの指数附値が決定される．が一般には $X=0$，$Y=0$ と原点を指定するだけでは，$P(X, Y)/Q(X, Y)$ において $P(0,0)=Q(0,0)=0$ ならば $v(P/Q)$ は定まらず，附値は定まらない．原点と曲線 Γ' を与えることで上述の附値が定まったのである．このゆえに附値を単に点といわず，‘位置’とよぶ理由がある．

附値の位　指数附値 v を，$v: K\to\Gamma_\infty$ とする．加群 Γ の順序づけにおいて $\Gamma\ni\alpha\neq 0$ に対し，いかなる $\beta\in\Gamma$ をとっても $\beta<m\alpha$ となる整数 m が存在するとき v（または Γ）を Archimedes 的，または v（または Γ）の位は 1 であるという．v は必ずしも常に位 1 とは限らない．

Γ' が Γ の部分加群であって，$\Gamma'\ni\alpha>0$ ならば $0<\beta<\alpha$ なる β がすべて Γ' に属するとき Γ' を**孤立部分群**と称える．

Γ の位が 1 でないならば，自然数 m をいかにとっても，$\alpha>0$，$\gamma>0$ で $m\alpha>\gamma$ とはなり得ないような対 (α, γ) が存在するから，γ に対して，$\{\alpha|\forall m, m\alpha<\gamma\}$ で生成される群は孤立的である．

$v: K\to\Gamma_\infty$ であって，$\Gamma'(\neq 0)$ を Γ の一つの孤立部分群とする．$\mathfrak{p}=\{a|a\in R, v(a)\notin\Gamma'\}$ は R の（$\mathfrak{P}$ とは異なる）素イデアルをつくる．実際 $v(a)\notin\Gamma'$，$v(a)\leqq v(b)$ なら $v(b)\notin\Gamma'$． ところで $a, b\in\mathfrak{p}$ なら $v(a+b)\geqq \mathrm{Min}(v(a), v(b))\notin\Gamma'$，よって $v(a+b)\notin\Gamma'$，$a+b\in\mathfrak{p}$．また $c\in R$ とすると $v(ca)=v(c)+v(a)\geqq v(a)\notin\Gamma'$，よって $v(a)\notin\Gamma'$，$ca\in\mathfrak{p}$．かく $\mathfrak{p}$ は R のイデアル．かつ $c_1, c_2\notin\mathfrak{p}$ なら $v(c_1), v(c_2)\in\Gamma'$ だから $v(c_1c_2)\in\Gamma'$．よって $c_1c_2\notin\mathfrak{p}$．だから $\mathfrak{p}$ は素イデアルである．

逆に附値環 R の階数（前章，§8）が >1 なら，Γ は孤立部分群をもつ

（すなわち Γ の位は >1）．実際 $\mathfrak{p}$ を $\mathfrak{P}$ とも，0とも異なる素イデアルとし，$c\in R$，$c\notin\mathfrak{p}$ なる元 c の全体にわたって $v(c)$ をとる．$\{v(c)\}$で生成される部分群 Γ' は孤立的である．なんとなれば，$\Gamma'\cap v(R)\ni v(d)$ とすれば $d\notin\mathfrak{p}$ である（$c_1, c_2\notin\mathfrak{p}$ なら$c_1c_2\notin\mathfrak{p}$ で，$\{v(c)\}$ は $v(R)$ で加法で閉じている）．いま $v(d)\leqq v(c)$，$v(c)\in\Gamma'$，$v(d)\notin\Gamma'$ と仮定すれば $d\in\mathfrak{p}$となり，他方 $v(cd^{-1})\geqq 0$，従って $cd^{-1}=a\in R$，$c=ad\in\mathfrak{p}$ となって仮定に反する．

Γ' は剰余類環 $R/\mathfrak{p}$ の附値加群である．実際 $R/\mathfrak{p}$ の類の代表元 a に対して $v(a)\in\Gamma'$．そして $a_1\equiv a_2 \bmod \mathfrak{p}$ なら，$a_2-a_1\in\mathfrak{p}$ で $v(a_2-a_1)>v(a_1)$，$a_2=a_1+(a_2-a_1)$ ゆえ $v(a_2)=v(a_1)\in\Gamma'$．かく $R/\mathfrak{p}$ の各元に Γ' の元が対応し，附値の公準をみたす．

剰余加群 Γ/Γ' は商環 $R_{\mathfrak{p}}$ を附値環とする附値加群である．実際 $c_1, c_2\in K$ で $c_2=c_1b$，$b\in U(R_{\mathfrak{p}})$ とすると $b=b_1/b_2$，$b_1, b_2\in R$，$\notin\mathfrak{p}$ であるから $v(b_1)$，$v(b_2)\in\Gamma'$．よって $v(b)\in\Gamma'$，従って $v(c_2)\equiv v(c_1) \bmod \Gamma'$．逆に $v(c_1)\equiv v(c_2) \bmod \Gamma'$ なら $v(c_1^{-1}c_2)\in\Gamma'$，そして $v(c_1^{-1}c_2)\geqq 0$ か $v(c_1c_2^{-1})\geqq 0$．前者として $c_1^{-1}c_2=b\in R$，$\notin\mathfrak{p}$．よって $c_2=bc_1$ で b は $R_{\mathfrak{p}}$ で単元である．

附値加群 Γ が孤立部分群について有限条件を満足していて，Γ_1 が極小孤立部分群，Γ_2 は Γ_2/Γ_1 が Γ/Γ_1 の極小孤立部分群となるようなもの，以下これと同様に

$$\Gamma_0=0\subset\Gamma_1\subset\Gamma_2\subset\cdots\subset\Gamma_r=\Gamma$$

とする．すると各孤立部分群 Γ_i に R の素イデアル $\mathfrak{p}_i$ が対応して

$$R\supset\mathfrak{p}_0\supset\mathfrak{p}_1\supset\cdots\supset\mathfrak{p}_r=0 \qquad (\mathfrak{p}_0=\mathfrak{P})$$

なる素イデアルの列が得られ，Γ_i/Γ_{i-1}（$i\geqq 1$）は $R_{\mathfrak{p}_{i-1}}/\mathfrak{p}_iR_{\mathfrak{p}_{i-1}}$ の附値加群である．そして Γ_i/Γ_{i-1} の位は1である．このとき**附値 v（または Γ）の位は r である**という．位が無限になることもある．

逆に附値環 R の素イデアルの鎖から，Γ の孤立部分の列が得られる．Γ は直線的に順序づけられた加群だから，Γ の孤立部分群列はただ一通りである．よって R の素イデアルの鎖もただ一通りでなければならぬ．なお $\mathfrak{p}_iR_{\mathfrak{p}_i}=\mathfrak{p}_i$．なんとなれば $\mathfrak{p}_i$ は R のうちで $v(\mathfrak{p}_i)$ が Γ_i に属しないものの全体，$R_{\mathfrak{p}_i}$ の元

ρ は $\rho=r/s$, ($r, s\in R, s\notin\mathfrak{p}_i$) と書け，$v(s)\in\Gamma_i$. 従って $\pi\in\mathfrak{p}_i$ とすれば $v(\pi/s)=v(\pi)-v(s)\notin\Gamma_i$, かつ Γ で $v(\pi)>v(s)$ ゆえ，$v(\pi/s)>0$. よって $\pi/s\in\mathfrak{p}_i$, ゆえに $\mathfrak{p}_iR_{\mathfrak{p}_i}=\mathfrak{p}_i$.

さて位1の附値の場合，Γ は全順序を保って，加群としての実数の中に同型にうつされる．この写像を φ で示すとき，点集合 $\varphi(\Gamma)$ が離散的かそうでないかに従って Archimedes 附値は**離散的**，**非離散的**と称える．離散的な場合には $\varphi(\Gamma)$ に最小正なもの a が存在し，$\varphi(\Gamma)(=v(K^*))=\{ma\}$, ここに m は正，負の整数．従って離散値は $v(K^*)=\{m\}$ と規格化できる．

例 二変数函数体 $K=C(X,Y)$ において，$f(X,Y)$ を既約多項式，$f(0,0)=0$ とする $K\ni r(X,Y)$ は

$$r(X,Y)=\frac{p(X,Y)}{q(X,Y)}f^m(X,Y) \quad (m：正，負の整数)$$

ここに p, q は多項式，次に曲線 $f(x,y)=0$ における代数函数 $\dfrac{p(x,y)}{q(x,y)}$ の原点における次数を m' とする．このとき

$$v(r(X,Y))=(m',m)$$

と定義し，$\Gamma=\{(m',m)\}$ は

$$(m_1',m_1)+(m_2',m_2)=(m_1'+m_2',\ m_1+m_2)$$

そして $\quad (m_1',m_1)\leq(m_2',m_2)\Longleftrightarrow m_1<m_2$ か，$m_1=m_2$ なら $m_1'<m_2'$

をみたすものとする．すると v は K の附値を与えることは明らかであろう．

この例では Γ は位が2で，$\Gamma_1=\{m',0\}$ であり $\Gamma/\Gamma_1\cong\{m\}$ である．

附値環の特有性質 系1で見たように体 K の附値環 R の特有性質は局所環で，$R\cup R^{-1}=K$ をみたすことであるが，環 R が附値環であるための条件として

定理 4 K の部分環 R が附値環である必要十分条件は，R が(擬)局所環であり，R を含む K の部分環 R' をどのようにとっても $\mathfrak{P}R'=R'$. ここに $\mathfrak{P}$ は R の極大イデアル．

(証明) 必要なこと：附値環 R が局所環でなければならないことはすでに知っている．いま $R'\supsetneqq R$ とすれば，$z\in R', z\notin R$ なる z があり，$v(z)<0$. 従って $v(z^{-1})>0$,

よって $z^{-1}\in\mathfrak{P}$. ゆえに $1=z^{-1}z\in\mathfrak{P}R'$.

十分なこと：局所環 R の極大イデアルを $\mathfrak{P}$ とする. $x\in K$, $x\notin R$ とすれば, $R[x]\supsetneqq R$ ゆえ, $\mathfrak{P}R[x]=(1)$. 従って

$$\pi_0+\pi_1x+\cdots+\pi_mx^m=1,\qquad \pi_i\in\mathfrak{P} \tag{1}$$

なる形の等式が成り立つ. いま m をこのような形の等式の最低次のものとしておく.

このときもし $x^{-1}\notin R$ と仮定すれば, 上と同様にして

$$\pi_0'+\pi_1'x^{-1}+\cdots+\pi_n'x^{-n}=1,\qquad \pi_j'\in\mathfrak{P} \tag{2}$$

となるべきであり, これもかかるもののうちでの最低次のものとしておく.

いま $m\geqq n$ とすれば

$$\begin{aligned}0&=(1-\pi_0')(1-\pi_0-\pi_1x-\cdots-\pi_mx^m)\\&\quad+\pi_mx^m(1-\pi_0'-\pi_1'x^{-1}-\cdots-\pi_n'x^{-n})\\&=(1-\pi_0'')-\pi_1''x-\cdots-\pi''_{m-1}x^{m-1}\end{aligned}$$

となって (1) の形の式で, m より低次のものがあることとなり矛盾する. $m\leqq n$ としても同様にして (2) の形の式で, n より低次のものがあることとなる. 従って $x\notin R$ ならば, $x^{-1}\in R$ である. よって $K=R\cup R^{-1}$. ゆえに R は附値環である.

系 局所環 R が K の Archimedes 附値 (位 1) の附値環であるための必要十分条件は R が K の極大整域なることである.

(証明) 必要なこと：v を Archimedes 附値とする. 附値環 R に属しない元を任意にとり x とする. すると $v(x)<0$. いま $z\in K$ を K の任意の元とすれば, v は Archimedes 的だから, $v(zx^{-m})=v(z)+mv(x^{-1})>0$ となるように自然数 m が選ばれる. 従って $zx^{-m}\in R$ であり $z\in R[x]$, すなわち $R[x]=K$. よって R は K で極大な整域である.

十分なこと：v の位が $\geqq 2$ であるとすれば, 附値環 R に素イデアル $\mathfrak{P}\supsetneqq\mathfrak{p}\supsetneqq 0$ が存在する. そこで $x\in\mathfrak{P}$, $x\notin\mathfrak{p}$; $y\in\mathfrak{p}$ なる x, y をとれば, x^{-1}, $y^{-1}\notin R$. いまもし $y^{-1}\in R[x^{-1}]$ と仮定すると

$$\frac{1}{y}=\frac{p(x)}{x^m},\qquad p(X)\in R[X]$$

よって $x^m\in yR$ となり, $x^m\in\mathfrak{p}$, 従って $x\in\mathfrak{p}$ であり, 仮定に反する. ゆえに $R[x^{-1}]\supsetneqq R$ だが, $R[x^{-1}]$ は y^{-1} を含まない. すなわち R は K で極大な整域ではない.

注意 1. 附値環 R はその商体内 K で整閉である. なんとなれば R が整閉でないと仮定すれば, $\alpha\notin R$ で

$$\alpha^n+c_1\alpha^{n-1}+\cdots+c_n=0 \quad c_i\in R,\ c_n\neq 0$$

をみたす $\alpha\in K$ が存在し，$-\alpha=c_1+c_2\dfrac{1}{\alpha}+\cdots+c_n\left(\dfrac{1}{\alpha}\right)^{n-1}$ となり，$\alpha\in R[1/\alpha]$．ところが R が附値環なら $1/\alpha\in R$ でなければならぬから，$\alpha\in R$ となって矛盾する．

注意 2.　R が位１の附値環のとき，$\xi\in K$ に対し，自然数 n のいかんを問わず $a\xi^n\in R$ なる定元 $a\in R\ (a\neq 0)$ が存在すれば，$\xi\in R$ である．

2. 附 値 と 特 殊 化

A を一つの整域，A をなにがしかの整域 $\mathfrak{a}$ の上への準同型写像 φ で，$\varphi(1)=1$ なるとき，φ を A の $\mathfrak{a}$ 上への**特殊化**という．二つの特殊化 φ,φ' において $\varphi(A),\varphi'(A)$ が同型の場合 φ と φ' とは同値であるという．$\varphi^{-1}(0)=\mathfrak{p}$ は明らかに A の素イデアルであるが，$\mathfrak{p}$ を共有する二つの特殊化は同値である．

A の商体 K 内で $u\in A, v\in A$ であり，$u\notin\mathfrak{p}$ または $v\notin\mathfrak{p}$ の場合，u/v の全体から成る集合 Φ を**特殊化域**という．すなわち K の元 u/v から $u\in\mathfrak{p}$, $v\in\mathfrak{p}$ のものを除いた集合である．特殊化域の元 u/v に対して $\varphi(u/v)=\varphi(u)/\varphi(v)$ と定義すれば φ は Φ を K'_∞ 上へ準同型にうつす．ここに K' は $\mathfrak{a}$ の商体．

特殊化域 Φ の元のうち $\varphi(x)\neq\infty$ なる x のつくる整域を A_φ，すなわち

$$A_\varphi=\{u/v\,|\,u, v\in A,\ v\notin\mathfrak{p}\}$$

とする．この A_φ を φ の**特殊化環**といい，A_φ で $\mathfrak{p}A_\varphi$ なるイデアルを**特殊化イデアル**という．$\mathfrak{p}A_\varphi$ は A_φ の極大イデアルであり，これに含まれない元はすべて A_φ の単元である．よって A_φ は（**擬**）**局所環**である．

逆に整域の(擬)局所環は常に**特殊化環**とみられる．実際 I を局所環とし，$\mathfrak{p}$ をその極大イデアルとすれば $I\to I/\mathfrak{p}$ にうつす特殊化の特殊化環は I に他ならぬ．

附値環は局所環だから，特殊化環だが，特殊化環必ずしも附値環ではない．

例えば体 k 上の二変数整域 $A=k[X,Y]$ を k にうつす特殊化 φ で $\varphi(X)=\varphi(Y)=0$ のとき $A_\varphi=\{P(X, Y)/Q(X, Y)|Q(0, 0)\neq 0\}$ である．ここで $P_1(0,0)=Q_1(0,0)=0$ とすれば，$P_1(X,Y)/Q_1(X,Y)$ は A_φ にも A_φ^{-1} にも入らないから A_φ は附値環ではない．

整域 A の商体をKとし，K の一つの附値 f の附値環を R とする．R が A を含むとすれば，その附値 f で A の一つの特殊化がひきおこされる．実際 $\mathfrak{P}$ を

附値イデアルとすれば $\mathfrak{P}\cap A=\mathfrak{p}$ は A の素イデアルになるから $A\xrightarrow{\varphi}A/\mathfrak{p}$ なる特殊化がひきおこされる．そして明らかに $A_\varphi\subset R$.

体 K を体 k 上の有限次元の拡大体．A を K の部分整域で，k を含むものとする．k の元を自分自身にうつす K の附値なり，A の特殊化を k 上の附値，または特殊化という．k 上の附値 f の附値環が A を含むとし，f でひきおこされる A の特殊化を φ, $\varphi(A_\varphi)=f(A_\varphi)=\mathfrak{a}$ とする．

定理 5 $\dim(\mathfrak{a}:k)\leqq\dim(\mathfrak{K}:k)\leqq\dim(K:k)$

（証明） $f(A_\varphi)\subseteqq f(K)=\mathfrak{K}_\infty$ であるから最初の不等号は自明，次に $\dim(K:k)=r$ として，$x_1,\cdots,x_r$ を k に関して代数的に独立な元で，$f(x_i)\neq\infty$ ととることができる．($f(x_i)=\infty$ なら x_i の代りに $1/x_i$ をとればよい) 任意に元 $x_0\in K$ をとると $F(x_0,x_1,\cdots,x_r)=0$ (ここに $F(X)\in k[X]$) が成り立つから，$F(f(x_i))=0$. よって $\dim(\mathfrak{K}:k)\leqq r$.

$\dim(\mathfrak{K}:k)$ を k 上の附値 f の K における**次元**，$\dim(\mathfrak{a}:k)$ を特殊化 φ の A における**次元**という．

定理 6 K が A の商体の場合，A の特殊化 φ の k 上の次元が，$\dim(K:k)$ に等しいとき，A と $\varphi(A)$ [従って K と $f(K)$] とは同型である．

（証明） 前定理の証明におけるように x_i, $x_i'=f(x_i)(1\leqq i\leqq r)$ をとると，仮設からこれらは K および $f(K)$ の代数的独立な元の基底をつくっている．さて $f(K)$ の一系の元 $y_1',\cdots,y_m'$ をとれば，$x_1',\cdots,x_r'$ となにがしかの代数的関係 $F_\mu(x';y')=0$ $(\mu=1,2,\cdots)$ をみたすが，$f^{-1}(y_i')=y_i$ とするとき μ のいかんを問わず $F_\mu(x;y)=0$ なることを証明すれば，$f(K)$ から K へも準同型であることがわかり，K と $f(K)$ とは同型になる．

いま $F_\mu(x;y)=z$ とおけば，$z\in K$ であるから，z と $x_1,\cdots,x_r$ との間に代数関係が成り立つ．そこで $(z,x_1,\cdots,x_r)$ を零点とする $k[Z,X_1,\cdots,X_r]$ における既約多項式を

$$P(Z,X_1,\cdots,X_r)$$

とする．すると $X_i\to x_i$, $Z\to z$ で

$$P(F_\mu(x,y),x_1,\cdots,x_r)=0$$

これを f でうつして $P(F_\mu(x',y'),x_1',\cdots,x_r')=0$, すなわち $P(0,x_1',\cdots,x_r')=0$. ところが $x_1',\cdots,x_r'$ は仮設から k の上で代数的に独立だから $P(0,X_1,\cdots,X_r)=0$. それゆえ $Z=0$ は $P(Z,x_1,\cdots,x_r)=0$ の根である．ところが $P(Z,x)=0$ は z が体 $k(x_1,\cdots,x_r)$

の上でみたす既約方程式だから 0 が唯一の根でなければならない．よって $z=0$，すなわち $F_\mu(x,y)=0$.

かく A と $\varphi(A)$ とが同型な場合，その特殊化 φ を**生成的特殊化**という．

また $\dim(\mathfrak{a}:k)=\dim(\mathfrak{K},k)$ の場合，附値 f は特殊化 φ の上に，代数的であるという．

附値 f は特殊化 φ をひきおこすが，逆に特殊化 φ を与えたとき φ をひきおこす f は存在するか．それについて

定理 7 A を一つの整域，K は A を含む体とする．A の任意の特殊化 φ は体 K の附値 f に延長され，f は A の上では φ をひきおこし，しかも φ の上では代数的であるようにできる．

（証明） A における φ の特殊化環 A_φ をとり，その極大イデアルを $\mathfrak{p}$，$\varphi(A_\varphi)=\mathfrak{K}$, $\mathfrak{K}$ の代数的閉被を $\bar{\mathfrak{K}}$ とする．体 K の部分局所環 I_λ を，$I_\lambda \supset A_\varphi$，$\varphi_\lambda$ を I_λ の特殊化（I_λ の極大イデアルを特殊化イデアルとする）で，$\varphi_\lambda(A)=\varphi(A)$. かつ $\varphi_\lambda(I_\lambda)\subset\bar{\mathfrak{K}}$ であるものとする．かかる I_λ をつくるには，A_φ を含む（K の）部分整域 I を $\mathfrak{p}I\neq(1)$ なるようにとり，$\mathfrak{p}I$ を含む I の極大イデアルによる商環について見ればよい．このような局所環の全体 $\{I_\lambda\}$ を考える．すなわち

$$M=\{I_\lambda|\lambda\in\Lambda\},\quad \varphi_\lambda(I_\lambda)\in\bar{\mathfrak{K}},\quad \varphi_\lambda(A)=\varphi(A)$$

とする．この集合 M に半順序 $I_\lambda<I_\mu$ を

$$1^\circ\quad I_\lambda\subset I_\mu,\qquad 2^\circ\quad \varphi_\mu(I_\lambda)=\varphi_\lambda(I_\lambda)$$

として定義する．すると M は Zorn の補題の条件をみたす．実際 M の直線的に順序つけられた部分集合 $\{I_\nu|\nu\in N$, N は直線的順序集合$\}$ において，これの上限は

$$J=\overset{\nu}{\bigcup} I_\nu$$

としていつも存在する．J が上限であることは，K の元 a が J に属すれば，ある ν_1 に対して $a\in I_{\nu_1}$. そこで $\psi:J\to\bar{\mathfrak{K}}$ を

$$\psi(a)=\varphi_{\nu_1}(a)$$

と定義する．この定義は $\nu_1<\nu_2$ なら $\varphi_{\nu_1}(a)=\varphi_{\nu_2}(a)$ だから可能である．かくして写像 ψ は定義され，$\psi(J)\subset\bar{\mathfrak{K}}$ である．明らかに $\psi(A)=\varphi(A)$．さらに J は局所環である．なんとなれば $\psi(a)\neq0$ なら，$\psi(a)=\varphi_{\nu_1}(a)\neq0$．従って I_{ν_1} が局所環ゆえ $a^{-1}\in I_{\nu_1}$. よって $a^{-1}\in J$ であり，J は $\psi^{-1}(0)$ を極大イデアルとする局所環である．かくて $J\in M$.

そこで Zorn の補題により，M に極大なものが存在する．これを R とする．この局所環 R が附値環であることを示そう．それには K の部分整域 R' で $R'\supset R$ なら，$\mathfrak{P}R'=R'$ なることを示せばよい（前節定理）．ここに $\mathfrak{P}$ は R の極大イデアル．

いま $x\in K$, $x\notin R$ とし，R' として $R'=R[x]$ をとり $\mathfrak{P}R'\neq R'$ とする．すると $\mathfrak{P}R'$ を含む R' の極大イデアル $\mathfrak{M}$ が存在し，$R'/\mathfrak{M}\supseteq R\cup\mathfrak{M}/\mathfrak{M}\cong R/\mathfrak{M}\cap R=R/\mathfrak{P}(=\mathfrak{K}'$ とおく)．そこで $R'/\mathfrak{M}=R[x]/\mathfrak{M}\cong\mathfrak{K}'[\xi]$，$\xi$ は mod $\mathfrak{M}$ による x の剰余類．ところが $\mathfrak{K}'[\xi]$ は$R'/\mathfrak{M}$ として体であり，従って ξ は $\mathfrak{K}'$ に関して代数的．かつ $\mathfrak{K}'\subset\bar{\mathfrak{K}}$ だから $\xi\in\bar{\mathfrak{K}}$．ゆえに自然写像 $\psi':R'\to R'/\mathfrak{M}$ によって，$R'\to\bar{\mathfrak{K}}$ の写像が得られ，しかも $\psi'(R)=\psi(R)$，従って $\psi'(A)=\psi(A)=\varphi(A)$．よって $R'_{\mathfrak{M}}\in M=\{I_\lambda\}$ となり，R が M で極大であったことに矛盾する．ゆえに R は附値環である．そしてこの附値を f とすると $f(R)\subset\bar{\mathfrak{K}}_\infty$，かつ $f(A)=\varphi(A)$.

系　Kを体 k の拡大体，$x_1,\cdots,x_m$ を K の元，φ を $k[x_1,\cdots,x_m]$ の（k の上での）特殊化で，$\varphi(x_i)=\alpha_i\in\bar{k}$ とする．x_i の他に K の元，$y_1,\cdots,y_n$ をとるとき，$\beta_1,\cdots,\beta_n$ が $\bar{k}_\infty$ からとれて (α_i,β_j) が (x_i,y_i) の特殊化となるようにできる．すなわち特殊化 φ: $x\to\alpha$ を (x,y) の上に延長することができる．

（証明）前定理の A として $A=k[x_1,\cdots,x_m]$ をとり，φ を K に延長した附値を f とする．f が K の部分整域 $k[x_1,\cdots,x_m,y_1,\cdots,y_n]$ の上にひき起す特殊化では $f(y_j)=\beta_j\in\bar{k}$. もっとも f の附値環が $k[x_i,y_j]$ を含むとは限らないから $f(y_i)=\infty$ となることは起ろう．

注意　上の系では特殊化 $x\to\bar{x}$ を $(x,y)\to(\bar{x},\bar{y})$ に延長して，しかも代数的になるようにできるといったのであるが，常にそうなるのではなく，

$$\dim[k(x,y):k(x)]\leqq\dim[k(\bar{x},\bar{y}):k(\bar{x})]$$

なることもおこる．実際 X,Y を体 k 上に独立な二変数とし，$K=k(X,Y)$，$A=k[X,Y]$ とする．さて A の特殊化 φ を $\varphi(X)=\varphi(Y)=0$，$\varphi(A)=k$ とするとき，φ は，K の位2の附値 f: $\mathfrak{P}=(X,Y)$，$\mathfrak{p}=(Y-mX)$（ここに m は k に独立な変数）でひきおこされる．いま $Z=Y/X$ をとり，$(X,Y)\to(0,0)$ を (X,Y,Z) の上に延長すると，$(X,Y,Z)\to(0,0,m)$ なる特殊化が f からひき起こされている．すなわち

$$0=\dim[k(X,Y,Z):k(X,Y)]<\dim[k(0,0,m):k(0,0)]=1.$$

3. 附値の独立性[1]

いままでは体 K の一つの附値について考えた．体 K はしかし一般に多くの異なる附値をもつ．例えば有理数体では異なる素数はすべて異なる附値を与え，複素数体上の函数体ではガウス平面上の各点が異なる附値を与える．また二変数函数体でも同様に無限に多くの附値をもつ．本節では一般な有限個の附値についてその独立性について考察する．

補題 $R_1, R_2, \cdots, R_n$ を商体 K を共有する附値環とする．K の任意の元 a に対し，ある自然数 s が存在して

$$a/(1+a+\cdots+a^{s-1}),\quad 1/(1+a+\cdots+a^{s-1})$$

がともに $\mathfrak{o}=\bigcap_{i=1}^{n}R_i$ に属するようにすることができる．

（証明） まず $a\in R_i$ であるとする．R_i の極大イデアルを $\mathfrak{P}_i$ とする．

$R_i/\mathfrak{P}_i$ の標数が 0 なら，$1+a+\cdots+a^{s-1}=1-a^s/1-a$ だから，a が $R_i/\mathfrak{P}_i$ で 1 の原始 $e\,(\geqq 2)$ 乗根なら，s を e と素に選んでおき，その他の場合は全く自由に s をとっておけば，$1+a+\cdots+a^{s-1}$ はいつも R_i の単元である．

$R_i/\mathfrak{P}$ の標数が $p>0$ の場合，$a\equiv 1$ なら s は p と素となるように，また $R_i/\mathfrak{P}_i$ で 1 の $e\,(\geqq 2)$ 乗根なら s は e と素なるようにとっておけば（その他の場合は全く自由に），やはり $1+a+\cdots+a^{s-1}$ は R_i の単元である．

よっていずれの場合でも，そのように $s(\geqq 2)$ を選んでおくと，$1+a+\cdots+a^{s-1}$ は $i=1,2,\cdots$ のすべてについて R_i の単元である．

$a\in R_i$ なら，上述から

$$a/(1+a+\cdots+a^{s-1}),\quad 1/(1+a+\cdots+a^{s-1})$$

は R_i に属している．

次に $a\notin R_i$ なら，R_i を附値環とする附値 v_i で，$v_i(a)<0$ であるから

$$0=v_i(1)>v_i(a)\geqq v_i(1+a+\cdots+a^{s-1})=v_i(a^{s-1})\quad (s\geqq 2)$$

となり，

$$a/(1+a+\cdots+a^{s-1}),\quad 1/(1+a+\cdots+a^{s-1})\quad \in R_i$$

よってこれら両者は $\mathfrak{o}=\bigcap R_i$ に属している．

---

1) 永田による．

附値 v_i が独立な値をとり得るための条件を与える基本として

定理 1 $R_1, R_2, \cdots, R_n$ を商体 K を共有する附値環，$\mathfrak{P}_i$ を R_i の極大イデアルとする．各 (i, j) につき $R_i \not\subseteq R_j$ とするとき，環 $\mathfrak{o} = \bigcap_{i=1}^{n} R_i$ では

1°. $\mathfrak{p}_i = \mathfrak{P}_i \cap \mathfrak{o}$ は $\mathfrak{o}$ の極大イデアルであり，逆に $\mathfrak{o}$ の極大イデアルは $\mathfrak{p}_1, \cdots, \mathfrak{p}_n$ のうちのいずれかである．

2°. $\mathfrak{o}$ の $\mathfrak{p}_i$ による商環 $\mathfrak{o}_{\mathfrak{p}_i}$ は R_i である．

（証明） まず 2° の方を証明しよう．R_i の勝手な元 a をとる．前補題より，s を適当にとれば $1+a+\cdots+a^{s-1}$ は，$a \in R_i$ だから R_i の単元．他方 $1/(1+a+\cdots+a^{s-1}) \in \mathfrak{o}$. よって

$$1/(1+a+\cdots+a^{s-1}) \notin \mathfrak{p}_i = \mathfrak{o} \cap \mathfrak{P}_i$$

だから $a/(1+a+\cdots+a^{s-1}) \in \mathfrak{o}$ として，$a \in \mathfrak{o}_{\mathfrak{p}_i}$ でなければならぬ．すなわち $R_i \subseteq \mathfrak{o}_{\mathfrak{p}_i}$. 逆の方は自明で $R_i \supseteq \mathfrak{o}_{\mathfrak{p}_i}$. よって $R_i = \mathfrak{o}_{\mathfrak{p}_i}$.

次に 1° の方を証明する．$R_j \not\subseteq R_i$ だから $\mathfrak{o}_{\mathfrak{p}_j} \not\subseteq \mathfrak{o}_{\mathfrak{p}_i}$. 従って $\mathfrak{p}_i \not\subseteq \mathfrak{p}_j (i \neq j)$ でなければならぬ．明らかに $\mathfrak{p}_i$ は $\mathfrak{o}$ の素イデアルだから，$\mathfrak{p}_1 \cap \cdots \cap \hat{\mathfrak{p}}_i \cap \cdots \cap \mathfrak{p}_n$ は上述から $\mathfrak{p}_i$ に含まれない．よって

$$e_i \not\equiv 0 \quad (\mathfrak{p}_i) \quad e_i \equiv 0 \quad (\mathfrak{p}_j) \quad (j \neq i)$$

なる元 e_i が $\mathfrak{o}$ の中に存在する．

いまもし $\mathfrak{p}_1, \cdots, \mathfrak{p}_n$ のいずれかが $\mathfrak{o}$ の中で極大でないか，これら以外に極大イデアルが存在すると仮定すれば，$\mathfrak{p}_i \not\subseteq \mathfrak{p}_j$ だから，ある（$\mathfrak{o}$ の）イデアル $\mathfrak{a}$ であって，いずれの i に対しても $\mathfrak{a} \not\subseteq \mathfrak{p}_i$ となるものがある．よって各 i に対し

$$a_i \not\equiv 0 \quad (\mathfrak{p}_i), \quad a_i \in \mathfrak{a}$$

なる a_i が存在し，$(a_1, \cdots, a_n)\mathfrak{o} \subseteq \mathfrak{a}$, 従って $(a_1, \cdots, a_n)\mathfrak{o} \neq 1$.

ところが上に述べた元 e_i は，$e_i \not\equiv 0 \quad (\mathfrak{p}_i)$, $e_i \equiv 0 \quad (\mathfrak{p}_j) \quad (i \neq j)$ ゆえ

$$b = \sum a_i e_i$$

をつくると，各 i につき $b \equiv a_i e_i \not\equiv 0 \quad (\mathfrak{p}_i)$, 従って b はいずれの R_i でも単元．よって $b^{-1} \in \bigcap R_i = \mathfrak{o}$. 従って $1 = b \cdot b^{-1} \in (a_1, \cdots, a_n)\mathfrak{o}$. これは $(a_1, \cdots, a_n)\mathfrak{o} \neq (1)$ と矛盾．ゆえに $\mathfrak{p}_1, \cdots, \mathfrak{p}_n$ はすべて $\mathfrak{o}$ で極大であり，これら以外に極大イデアルは存在しない．

系 $R_1, R_2, \cdots, R_n$ は商体 K を共有する附値環であり，$R_1 \cap \cdots \cap R_n = \mathfrak{o}$ とする．$\mathfrak{A}_i$ を R_i のイデアルで，$\mathfrak{A}_i$ を含む，R_i の極小素イデアルを $\mathfrak{P}_i'$ とする

とき，各対 (i,j) に対して常に $\mathfrak{P}_i' \neq \mathfrak{P}_j'$ とすれば，$\mathfrak{o}/\mathfrak{A}_1\cap\cdots\cap\mathfrak{A}_n$[1] は直和に分解されて

$$\mathfrak{o}/\bigcap_{i=1}^{n}\mathfrak{A}_i = R_1/\mathfrak{A}_1+\cdots+R_n/\mathfrak{A}_n$$

（証明） 附値環 R_i での素イデアル鎖はただ一つであるから，$\mathfrak{A}_i$ に対し極小素イデアル $\mathfrak{P}_i'$ はただ一つ定まり，R_i の附値加群 Γ_i の孤立部分加群 Γ_i' が対応する．すると商環 $R_i'=R_{i\mathfrak{P}_i'}$ は Γ_i/Γ_i' を附値加群とする附値環であり，R_i' の極大イデアル $\mathfrak{P}_i'R_i'$ は集合論的に $\mathfrak{P}_i'$ と一致する（実際 $\mathfrak{P}_i'$ は附値が Γ_i' に属しない，R_i の元の集合だから）．なお $\mathfrak{P}_i\cap\mathfrak{o}=\mathfrak{p}_i$, $\mathfrak{P}_i'\cap\mathfrak{o}=\mathfrak{p}_i'$ とするとき，前定理から $R_i=\mathfrak{o}_{\mathfrak{p}_i}$, $\mathfrak{P}_i=\mathfrak{p}_i\mathfrak{o}_{\mathfrak{p}_i}$ であるから $\mathfrak{P}_i'=\mathfrak{p}_i'\mathfrak{o}_{\mathfrak{p}_i}$ であり，$R_{i\mathfrak{P}_i'}=\mathfrak{o}_{\mathfrak{p}_i'}(=R_i'$ とおく）．

さて $\mathfrak{p}_i'$ を含む，$\mathfrak{o}$ の極大イデアルが $\mathfrak{p}_i$ の他に存在し，$\mathfrak{p}_j\supset\mathfrak{p}_i'(j\neq i)$ だったと仮定する．すると $\mathfrak{p}_i'$ は $\mathfrak{o}_{\mathfrak{p}_j}=R_j$ に含まれ，$\mathfrak{o}_{\mathfrak{p}_i'}=(\mathfrak{o}_{\mathfrak{p}_j})_{\mathfrak{p}_i'}=R_{j\mathfrak{p}_i'R_j}$. 従って附値環 $R_i'(=\mathfrak{o}_{\mathfrak{p}_i'})$ は附値環 R_j を含む．すなわち R_i' は R_j のある素イデアル $\mathfrak{Q}$ を附値イデアルとする附値環でなければならない．よって共に R_i' の附値イデアルとして

$$\mathfrak{P}_i'=\mathfrak{Q}\subset\mathfrak{P}_j$$

ところが附値環 R_j では素イデアル鎖はただ一本であるから，$\mathfrak{P}_i'$ は R_j の素イデアルなら $\mathfrak{P}_j'$ と包含関係；$\mathfrak{P}_i'\subseteq\mathfrak{P}_j'$，または $\mathfrak{P}_i'\supseteq\mathfrak{P}_j'$ においてあらねばならない．これは仮設に矛盾するから $\mathfrak{p}_i'$ を含む極大イデアルは $\mathfrak{p}_i$ 以外には存在しない．

R_i は附値環で，$\mathfrak{P}_i'$ が $\mathfrak{A}_i$ の極小素イデアルだから，$\mathfrak{P}_i'$ のどの元 ρ をとっても $\rho^{m(\rho)}\in\mathfrak{A}_i$[2] なる自然数 $m(\rho)$ はあり，従って $\rho'\in\mathfrak{p}_i'$ に対して $\rho'^m\in\mathfrak{A}_i\cap\mathfrak{o}$. ゆえに $\mathfrak{A}_i\cap\mathfrak{o}$ を含む（$\mathfrak{o}$ の）極大イデアルは ρ' を，従って $\mathfrak{p}_i'$ を含み，これは上述から $\mathfrak{p}_i$ ただ一つに限られる．だから $\mathfrak{A}_i\cap\mathfrak{o}$, $\mathfrak{A}_j\cap\mathfrak{o}(i\neq j)$ 双方を含むイデアルは $\mathfrak{o}$ 自身でなければ，$\mathfrak{p}_j$ に含まれるが，$\mathfrak{A}_i\cap\mathfrak{o}$ は $\mathfrak{p}_j$ に含まれていないのだから，それは不可能で，$\mathfrak{A}_i\cap\mathfrak{o}+\mathfrak{A}_j\cap\mathfrak{o}=\mathfrak{o}$ でなければならない．よって明らかに

$$\mathfrak{o}/\bigcap_i\mathfrak{A}_i=\mathfrak{o}/\mathfrak{A}_1\cap\mathfrak{o}+\cdots+\mathfrak{o}/\mathfrak{A}_n\cap\mathfrak{o}$$

ところが $\mathfrak{o}_{\mathfrak{p}_i}=R_i$ であり，$\mathfrak{o}/\mathfrak{A}_i\cap\mathfrak{o}$ で極大イデアルは $\mathfrak{p}_i/\mathfrak{A}_i\cap\mathfrak{o}$ ただ一つであるから，極大イデアルに入らない元は $\mathfrak{o}/\mathfrak{A}_i\cap\mathfrak{o}$ の単元である．従って $\mathfrak{o}/\mathfrak{A}_i\cap\mathfrak{o}\cong\mathfrak{o}_{\mathfrak{p}_i}/(\mathfrak{A}_i\cap\mathfrak{o})\mathfrak{o}_{\mathfrak{p}_i}=R_i/\mathfrak{A}_i$.

1） $\bigcap\mathfrak{A}_i$ は集合論的に $\mathfrak{o}$ に含まれる．
2） $\mathfrak{P}_i'$ の元と，$\mathfrak{A}_i$ の元との附値は comparable，すなわち $\rho\in\mathfrak{P}_i'$ に対して $m_\rho v(\rho)\geq v(\alpha)$ となる $\alpha\in\mathfrak{A}_i$ が存在する．

よって
$$\mathfrak{o}/\bigcap_i \mathfrak{A}_i = R_1/\mathfrak{A}_1 + \cdots + R_n/\mathfrak{A}_n$$

この系から，有限個の附値の独立性について次の定理が得られる.

定理 2 $R_1, \cdots, R_n$ を商体 K を共有する附値環とし，R_i に応ずる附値を v_i, a_i を R_i の元で，a_iR_i の極小素イデアル $\mathfrak{P}_i'$ は $i=1,2,\cdots,n$ に対し互に包含関係をみたさないとする．K の元 $d_1, \cdots, d_n$ が $v_1(a_1d_1) \geqq 0, \cdots, v_n(a_nd_n) \geqq 0$ をみたせば，K から元 c が選べて
$$v_i(c-d_i) > v_i(a_i) \quad (1 \leqq i \leqq n)$$
となるようにすることができる.

（証明） $R_1 \cap \cdots \cap R_n = \mathfrak{o}$ とし，前系の $\mathfrak{A}_i$ として $\mathfrak{A}_i = a_i^3 R_i$ をとるに，系から
$$\mathfrak{o}/\bigcap a_i^3 \mathfrak{o} = R_1/a_1^3 R_1 + \cdots + R_n/a_n^3 R_n$$
だから，$e \in \mathfrak{o}$ があって，各 i につき $e \equiv a_i \pmod{a_i^3 R_i}$，すなわち $v_i(e) = v_i(a_i)$．ところが $v_i(a_id_i) \geqq 0$ ゆえ $v_i(ed_i) \geqq 0$, $ed_i \in R_i$．よってまた上の直和分解から $f \in \mathfrak{o}$ があって $v_i(f-ed_i) \geqq 3v_i(a_i)$．よって
$$v_i\left(\frac{f}{e} - d_i\right) \geqq 2v_i(a_i) > v_i(a_i) \quad (i=1, 2, \cdots, n)$$
そこで $f/e = c$ ととればよい.

とくに体 K が位1の離散的附値のみを許す場合ならば，上の定理は簡単に次のようになり，一つの元の有限個の離散的附値での値のとり方の独立性を示す.

定理 2′ $v_1, \cdots, v_n$ を体 K のいずれの二つも同値ではない位1の離散的附値であるとする．体 K に元 $d_1, \cdots, d_n$ を任意に与えても，それに対し K から一つの元 c が選べて
$$v_i(c-d_i) > M \quad (i=1, 2, \cdots, n)$$
となるようにすることができる．ここに M は与えられた自然数.

（証明） M' を十分大きくとれば $v_i(d_i) + M' \geqq 0$, $M' \geqq M$ とできる．そこで $v_i(a_i) \geqq M'$ ととり，前定理を適用すると
$$v_i(c-d_i) > v_i(a_i) \geqq M'$$
なる $c \in K$ が存在し，$v_i(c-d_i) > M \quad (i=1, 2, \cdots, n)$

注意 この定理で M をいかに大きく与えてもよいところから，定理 $2'$ は**近似定理**ともいわれる.

4. 附値函数，正規環と附値環

K を体，A をその部分整域とする．K の位置 $\mathfrak{P}$ で，その附値環 R が A を含むような $\mathfrak{P}$ の全体を $V(K|A)$ で示す．すなわち $\mathfrak{P}$ を示す附値を v とすれば，$\forall\alpha|\alpha\in A$に対し $v(\alpha)\geqq 0$ となるような v の類（あるいは $\mathfrak{P}$）の全体が $V(K|A)$ である.

そして K の位置全体を $V(K)$ で示すことにしよう.

さて $A_1\supset A_2$ とすれば，明らかに $V(K|A_1)\subset V(K|A_2)$ だから φ を A の特殊化で，その特殊化環を A_φ とすれば，$V(K|A_\varphi)\subset V(K|A)$．$R$ を $\mathfrak{P}$ の附値環をとすれば，$V(K|R)$ はその位置 $\mathfrak{P}$ 一つである.

各位置 $\mathfrak{P}_i\in V(K|A)$ に対して $v_i(K^*)$ は直線的に順序づけられた加群 Γ_i である．いまかかる加群 Γ_i の完全直積 $L=\Pi\Gamma_i$ をとる.

さて $x\in K^*$ とすると，$v_i(x)$ は Γ_i で定まり，x に対してベクトル空間 L 内のベクトル $\Pi v_i(x)$ が定まる．x を K^* の中でその全部にわたって動かすと，ベクトル $\Pi v_i(x)$ は L の部分線型空間をつくる．[実際 $v_i(xy)=v_i(x)+v_i(y)$] これを $F'(V)$ で示そう.

各 Γ_i は直線的順序集合だから，L は束をつくり，明らかに分配束である．この束としての‘結び’および‘交わり’の演算を $F'(V)$ の元の間に有限回許して，生成される，L の部分群を $F(V)$ で示す．すなわち $F(V)$ は束の演算についての $F'(V)$ の閉被である.

x を K^* の一元として固定するとき，$v(x)$ は v に対して定まるから，これを変域 $V(K)$ 上の函数とみることができる．変域を $V(K|A)$ に限ったとき $\Pi_{v_i\in V(K|A)}v_i(x)$を$[x]_A$ で示し，A の上での**附値函数** $[x]$ とよぶ．これは $F'(V)$ の $L_A=\Pi_{v_i\in V(K|A)}\Gamma_i$ への射影に他ならない.

$F(V)$ の L_A 上への射影を $F(K|A)$ で示すとき，その元 $X\in F(K|A)$ は

$$X=\bigcup^{i}\bigcap_{j}[x_{ij}]\quad 1\leqq i\leqq m,\quad 1\leqq j\leqq n_i$$

$$=\mathrm{Sup}_i(\mathrm{Inf}_j[x_{ij}])$$

である．この $X\in F(K|A)$ を一般の附値函数とよぶ．

次に $[x]\succ 0$，すなわち $\forall v_i\in V(K|A)$ につき $v_i(x)\geqq 0$ なる（K の）元 x についてみよう．かかる x の全体の集合は，A を含む附値環 R_i の共通集合 $\bigcap_i R_i$ に他ならない．

補題 1 $x\in K$ が A についての整元ならば，$[x]_A\succ 0$ である．すなわち $x\subseteqq\bigcup_{\mathfrak{P}_i\in V(K|A)} R_{\mathfrak{P}_i}$．

（証明） x は A に関して整だから $x^m+a_1x^{m-1}+\cdots+a_m=0$，$a_i\in A$ をみたす．従って

$$x=-a_1-a_2\frac{1}{x}-\cdots-a_m\left(\frac{1}{x}\right)^{m-1}$$

いま $x\notin R_{\mathfrak{P}_i}$，$\mathfrak{P}_i\in V(K|A)$ であると仮定すれば，$1/x\in R_{\mathfrak{P}_i}$．従って $A[1/x]\subset R_{\mathfrak{P}_i}$．よって上式から $x\in A[1/x]$ として $x\in R_{\mathfrak{P}_i}$ となり矛盾する．

補題 2 $[x]_A\succ 0$ ならば，x は A に関して整である．

（証明） $[x]_A\succ 0$ だから，$y=1/x$ は $V(K|A)$ のどの附値環 R_i の附値イデアル $\mathfrak{P}_i$ にも含まれ得ない．すなわちどの v_i についても $v_i(y)>0$ ではない．

まず y は A に関して代数的に独立ではない．なんとなれば y を A の上に独立と仮定すれば，整域 $A[y]$ を $y\to 0$ として A にうつす特殊化があるが，これをKの附値 f にまで延長しておくと $f(y)=0$，従って $v(y)>0$ となり矛盾する．

ゆえに y は A の上で代数的であり，y を零点とする，A の商体内での既約整式を

$$P(Y)=a_0Y^n+a_1Y^{n-1}+\cdots+a_n,\quad a_i\in A$$

とする．このとき $P(0)=a_n$ は A の単位元でなければならない．なんとなれば，そうでないと $P(0)$ を含む A の極大イデアル $\mathfrak{p}$ は存在する．（Zorn の補題）．いま A における整式整域 $A[Y]$ をとり，自然写像 $g:A[Y]\to A$ を $g(Y)=0$ で定めておく．すると $g(P(Y))=P(0)\subset\mathfrak{p}$ であるから，$g^{-1}(\mathfrak{p})$ は $P(Y)$ を含む．よって準同型定理から $A[Y]/P[Y]$ は $A[Y]/g^{-1}(\mathfrak{p})$ に準同型．しかるに $A[Y]/P[Y]\cong A[y]$ であり，$A[Y]/g^{-1}(\mathfrak{p})\cong A/\mathfrak{p}$ は体である．よって K の部分整域 $A[y]$ を体 $A/\mathfrak{p}$ にうつす特殊化 φ があり，$\varphi(y)=0$ $[\because\ g(Y)=0\in\mathfrak{p}]$．そこで φ の延長である K の附値 f では $v(y)>0$．これは不可能であるから $P(0)=a_n$ は A の単位元である．

それゆえ $x=1/y$ は

$$x^n+a'_{n-1}x^{n-1}+\cdots+a_0'=0 \quad a_i'=a_i/a_n \in A$$

の根であり，x は A に関して整である．

（別証）[1] $\alpha\in K$ が A に関して整でなければ，α を含まない附値環 $R(\supset A)$ が存在することを証明すれば，$\bigcap R_i$ の各元は A に関して整ということになり，補題は証明される．α は A に関して整でないから，$I=A[1/\alpha]$ は明らかに α を含み得ない．

そこで K の部分整域で，I を含み，α を含まないものの極大なもの R をとる（Zorn の補題）$1/\alpha(\in R)$ は R の単元ではない．（∵ 単元なら $(1/\alpha)^{-1}=\alpha\in R$ となるから）このことから R は局所環であることがわかる．なんとなれば $1/\alpha$ を含む R の極大イデアルの一つを $\mathfrak{P}$ として，商環 $R_{\mathfrak{P}}$ をとると，$R_{\mathfrak{P}}\supsetneqq R$ なら，R の極大性から $\alpha\in R_{\mathfrak{P}}$ となり $\alpha=\lambda/\rho$, λ, $\rho\in R$, $\rho\notin\mathfrak{P}$ と表わされる．従って R で $\rho=\lambda(1/\alpha)\equiv 0 \bmod \mathfrak{P}$ となり矛盾する．ゆえに $R=R_{\mathfrak{P}}$ として R は局所環である．

次に $K\supset R'\supset R$ なら，R' は α を含むから $\mathfrak{P}R'\ni\dfrac{1}{\alpha}\cdot\alpha=1$ となり $\mathfrak{P}R'=R'$．よって §1 の定理から R は附値環で，$R\supset A$ であり，α を含まない．

両補題から

定理 1 $V(K|A)$ に属する附値環全部の共通集合は，K での A の整閉被 $\bar{A}$ である．

系 A が整閉整域の場合，A は A を含む附値環（A の商体 K の）全部の共通集合である．

とくに A が Noether 環の場合は，商体 K の A を含む極大環（すなわち位 1 の附値環）の共通集合である．（前章 §10 定理 2，系）

さて完全直積 $L=\prod\Gamma_i$ 内で $F'(V|A)$（あるいは $F'(V)$，ひいては $F(V|A)$（あるいは $F(V)$）のベクトルはどう制限されてくるか．これは体 K，環 A によって変ってくるが，例えば K が体 k 上の一変数函数体である場合，以下に説くように，$F'(V)$，従って $F(V)$ のベクトルは有限個の成分を除いては 0 である．

次に前節で証明したように，ある条件の下に（離散附値のときは無条件で），有限個の附値は独立であるが，$V(K)$ ではどうなるであろうか．すなわち K のあらゆる附値は独立か，任意に与えた値をとる（有限個の成分を除いては 0

1) Krull による証明である．

であっても）附値函数 $[x]$ は存在するか．これも体 k 上の一変数函数体 K について以下見るように，常に必ずしもそうではない．もっとも基礎の整域として $A=k[X]$ をとっておくとき，$K=k(X)$ で $V(K|A)$ の附値は無限に多いが，これらは互に独立である．以下一変数函数体について例示しよう．

例 一変数有理函数体 k を任意の体とし，$K=k(X)$ を k 上の一変数有理函数体とする．K の k の上の附値，すなわち $V(K|k)$ についてしらべよう．

（I） $v(X)\geqq 0$ の場合： 任意の整式 $g(X)\in k[X]$ につき $v(g(X))\geqq 0$ だから $k[X]\subset R_v$（ここに R_v は v の附値環）．v の附値イデアルを $\mathfrak{P}$ とすれば，$k[X]$ は単項イデアル環だから $\mathfrak{P}\cap k[X]=(p(X))$ であり $v(p(X))>0$.

$p(X)$ は $\mathfrak{P}\cap k[X]$ のうちの最低次整式だから，$p(X)$ は $k[X]$ で既約．また $g(X)\in\mathfrak{P}$ なら $v(g(X))$ は $v(p(X))$ の整数倍である．実際 $g=p^m h$. $(h,p)=1$ となるから $v(g)=mv(p)$ （$\because$ $v(h)=0$）

それで $r(X)\in K(X)$ が，$r(X)=p^n(X)r_1(X)$，$r_1(X)=h_1(X)/h_2(X)$，$(h_i,p)=1$ をみたしたとするとき $v(r)=nv(p)$.

そこで指数附値 v を v' に規格化して，$p(X)$ の次数が λ のとき，$v'(p)=\lambda$ としておく．この附値を**素点** $p(X)$ とよぶ．

（II） $v(X)<0$ の場合： $1/X=Y$ とおけば $K=k(Y)$．そして $v(Y)>0$. なお $R_v\supset k[Y]$．(I) の場合と同様に考えると，この場合 $p(Y)=Y$ 自身でなければならぬ．それで $r(X)\in k(X)$ を既約分数に直して

$$r(X)=\frac{h_1(X)}{h_2(X)},\ (h_i \text{ の次数を } m_i)$$

とすれば

$$r(X)=\frac{h_1(1/Y)}{h_2(1/Y)}=Y^{m_2-m_1}\frac{h_1'(Y)}{h_2'(Y)}$$

となり $v(h_i'(Y))=0$ だから $v(r(X))=(m_2-m_1)v(Y)$．いま v を v' に規格化して $v'(Y)=1$ とすれば $v'(r(X))=m_2-m_1$．この附値を（X について）**無限素点**という．

上述により K から一元 $r(X)$ をとると，附値函数 $[r]$ が 0 でないのは，

$r(X)$ の分，母子の既約因数の素点と，無限素点だけである．従って $K=k(X)$ の場合，$F'(V)$ のベクトルは有限個の成分を除いては全部 0 である．そして $V(K|A)$ に属する附値，すなわち有限素点の全体の独立であることも見易い．実際 $v_i' \in V(K|A)(i=1,\cdots,\nu)$ を勝手に与え，各 v_i' で勝手に与えた値 $n_i\lambda_i$ $(1\leqq i\leqq \nu)$ をとる附値函数 $[r(X)]$ は，$r(X)=\Pi p_i(X)^{n_i}$ ととれば得られる．

しかし K の附値全体 $V(K)$ については，附値は独立でない．なんとなれば K から任意に元 $r(X)=\prod_i^{\nu} p_i(X)^{n_i}$ (n_i は正，負の整数) をとるとき，$r(X)$ の有限素点における値の和は

$$\sum_{v_i\in V(K|A)}' v_i'(r)=\sum_{i=1}^{\nu}\lambda_i n_i$$

であり，無限素点における $r(x)$ の値は，$r(X)$ の分母の次数から分子の次数を引いた差だから

$$v'_\infty(r)=-\sum\lambda_i n_i$$

よって

$$\sum_{v\in V(K)} v(r)=0$$

なる関係を常に満足する．

5. 代数拡大体への附値の拡張

K' を K の拡大体，v を K の一つの附値とすれば，v の K' への拡張 v' は少なくとも一つは存在する．すなわち v' は K' の附値で，v' を K の上に制限すれば v と同値となるようなものである．このことは K における v の附値環 R は，特別な特殊化環であるが，R の特殊化は K' に拡張可能なことから知られる．

補題 K' を体 K のガロア拡大体 (有限次，または無限次の)，G をそのガロア群，K の附値 v の K' への拡張の一つ v' をとり，v, v' による附値環をそれぞれ R, R' とする．すると $\mathfrak{o}=\bigcap_{\sigma\in G}R'^{\sigma}$ は K' における，R の整閉被である．

(証明) K' における R の整閉被を $\mathfrak{o}'$ とすると，明らかに $\mathfrak{o}'\subset R'$．R'^{σ} も K' の附値環で，$R'^{\sigma}\supset\mathfrak{o}'^{\sigma}=\mathfrak{o}'$．よって $\mathfrak{o}'\subseteqq\mathfrak{o}=\bigcap_{\sigma\in G}R'^{\sigma}$．

逆に $\alpha\in\mathfrak{o}=\bigcap R'^{\sigma}$ を任意にとると，$\tau\in G$ のいずれに対しても $\alpha^{\tau}\in R'$．α は K に対して有限次だから，α の相異なる共役元は有限個，これについての基本対称式をとり，（必要なら標数 p のベキ p^{f} 乗すれば）それらは K に入る．しかもこれらは R' にも入っているから，$K\cap R'=R$ に入る．よって $\mathfrak{o}$ の任意の元 α は R に関して整である．ゆえに $\mathfrak{o}\subseteqq\mathfrak{o}'$．従って $\mathfrak{o}=\mathfrak{o}'$．

代数拡大体への附値の拡張の基本定理として

定理 1　体 K の附値を v，その附値環を R とする．K' が K の代数拡大体（有限または無限次の）なるとき，K' における R の整閉被を $\mathfrak{o}$ とすれば，v の K' への拡張 v' による附値環は $\mathfrak{o}$ のある極大イデアル $\mathfrak{p}$ による商環 $\mathfrak{o}_{\mathfrak{p}}$ であり，逆に $\mathfrak{o}$ の任意の極大イデアル $\mathfrak{p}$ による商環 $\mathfrak{o}_{\mathfrak{p}}$ は K' の附値環であって，v の K' への拡張を与える．

（証明）場合を分けて順次に証明する．（1）K' が K の有限次ガロア拡大の場合．v の K' への拡張 v' による附値環を R' とすれば，前補題により

$$\bigcap_{\sigma\in G}R'^{\sigma}=\mathfrak{o}\quad(G\text{ は }K'/K\text{ のガロア群})$$

は K' における R の閉被として，$v\rightarrow v'$ の拡張の仕方に関係はない．しかも R' の附値イデアルを $\mathfrak{P}$ とし，$\mathfrak{P}\cap\mathfrak{o}=\mathfrak{p}$ とすれば，前々節定理1により，$\mathfrak{p}$ は $\mathfrak{o}$ の極大イデアルで

$$R'=\mathfrak{o}_{\mathfrak{p}}.$$

かつ $\mathfrak{o}$ の極大イデアルは $\mathfrak{p}$ の共役 $\mathfrak{p}^{\sigma}(\sigma\in G)$ 以外にはなく．$\mathfrak{o}_{\mathfrak{p}}{}^{\sigma}=R'^{\sigma}$ はいずれも附値環である．(R'^{σ} による附値 v'^{σ} は v' の共役附値といわれる)．

（2）K' が K の任意の有限次拡大の場合．K' を含む K の（最小）ガロア拡大を K'' とし，K''/K' のガロア群を H, K'' における R の整閉被を $\bar{\mathfrak{o}}$ とする．まず次のことを証明する．

$\bar{\mathfrak{p}}$ を $\bar{\mathfrak{o}}$ の極大イデアルとするとき，$\bar{\mathfrak{o}}_{\bar{\mathfrak{p}}}\cap K'=\mathfrak{o}_{\mathfrak{p}}$，$\mathfrak{p}=\bar{\mathfrak{p}}\cap\mathfrak{o}$ である．

なんとなれば $\bar{\mathfrak{p}}\cap\mathfrak{o}=\mathfrak{p}$ は明らかに $\mathfrak{o}$ で極大，そして $\mathfrak{p}\bar{\mathfrak{o}}$ を含む，$\bar{\mathfrak{o}}$ の極大イデアルは $\bar{\mathfrak{p}}$ の共役イデアル $\bar{\mathfrak{p}}^{\tau}(\tau\in H)$ 以外にはない．（前章10節補題5）．$\bar{\mathfrak{o}}/\bigcap\bar{\mathfrak{p}}^{\tau}$ は直和分解されて $1=\sum\bar{\varepsilon}_{\tau}$．類 $\bar{\varepsilon}_{\tau}$ に属する $\bar{\mathfrak{o}}$ の元を ε_{τ} で示すとき，$\varepsilon_{\tau}=\varepsilon_{1}^{\tau}$ をみることが許される．

さて $\bar{\mathfrak{o}}_{\bar{\mathfrak{p}}}\cap K'$ の任意の元 c は

$$c=\frac{\lambda}{\rho},\quad\lambda,\ \rho\in\bar{\mathfrak{o}},\quad\rho\not\equiv 0\quad(\bar{\mathfrak{p}})$$

と書けるが，$c \in K'$ ゆえ

$$c=c^{\tau}=\frac{\lambda^{\tau}}{\rho^{\tau}}=\frac{\lambda^{\tau}\varepsilon_1^{\tau}}{\rho^{\tau}\varepsilon_1^{\tau}}=\frac{\sum(\lambda\,\varepsilon_1)^{\tau}}{\sum(\rho\,\varepsilon_1)^{\tau}}$$

そこで $\rho'=\sum(\rho\varepsilon_1)^{\tau}\in K'\cap\bar{\mathfrak{o}}=\mathfrak{o}$ であり，しかも $\rho'\equiv(\rho\varepsilon_1)^{\tau}\not\equiv 0\ (\bar{\mathfrak{p}}^{\tau})$ だから $\rho'\not\equiv 0$ $(\bar{\mathfrak{p}}\cap\mathfrak{o}=\mathfrak{p})$. 従って

$$c=\frac{\lambda'}{\rho'}\in\mathfrak{o}_{\mathfrak{p}}. \qquad \therefore\ \bar{\mathfrak{o}}_{\bar{\mathfrak{p}}}\cap K'\subseteqq\mathfrak{o}_{\mathfrak{p}}.$$

逆の包含関係は自明だから，命題は証明された.

さて v の K' への拡張 v' は，K'' への拡張 v'' を K' に制限したものと考えられる. v'' の附値環 R'' は (1) で証明したことから，$R''=\bar{\mathfrak{o}}_{\mathfrak{p}}$. 従ってその v' の附値環 R' は

$$R'=R''\cap K'=\bar{\mathfrak{o}}_{\mathfrak{p}}\cap K'=\mathfrak{o}_{\mathfrak{p}}$$

逆に $\mathfrak{p}$ を $\mathfrak{o}$ の任意の極大イデアルとするに，$\mathfrak{p}\bar{\mathfrak{o}}$ の素成分 $\bar{\mathfrak{p}}$ をとれば $\mathfrak{o}_{\mathfrak{p}}=\bar{\mathfrak{o}}_{\bar{\mathfrak{p}}}\cap K'$. 従って $\mathfrak{o}_{\mathfrak{p}}$ はまた K' の一つの附値環であり，R を含む.

（3） K' が K の無限次代数拡大の場合. K' における R の整閉被を $\mathfrak{o}$, $\mathfrak{o}$ の極大イデアルの一つを $\mathfrak{p}$ とする. $\mathfrak{o}_{\mathfrak{p}}$ が K' の附値環であることを証明しよう. それには K' から任意に元 c をとると，c は K の上に代数的ゆえ，$K(c)/K$ は有限拡大. $\mathfrak{o}^*=\mathfrak{o}\cap K(c)$, $\mathfrak{p}^*=\mathfrak{p}\cap K(c)$ ととれば，$\mathfrak{o}^*$ は $K(c)$ における R の整閉被，$\mathfrak{p}^*$ は $\mathfrak{o}^*$ の極大イデアル（なんとなれば体 $\mathfrak{o}/\mathfrak{p}$ は $(\mathfrak{o}^*+\mathfrak{p})/\mathfrak{p}(\cong\mathfrak{o}^*/\mathfrak{p}^*)$ の上に整)，ゆえに (2) により $\mathfrak{o}^*_{\mathfrak{p}^*}$ は v の $K(c)$ への一つの拡張の附値環. よって c または c^{-1} は $\mathfrak{o}^*_{\mathfrak{p}^*}$ に入る. 従って c または c^{-1} は $\mathfrak{o}_{\mathfrak{p}}$ に入る. ところが c は K' の任意の元であったから，$\mathfrak{o}_{\mathfrak{p}}$ は K' の一つの附値環で，$\mathfrak{o}_{\mathfrak{p}}\cap K=R$ だから v の一つの拡張である.

次に v の K' への任意の拡張 v' による附値環が $\mathfrak{o}_{\mathfrak{p}}$ の形に書けることを証明しよう. $V(K'|R)$，すなわち K' への v あらゆる拡張，に入る附値環の共通集合は K' における Rの整閉被 $\mathfrak{o}$ である.（前節定理). いま一つの拡張 v' をとり，その附値イデアルを $\mathfrak{P}$ とすれば，$\mathfrak{p}=\mathfrak{P}\cap\mathfrak{o}$ は $\mathfrak{o}$ の一つの極大イデアルである.（なんとなれば $\mathfrak{o}/\mathfrak{p}$ は $R/\mathfrak{P}\cap R$ の上に整である). よって前段に証明したところから $\mathfrak{o}_{\mathfrak{p}}$ は K' の一つの附値環であり，v の一つの拡張 w' を与える. 明らかに $R'\supseteqq\mathfrak{o}_{\mathfrak{p}}$. ところで v' も w' も共に，K' の有限次部分拡大体 L/K の上には同値な附値をひきおこす. 従って $v'\sim w'$. よって $R'=\mathfrak{o}_{\mathfrak{p}}$ でなければならない.

系 K'/K はガロア拡大で，K'/K の相異なるガロア写像は有限とする.（す

なわち K'/K の分離次数 n が有限とする）K の附値 v の K' への拡張はすべて共役であり，従ってその同値でないものの個数は n を越えない．

注意 L は K の超越拡大で，L を K の上の多項式環の商体とする．このとき K の附値 v を L の上へ次のようにして拡張できる．すなわち $P(x)$ が K の多項式の場合，係数の値の最小値をもって $v(P)$ と定める．従って $P(x)/Q(x)$ については $v(P)-v(Q)$ と定める．（証明は読者に任す）．これから，R が整閉整域の場合，$R[x]$ も整閉なことが結論される（§4，定理1系参照）．

6. 絶対値としての附値（特殊附値）

体 K の附値 v を位1のものに限定する．（これを**特殊附値**という）．定数 $q>1$ をとれば，$0\neq x\in K$ に対し，$v(x)$ は実数とみなせるから

$$|x|=q^{-v(x)}$$

が定義できる．すると $x(\neq 0)$ に対し $|x|>0$ なる正数が対応し，$x,y\in K$ に対し

$$|xy|=|x|\cdot|y|$$
$$|x+y|\leqq \mathrm{Max}\{|x|,|y|\}<|x|+|y|$$

なんとなれば，$|x+y|=q^{-v(x+y)}\leqq q^{-\mathrm{Min}(v(x),v(y))}=\mathrm{Max}(q^{-v(x)},q^{-v(y)})=\mathrm{Max}\{|x|,|y|\}$．$x=0$ に対しては $|0|=0$ と定義を追加すれば，$v(0)=\infty$ ゆえ $|0|=q^{-v(0)}$．よって特殊附値から K の元 x の絶対値が定められたこととなる．

定義 体 K から負ならざる実数への写像 φ で，φ が

1. $x\neq 0$ $(x\in K)$ には $\varphi(x)>0$．$x=0$ のとき，そのときに限り $\varphi(x)=0$．
2. $\varphi(x\cdot y)=\varphi(x)\varphi(y)$
3. $\varphi(x+y)\leqq\varphi(x)+\varphi(y)$

をみたすとき，φ を K の**乗法的附値**といい，$\varphi(x)$ を x のその附値による**絶対値**という[1)]．

二つの乗法的附値 φ_1,φ_2 において定数 α があり，すべての x に共通に

$$\varphi_2(x)=\varphi_1^{\alpha}(x)$$

なるとき，φ_1 と φ_2 とは同値であるという．

さて K を例えば有理数体とすれば，$x\in K$ で $x>0$ なら $\varphi(x)=x$，$x<0$ な

1) 公準 1, 2, 3 から $\varphi(1)=1$，$\varphi(-1)=1$，$\varphi(-x)=\varphi(x)$ は明らかに従う．また $\forall x\in K^*$，$\varphi(x)=1$ なる φ は附値であるが，これを‘自明’附値という．

ら $\varphi(x)=-x$ とすれば，$\varphi(x)$ は普通の x の絶対値で上の公準 1,2,3 をみたしている．

他方 p を素数で $x=p^m y$, $(y,p)=1$のとき $\varphi(x)=\left(\dfrac{1}{p}\right)^m$ とすれば，$m=v_p(x)$ だから，この φ も公準 1,2,3 をみたしている．この場合 x が整数 n なら，$m\geqq 0$ で常に $\varphi(n)=\left(\dfrac{1}{p}\right)^m\leqq 1$.

このように乗法的附値には本質的に異なった二種類のものが含まれている．

一般の体の場合にもこの二種類を分けて次のように称える．

n が自然数（すなわち K の主単位元の n 倍）のとき，$\mathrm{Sup}(\varphi(n))=\infty$ なら，乗法的附値 φ を **Archimedes 的**といい，$\mathrm{Sup}(\varphi(n))<\infty$ のとき φ を**非 Archimedes 的**と称える．

定理 1 K の乗法的附値 φ が非 Archimedes 的なるときは，φ が K の指数附値 v から導かれた場合，すなわち

$$\varphi(x)=q^{-v(x)} \quad (q>1)$$

のときであり，そのときに限る．

（証明） φ が v から導かれたものであるなら

$$\varphi(n)=\varphi(1+1+\cdots+1)\leqq \mathrm{Max}(\varphi(1),\cdots,\varphi(1))=1.$$

逆に $\varphi(n)$ が有界で，$\varphi(n)\leqq M$ であったとする．$x,y\in K$ なら

$$\varphi\{(x+y)^n\}=\varphi\left\{\sum\binom{n}{r}x^r y^{n-r}\right\}\leqq\sum\varphi\left\{\binom{n}{r}x^r y^{n-r}\right\}$$

$\mathrm{Max}\{\varphi(x),\varphi(y)\}=a$ とすれば，$\varphi\left\{\binom{n}{r}\right\}\leqq M$ から

$$\varphi^n(x+y)\leqq(n+1)Ma^n$$

$$\therefore\quad \varphi(x+y)\leqq(n+1)^{\frac{1}{n}}M^{\frac{1}{n}}a$$

そこで $n\to\infty$ ならしめれば，$(n+1)^{\frac{1}{n}}=e^{\frac{1}{n}\log(n+1)}\to 1$, $M^{\frac{1}{n}}\to 1$ ゆえ

$$(0<)\varphi(x+y)\leqq a=\mathrm{Max}\{\varphi(x),\varphi(y)\}$$

それゆえ $v(x)=-\log\varphi(x)$ とおけば，$v(x)$ は $x\neq 0$ なる限り実数で

$$v(xy)=v(x)+v(y),\quad v(x+y)\geqq\mathrm{Min}(v(x),v(y))$$

ゆえに v は位 1 の指数附値で，$\varphi(x)=e^{-v(x)}$.

系 標数 $p>0$ の体の附値はすべて非 Archimedes 的である．すなわち Archimedes 附値をもつ体は標数 0 の場合に限る[1]．

なんとなれば（自然数 $n\times$単位元）は，$0, 1, \cdots, p-1$ のいずれかに等しいから，$n\neq 0$ なら $\varphi(n)$ は有界．

さて K の乗法的附値が，その部分体 k の上で自明的となる場合，それを k の上での附値と称えた．かく部分体 k の上での乗法的附値 φ では，自然数 n（すなわち主単位の n 倍）は k に入っているから，$\varphi(n)=1$ であり，φ は非 Archimedes 的である．

系 部分体 k の上での乗法的附値は非 Archimedes 的である．

Archimedes 附値のあらわれる場合．すなわち指標 0 の体について可能な附値の型についてしらべよう．それにはまずその素体である有理数体についてしらべよう．

有理数体の乗法的附値 有理数体 Q の附値 φ が，ある素数 p に対して，$\varphi(p)\leqq 1$ ならば，すべての自然数 a に対して $\varphi(a)\leqq 1$ となり，従って φ は非 Archimedes 的である．

なんとなれば，任意の a につき，それを p 進展開し

$$a=a_0+a_1p+\cdots+a_np^n,\quad 0\leqq a_i\leqq p-1$$

とすれば

$$\varphi(a)\leqq\sum\varphi(a_jp^j)$$

$$=\sum_{j=0}^{n}\varphi(a_j)\cdot\varphi^j(p)<(n+1)p$$

$$\because\quad \varphi(a_j)\leqq a_j\varphi(1)=a_j<p,\quad \varphi(p)\leqq 1.$$

いま a を a^ν でおきかえると，n に対応する n_ν は $n_\nu<(n+1)\nu$．よって

$$\varphi^\nu(a)<(n_\nu+1)p<\{(n+1)\nu+1\}p.$$

$$\varphi(a)<\{(n+1)\nu+1\}^{\frac{1}{\nu}}\cdot p^{\frac{1}{\nu}}$$

$\nu\to+\infty$ とすると，右辺は 1 に収束し $\varphi(a)\leqq 1$.

このように $\varphi(p)\leqq 1$ なる p があると，φ は非 Archimedes 的，従って一

---

1) 標数 0 の体でも，常に Archimedes 附値をもつとは限らない．実は数体に限られる．（§9 参照）．

つの素数 p_1 に対して $\varphi(p_1)<1$, 他の素数 p' に対しては $\varphi(p')=1$ である.

次にある素数 p に対して $\varphi(p)>1$ であるとする. すると上段の証明から, すべての素数 p' に対して $\varphi(p')>1$ でなければならない.

いま素数 p を一つ固定して考えることにする. $\varphi(p)\leqq p\varphi(1)=p$ であるから

$$\varphi(p)=p^{\alpha}\quad 0<\alpha<1$$

なる指数 α が存在する. まずすべての整数 $a(>0)$ に対し, 常に

$$\varphi(a)\leqq a^{\alpha}$$

なることを証明しよう. a の p 進展開 $\sum_{j=1}^{n}a_jp^j$ から

$$\varphi(a)\leqq p(n+1)\varphi(p)^n=p(n+1)p^{\alpha n}\leqq p(n+1)a^{\alpha}$$

また a の代りに a_ν をとり

$$\varphi^{\nu}(a)\leqq p(n_\nu+1)a^{\alpha\nu}$$

$$\varphi(a)\leqq p^{\frac{1}{\nu}}(n_\nu+1)^{\frac{1}{\nu}}a^{\alpha}$$

$\nu\to\infty$ にして $\qquad \varphi(a)\leqq a^{\alpha}$

次には $\qquad \varphi(a)\geqq a^{\alpha}$

なることを証明しよう. $a=p^{n+1}-b$ とおけば $b\leqq p^{n+1}-p^n=p^n(p-1)$.

ところが $\varphi(b)\leqq b^{\alpha}$ だから

$$\varphi(b)\leqq b^{\alpha}\leqq p^{n\alpha}(p-1)^{\alpha}$$

他方 $$\begin{aligned}\varphi(a)&\geqq\varphi(p^{n+1})-\varphi(b)\\&\geqq p^{(n+1)\alpha}-p^{n\alpha}(p-1)^{\alpha}=p^{n\alpha}\{p^{\alpha}-(p-1)^{\alpha}\}=\lambda p^{n\alpha}\end{aligned}$$

ここに λ は p と α だけに関係し, a には無関係である. 従って a を a^{ν} におきかえ

$$\varphi^{\nu}(a)\geqq\lambda p^{n_\nu\alpha}$$

ところが $a^{\nu}<p^{n_\nu+1}$ ゆえ, $p^{n_\nu\alpha}>a^{\nu\alpha}/p^{\alpha}$. それで

$$\varphi^{\nu}(a)\geqq\frac{\lambda}{p^{\alpha}}a^{\nu\alpha},\quad \varphi(a)\geqq\left(\frac{\lambda}{p^{\alpha}}\right)^{\frac{1}{\nu}}a^{\alpha}$$

$\nu\to\infty$ にして $\qquad \varphi(a)\geqq a^{\alpha}$

このようにして一つの素数 p で $\varphi(p)=p^{\alpha}$ とすれば，すべての整数 $a(>0)$ に共通に $\varphi(a)=a^{\alpha}$ となることを知る．これは φ が有理数体 Q の普通の附値 $|a|=\pm a$ と同値であることを示す．そこで

定理 2 有理数体 Q の乗法的附値は普通の絶対値をとる Archimedes 附値か，しからずんば指数附値から導かれる非 Archimedes 的なものかである．

これら附値を規格化して

非 Archimedes 的な場合，$a=p^m b,\ (b,p)=1$ なら $\varphi(a)=\left(\dfrac{1}{p}\right)^m$

Archimedes 的の場合，$\varphi(a)=\pm a>0$

と規約する．

指数附値のみを問題にして $V(Q)$ について見れば，Q の各指数附値 v は明らかに独立である．ところが乗法的附値にうつして考察すると，$c\in Q$ とは

$$c=\pm\Pi\, p_i^{m_i},\quad (m_i:\text{正負の整数})$$

と表わされ，Q の非 Archimedes 附値 φ_p の全体について掛け合わせる

$$\prod_p \varphi_p(c)=\Pi\left(\frac{1}{p_i}\right)^{m_i}=\frac{1}{|c|}$$

他方 Q の Archimedes 附値 φ_∞ については

$$\varphi_\infty(c)=|c|$$

よって Q の乗法的附値の全体 $[\{\varphi_p\}$ と $\varphi_\infty]$ についての積は，c のいかんを問わず

$$\Pi\varphi(c)=\{\prod_p\varphi_p(c)\}\cdot\varphi_\infty(c)=1$$

これは有理函数体における $\sum v(r(X))=0$ と類似した関係である．ところが有理函数体 $k(X)$ での附値は k の上で考えていたのであり，k の上で乗法的附値は非 Archimedes 的に限るから，$\sum v(r(X))=0$ はは乗法的附値に書きかえて

$$\Pi\varphi(r(X))=\left\{\prod_{\mathfrak{p}}^{\text{fini}}\varphi(r(X))\right\}\varphi_\infty(r(X))=1.$$

よって，有理数体，一元有理函数体（k 上の）共通に

積公式 $$\prod^{\text{all}}\varphi(c)=1$$

が成立する．この有理数体と有理函数体との類似から，有理数体 Q の φ_p を**素点** p, Q の普通の絶対値による Archimedes 附値を φ_∞ で示し，Q の**無限素点**とよぶ．

一般論に戻って，乗法的附値 φ_1, φ_2 の同値になる条件を注意しておこう．

定理 3 $0 \neq x \in K$ に対し $\varphi_1(x) \leqq 1$ なら $\varphi_2(x) \leqq 1$，$\varphi_2(x) \leqq 1$ なら $\varphi_1(x) \leqq 1$ であるとき φ_1 と φ_2 とは同値である．

（証明） $\varphi_1(a)=1$ とすると $\varphi_2(a)=1$ でなければならない．なんとなれば $\varphi_2(a) \neq 1$ で $\varphi_2(a)>1$ なら $\varphi_1(a)>1$ となり矛盾，また $\varphi_2(a)<1$ なら $\varphi_2(a^{-1})>1$．従って $\varphi_1(a^{-1})>1$ となって矛盾．

φ_1 が自明的でないと $\varphi_1(b)>1$ なる $b \in K$ は存在し，$\varphi_2(b)>1$．$\varphi_1(x) \neq 1$ なら $\varphi_2(x) \neq 1$ だから，$\varphi_1(x)=\varphi_1^y(b)$，$\varphi_2(x)=\varphi_2^z(b)$ なる y, z は存在する．

いま y を有理数で近似して $\dfrac{n}{m}<y$，$\dfrac{n}{m} \to y$ とする．$\varphi_1(b)>1$ ゆえ

$$\varphi_1^{\frac{n}{m}}(b)<\varphi_1^y(b)=\varphi_1(x)$$

$$\therefore \quad \varphi_1(b^n)<\varphi_1(x^m) \quad [\varphi_1(b^n x^{-m})<1]$$

定理の仮設から

$$\varphi_2(b^n)<\varphi_2(x^m)$$

よって

$$\varphi_2^{\frac{n}{m}}(b)<\varphi_2(x)=\varphi_2^z(b)$$

ゆえに $\dfrac{n}{m}<z$．従って $y \leqq z$ でなければならない．

論法は対称にできるから $z \leqq y$ でもなければならない．ゆえに $y=z$ である．

そこで $\varphi_2(b)=\varphi_1^\alpha(b)$ とすれば，すべての $0 \neq x \in K$ に共通に

$$\varphi_2(x)=\varphi_2^y(b)=\varphi_1^{\alpha y}(b)=\varphi_1^\alpha(x).$$

ゆえに φ_1 と φ_2 とは同値である．

7. 附値による位相，完備化

体に附値を導入する目的の一半は，それによって体に位相を導入し，それによる完備化をとり，その中にもとの体をおいて考察しようとするところにある．

体 K が一つの乗法的附値 φ を許せば，K は計量空間と見られる．すなわ

ち K の二元 x, y に対し，その間の距離 $\rho(x, y)$ を

$$\rho(x, y) = \varphi(x-y)$$

で定義することができる．実際

1. $\rho(x, y) \geqq 0$, $\rho(x, y) = 0 \rightleftarrows x = y$.
2. $\rho(x, y) = \rho(y, x)$
3. $\rho(x, y) + \rho(y, z) \geqq \rho(x, z)$

を明らかにみたしているからである．この計量の下に K の位相を考える．

数列と同様に，Cauchy 列を考える．すなわち無限列

$$x_1, x_2, \cdots, x_n, \cdots$$

において，任意の $\varepsilon > 0$ に対して，N があり，$n \geqq N$ に対し $\varphi(x_{n+p} - x_n) < \varepsilon$ なるときをいう．

定理 1 同値な附値 φ_1, φ_2 による K の附値は（位相として）同値である．逆に同値な位相を与える附値は同値である．

（証明） φ_1, φ_2 が同値なら，$\varphi_2 = \varphi_1^\alpha$ だから，一方での Cauchy 列は他方でもそうである．よって両者の位相は同値．逆に φ_1, φ_2 による位相を同値とし，$\varphi_1(x) < 1$ とすれば，$1, x, \cdots, x_1^n, \cdots$ は 0 に収束するから，φ_2 でも収束し，$n \to \infty$ で $\varphi_2^n(x) \to 0$，よって $\varphi_2(x) < 1$ でなければならない．

かく K の位相は K の位置によって定まり，位置が変れば変る．

一つの位置を固定し K の位相を定める．位相空間としての K の閉被を K とする．すなわち K における Cauchy 列の全体をとり，$\{x_n - y_n\} \to 0$ のとき $\{x_n\} = \{y_n\}$ として類別し，その類全体の集合を考えて，これを K とする．とくに列の元がすべて x に等しい場合，すなわち

$$(x, x, \cdots, x, \cdots)$$

を x と同一視して $K \subset K$ と見ることとする．

補題 K における Cauchy 列 $\{x_n\}, \{y_n\}$ が K で $\{x_n\} = \alpha, \{y_n\} = \beta$ とする．このとき $\{x_n \pm y_n\}, \{x_n y_n\}$，また $\alpha \neq 0$ なら $\left\{\dfrac{y_n}{x_n}\right\}$ はいずれも Cauchy 列である．

（証明） 例えば積について証明しておこう $x, y, x', y' \in K$ のとき

$$\rho(xy, x'y')=\varphi(xy-x'y')\leqq\varphi\{(x-x')(y-y')\}+\varphi\{x'(y-y')\}+\varphi\{y'(x-x')\}$$
$$=\varphi(x-x')\varphi(y-y')+\varphi(x')\varphi(y-y')+\varphi(y')\varphi(x-x')$$

よって $\rho(x, x'), \rho(y, y')\to 0$ のとき $\rho(xy, x'y')\to 0$

補題から $\bar{K}$ で，その二元 α, β の和，差，積および商（ただし $\alpha\neq 0$）が定義されることを知る．この四則はもちろん K の四則をそのままに保っている．よって

定理 2 K の位相的閉被 $\bar{K}$ はまた体をつくり，K の拡大体である．

この $\bar{K}$ を K の**完備化**という．

さて $\{x_n\}$ が K における Cauchy 列なら，正数列 $\{\varphi(x_n)\}$ は収束列である．実際

$$|\varphi(x_{n+p})-\varphi(x_n)|\leqq\varphi(x_{n+p}-x_n)<\varepsilon \quad (n\geqq N)$$

となるからである．そこで $\bar{K}$ で $\{x_n\}=\alpha$ の場合，$\varphi(\alpha)=\lim_{n\to\infty}\varphi(x_n)$ と定義することができる．[とくに $\alpha\in K$ ならこの $\varphi(\alpha)$ はもともとの K における φ と一致する]．ゆえに K の附値 φ をその完備化 $\bar{K}$ まで拡張することができる．($\bar{K}$ で φ が附値になることは前補題から明らかであろう．) そしてこの φ による位相で K が完備 (complete) であることも明らかであろう．

定理 3 $\bar{K}$ は K から導かれる位相で完備である．

上述までは Archimedes 的附値をも含めての議論である．次には非 Archimedes 附値に限って論じよう．

φ は非 Archimedes 附値，$\varphi(x)=q^{-v(x)}(q>1)$，ここに $v(x)$ は指数附値とする．すると $x_n\to 0$ は $v(x_n)\to\infty$ と同値である．従って非 Archimedes 附値の場合，収束条件はきわめて簡単であり．

定理 4 非 Archimedes 附値による位相では，$\{x_n\}$ が収束するための必要かつ十分条件は
$$v(x_{n+1}-x_n)\to\infty$$
なることである．

（証明） 必要なことは自明．十分なことは

$$x_{n+p}-x_n=\sum_{i=0}^{p-1}(x_{n+i+1}-x_{n+i})$$

ところが $v(a+b)\geqq\mathrm{Min}(v(a), v(b))$ ゆえ

$$v(x_{n+p}-x_n)>\mathrm{Min}\{v(x_{n+i+1}-x_{n+i})\}$$

他方 $v(x_{\nu+1}-x_\nu)\to\infty$ だから，任意の $G>0$ に対し，$\nu>N$ のとき $v(x_{\nu+1}-x_\nu)>G$.
よって $n>N$ のとき

$$v(x_{n+p}-x_n)>G$$

よって
$$\varphi(x_{n+p}-x_n)>q^{-G}.$$

注意　K における級数 $s=a_0+a_1+a_2+\cdots+a_n+\cdots$ が収束する条件は非 Archimedes 附値の場合は，ただ a_n の絶対値 $\varphi(a_n)\to 0$ でありさえすればよいことを前定理は示している．数学解析における収束条件（Archimedes 附値！）の困難さと思い合わさねばならない．すなわち数学解析の，数そのものの本来の性質にもとづく輻奏した深さと，それに反し上述のように簡単になる代数的な構成の利点を思わねばならない．

系　K の指数附値 v の附値加群 Γ は，K を $\bar{K}$ まで完備化しても変らない．

（証明）　$\{x_n\}=\alpha\in\bar{K}$, $x_n\in K$ とするとき，

$$x_{n+p}=x_n+(x_{n+1}-x_n)+\cdots+(x_{n+p}-x_{n+p-1})$$

であり，$x_n\to 0$ でない限り $v(x_n)$ は有界である．そこで常に $v(x_n)<G$ と G をとり得る．この G に対し，$n\geqq N$ のとき $v(x_{n+1}-x_n)>G$ となる N は存在する．従って

$$\mathrm{Min}\{v(x_N),v(x_{N+1}-x_N),\cdots,v(x_{N+p}-x_{N+p-1})\}=v(x_N)$$

よって $p>0$ に対し常に $v(x_{N+p})=v(x_N)$．従って $v(\alpha)=v(x_N)$．このように $\bar{K}\ni\alpha$ の値は $K\ni x_N$ の値に等しく，Γ は $\bar{K}$ の附値加群でもある．

p 進体　とくに重要なのは v が位1の，分散的附値の場合である．このとき附値環 R は単項イデアル環であり，その極大イデアルを (p) とすれば，他の R のイデアルは p のベキだけである．いま $v(p)=1$ と規格化しておき，剰余類体 $R/(p)$ の類から代表元 $\{a_i\}$ をとり出しそれを固定しておくものとする．(0の類からは0をとる)．

まず $\alpha\in R$ とすれば $\alpha\equiv a_0(\mathrm{mod}\,p)$, $\dfrac{\alpha-a_0}{p}\equiv a_1(\mathrm{mod}\,p),\cdots$ として α に対し，$\{a_i\}$ からの列 $(a_0,a_1,a_2,\cdots)$ が得られ

$$\alpha\equiv a_0+a_1p+a_2p^2+\cdots+a_np^n\quad(\mathrm{mod}\,p^{n+1})$$

となる．そして $v(\alpha-\sum^n a_ip^i)$ は n と共に $\to\infty$．よってKの完備化 $\bar{K}$ で

$$\alpha=a_0+a_1p+\cdots+a_nb^n+\cdots$$

次に $x \in K$ のとき $v(x)=-m$ なら $p^m x=\alpha \in R$ だから，K で

$$x=\frac{1}{p^m}(a_0+a_1p+\cdots+a_np^n+\cdots)$$

これを x の p 進展開と称える．

かく K の元 x は必ず p 進展開されるが，その係数 $a_0, a_1, \cdots, a_n, \cdots$ は x によって定まり，独立に勝手勝手にとることはできない．

K から離れて $\bar{K}$ で考えることにし，a_i を $\{a_i\}$ から各々勝手にとって全く形式的な級数

$$\frac{1}{p^m}(a_0+a_1p+\cdots+a_np^n+\cdots)$$

をつくると，これも $\bar{K}$ で収束する．よって $\bar{K}$ の元である．

逆に K の元は収束元列 $\{\alpha_n | \alpha_n \in K\}$ で表わされ，α_n はいずれも p 進展開されるから，やはり $\bar{K}$ の元も p 進展開せられる．よって $\bar{K}$ は，係数 a_i を $\{a_i\}$ から独立にとってつくった上の形の p 進級数の全体と一致する．とくに $m=0$ の場合，それを **p 進整**とよぶ．

注意　$\bar{K}$ の集合としての濃度は K のそれよりは高い．例えば K を有理数体とするとき，K の濃度は $\aleph_0$．だが，p 進数体 $\bar{K}$ のそれは $\aleph$ である．

p 進閉体 $\bar{K}$ では，次の顕著な補題が成り立つ．

Hensel の補題　K を p 進閉体．$\mathfrak{o}$ をその p 進整域とし，$f(X) \in \mathfrak{o}[X]$ とする

$$f(X) \equiv g_1(X) \cdot h_1(X) \pmod{p}$$

であり，

$$a(X)g_1(X)+b(X)h_1(X) \equiv 1 \pmod{p}$$

なる整式 $a(X), b(X)$ が存在するものとする．すると K で

$$f(X)=g(X) \cdot h(X), \quad g(X), h(X) \in \mathfrak{o}[X]$$

と因数分解され，$g(X)$ は $g_1(X)$ と同次で

$$g(X) \equiv g_1(X), \quad h(X) \equiv h_1(X) \pmod{p}$$

（証明）

$$f(x) \equiv g_m(X) \cdot h_m(X) \pmod{p^m}$$

$$g_m(X) \equiv g_1(X), \quad h_m(X) \equiv h_1(X) \pmod{p}$$

で，g_m は g_1 と同次で g_mh_m が n 次を越えないように，g_m, h_m がとれることを証明しよう．それには帰納法で，m のとき正しいとして，$m+1$ のときそうであることを示そう．

いま

$$g_{m+1}(X)=g_m(X)+p^m u(X),\quad u(X)\in\mathfrak{o}[X]$$

$$h_{m+1}(X)=h_m(X)+p^m v(X),\quad v(X)\in\mathfrak{o}[X]$$

ととると
$$f-g_{m+1}h_{m+1}=f-g_m h_m-p^m(vg_m+uh_m)$$

ところが $f-g_m h_m \in p^m\mathfrak{o}[X]$ ゆえ

$$\frac{1}{p^m}(f-g_m h_m)=r(X)\in\mathfrak{o}[X]$$

であり，$r(X)$ の次数は $\leqq n$ である．そこで

$$vg_m+uh_m\equiv r(X)\pmod{p^m}$$

となるよう，u, v をとれば，まず $f-g_{m+1}h_{m+1}\equiv 0 \pmod{p^{m+1}}$ となる．これは可能である．なんとなれば $g_m\equiv g_1$, $h_m\equiv h_1 \pmod{p}$ で，仮設から $ag_1+bh_1\equiv 1 \pmod{p}$ だから $v\equiv ar$, $u\equiv br$ とればよい．

次に次数についてであるが，g_1 を n_1 次とするとき，$u(X)$ を n_1-1 次を越えないようにとることができる．なんとなれば，u が $\geqq n_1$ 次であるとすれば，これを g_m (g_m は仮設から n_1 次) で除し $u=qg_m+u'$ とし，u' の次数が $\leqq n_1-1$ とみることができる．このとき $v+qh_m=v'$ とおけば

$$v'g_m+u'h_m=(v+qh_m)g_m+(u-qg_m)h_m=vg_m+uh_m\equiv r.\ (p^m)$$

となり，v' の次数は $\leqq(n_1-1)+(n-n_1)-n_1=n-n_1-1$．これから $g_{m+1}(X)$ はちょうど n_1 次で $h_{m+1}(X)$ は $\leqq n-n_1$ 次である．そして g_m, h_m のつくり方から

$$g_{m+1}(X)\equiv g_m(X),\quad h_{m+1}(X)\equiv h_m(X)\pmod{p^m}$$

そこで
$$g_m(X)=\sum_{j=0}^{n_1}a_{mj}X^j,\quad h_m(X)=\sum_{j=0}^{n-n_1}b_{mj}X^j$$

とすれば，上の関係から，$\forall m, j$ で

$$a_{m,j}\equiv a_{m+1,j}\quad b_{m,j}\equiv b_{m+1,j}\pmod{p^m}$$

である．そこで j を固定して，m についての無限列 $\{a_{m,j}\}$, $\{b_{m,j}\}$ を考えると，この列は $\bar{K}$ で収束する．この極限値を a_j, b_j とおき

$$g(X)=\sum_{j=0}^{n_1}a_jX^j,\quad h(X)=\sum_{j=0}^{n-n_1}b_jX^j$$

とおけば，$g_m(X)\to g(X)$, $h_m(X)\to h(X)$ であり，$f\equiv g_m h_m \pmod{p^m}$ から $f-gh\in\bigcap_m p^m\mathfrak{o}[X]$，従って $f=gh$．かつ $g(X)$ の次数は n_1 である．

この補題から p 進閉体で，ある元がその部分体の p 進整域に関し整である条件は非常に簡単になる．すなわち

定理 5　$\bar{K}$ を p 進閉体，$f(X)\in K[X]$ で，K に関し既約とし，

$$f(X)=X^n+a_1X^{n-1}+\cdots+a_n,\quad a_i\in K$$

とする．a_n が（p 進）整ならば，他の $a_1,\cdots,a_{n-1}$ のすべては整である．

（証明）　$\mathrm{Min}\, v(a_i)=-r$，$r>0$ と仮定する．すると $v(a_n)\geqq 0$ ゆえ

$$v(a_k)=-r,\quad v(a_j)>-r\quad (k<j\leqq n)$$

なる k が存在する．そこで $p^rf(X)$ をつくり，$p^ra_i=b_i$ とおけば $v(b_i)\geqq 0$ で，とくに $v(b_k)=0$ であって

$$p^rf(X)\equiv X^kh_1(X)\quad(\mathrm{mod}\, p),\qquad h_1(X)=p^rX^{n-k}+\cdots+b_k$$

かつ $A_1X^k+B_1h_1(X)\equiv 1$ (p) なる A_1, B_1 は存在する．［実際 $b_i\not\equiv 0$ (p) $(i<k)$ が存在すれば X^k と $h_1(X)$ とは $\mathrm{mod}\, p$ で素，$\forall i$ $b_i\equiv 0$ (p) なら $A_1=0$，$B_1=b_k^{-1}$ ととればよい］そこで前補題により

$$p^rf(X)=g(X)\cdot h(X)$$

と分解され，$g(X)$ は $k(<n)$ 次の整式となり，$f(X)$ の既約性に矛盾する．

Hensel の補題の応用として p 進数体においては，全実数体におけると同様次の定理の成立することを知る．

定理 6　p 進数体 $\bar{Q}$ の自己同型は恒等写像より存在しない．

（証明）[1]　p 進数体 $\bar{Q}$ は有理数体 Q の p 進閉被であるが，$\bar{Q}$ の自己同型 σ は明らかに Q の恒等写像をひきおこす．従ってこの σ が $\bar{Q}$ の位相で連続写像なることを示せば定理は証明される．これには $\alpha\in\bar{Q}$ のとき，$v(\alpha)=v(\alpha^\sigma)$ であることを見れば十分．ところが $\alpha=p^r\varepsilon$（ε：単元）と表わされ，$p^\sigma=p$ ゆえ ε^σ がまた単元であることを示せばよい．

さて $\varepsilon\equiv a\not\equiv 0\,(\mathrm{mod}\, p)$（ここに a は整数）ゆえ，適当に整数 b をとり $ab\equiv 1(\mathrm{mod}\, p)$ とし $b\varepsilon\equiv 1(\mathrm{mod}\, p)$ とする．$b\varepsilon=\varepsilon_1$ とおき，ε_1^σ，すなわち $(b\varepsilon)^\sigma=b\cdot\varepsilon^\sigma$ が単元なることを証明すればよい．

いま n は p と素な自然数とし，整式 $X^n-\varepsilon_1(\in\bar{Q}[X])$ を考える．$\varepsilon_1\equiv 1(\mathrm{mod}\, p)$ ゆえ

$$X^n-\varepsilon_1\equiv X^n-1\quad(\mathrm{mod}\, p)$$

で，X^n-1 は重零点をもたないから，互に素な因数に分解せられて

1)　この証明は志村五郎君によるときく．

$$X^n-1=(X-1)\cdot h_1(X) \pmod p$$

とみられる．よって Hensel の補題から

$$X^n-\varepsilon_1=(X-\eta)h(X), \quad \eta \in \bar{Q},\ h(X) \in \bar{Q}[X]$$

と分解せられる．従って $\bar{Q}$ に $\eta^n=\varepsilon_1$ となる元 η が存在する．よって自己同型 σ で $(\eta^\sigma)^n=\varepsilon_1^\sigma$. いまもし $v(\varepsilon_1^\sigma)\neq 0$ とすれば $v(\eta^\sigma)\neq 0$, $v(\eta^\sigma)\geqq 1$ であり,

$$v(\varepsilon_1^\sigma)=nv(\eta^\sigma)$$

$v(\varepsilon_1^\sigma)$ はもちろん定数だが，上の所論から n の倍数．ところが n は p と素でありさえすればどの自然数でもよかった．これは不可能であり，$v(\varepsilon_1^\sigma)=0$ でなければならない．

8. p 進附値の拡張

K' を K の有限次拡大体，v をKの附値とすれば，v が K' へ拡張され，しかもその拡張が共役よりないこともすでに知るところである．v がとくに位1の離散附値の場合，その拡張の具体的な形を求めておこう．

まず $K=\bar{K}$ で p 進閉体であるとする．いま $K'=K(\omega_1,\cdots,\omega_n)$ とすれば，$\alpha\in K'$ に対し

$$\alpha\omega_i=\sum a_{ij}\,\omega_j, \quad a_{ij}\in K$$

ゆえ $\alpha\to A=(a_{ij})$ なる表現が得られ，$\alpha\neq 0 \rightleftarrows |A|\neq 0$ である．ここで

$$w(\alpha)=v(|A|)$$

と $w(\alpha)$ を定義すると

1. $\alpha\neq 0$ なら $w(\alpha)$ は有限
2. $w(\alpha\beta)=w(\alpha)+w(\beta)$
3. $w(\alpha+\beta)\geqq \mathrm{Min}(w(\alpha),\ w(\beta))$.

となる．1,2 は自明だが3は証明を要しよう．いま $w(\alpha)\leqq w(\beta)$ とすれば

$$w(\alpha+\beta)=w(\alpha)+w(1+\beta/\alpha)$$

なるゆえ，$w(1+\beta/\alpha)\geqq 0$ を証明すればよい．すなわち $w(\alpha)\geqq 0$ のとき $w(1+\alpha)\geqq 0$ なることを証明すればよい．そこで $\alpha\to A$ とすれば，α は

$$F(X)=|A-XE|=0$$

の根であり，$w(\alpha)=v(|A|)\geqq 0$である．他方 α を零点とする K における既

約整式を

$$f(X)=X^m+c_1X^{m-1}+\cdots+c_m$$

とすれば，$F(X)=\{f(X)\}^{\frac{n}{m}}$ でなければならぬから

$$v(c_m)=\frac{m}{n}v(|A|)\geqq 0.$$

従って前節の定理から $v(c_1),\cdots,v(c_{m-1})\geqq 0$. 従って $F(X)$ の係数はすべて p 進整，従ってまた $F(-1)=|A+E|$ も p 進整でなければならぬ．ところが $A+E$ は $\alpha+1$ の表現であり，

$$w(1+\alpha)=v(|E+A|)\geqq 0.$$

よって w は K' の一つの指数附値で，v とともに離散的である．かつこの w が K にひきおこす附値は，$\alpha=a\in K$ なら $A=aE$ であるから，$w(a)=nv(a)$ であり，v と同値である．すなわち w は v の一つの拡張である．

さてこの w は v のただ一つの K' への拡張である．$K=\bar{K}$ と閉じていれば，$\bar{K}$ の K' への延長は上述の w に同値なもの以外にはない．

$\alpha\in K'$ とし $w(\alpha)\geqq 0$ とする．すると α を零点とする K における既約整式

$$f(X)=X^m+c_1X^{m-1}+\cdots+c_m$$

において，$v(c_m)=\dfrac{m}{n}w(\alpha)\geqq 0$ ゆえ，各係数について $v(c_i)\geqq 0$.（前節定理）

いま w' を v の K' への拡張の任意の一つとすれば，当然 $w'(c_i)$ はすべて $\geqq 0$. ところが

$$1=-\frac{c_1}{\alpha}-\cdots-\frac{c_m}{\alpha^m}$$

だから $w'(\alpha)<0$ であることはできない．よって $w(\alpha)\geqq 0$ なら $w'(\alpha)\geqq 0$. ゆえに w' による（K' の）附値環R'は，w による附値環 R を含む．R は位1の附値による附値環として極大である．よって $R'=R$ でなければならず，$w'\sim w$ でなければならない．

さて附値 w を規格化しよう．K'^* の元は w で整数加群 Z の中へ準同型にうつされているが，この像を Γ とすれば $[Z:\Gamma]=f$ は有限．かつ $nZ\subset\Gamma$ ゆえ，$n=ef$. そして $w(\pi)=f$ となる元 π が K' の中に存在する．そこで

$w'=\dfrac{1}{f}w$ と規格化すれば

$$w'(\pi)=1,\quad w'(p)=\frac{1}{f}w(p)=\frac{n}{f}=e$$

となる．以後 w をもってこの規格化された附値を示すものとしておく．

K' における w の附値環，附値イデアルを $R', \mathfrak{P}'$ とすれば，$R'/\mathfrak{P}'$ は $R/\mathfrak{P}$ の拡大体である．いま $\xi_1,\cdots,\xi_g$ が R' の元で $\bmod\,\mathfrak{P}'$ で，$R/\mathfrak{P}$ に関し一次独立だとすれば，これらは K に関しても一次独立であり，従って $R'/\mathfrak{P}'$ は $R/\mathfrak{P}$ の有限次拡大体である．そこで

$$R'/\mathfrak{P}'=R/\mathfrak{P}[\xi_1,\cdots,\xi_g],\quad \xi_i\in R'$$

とし，$R/\mathfrak{P}$ の各類から代表元をとり出しておいてこれを固定しておき，a で示す．すると R' の元 α は

$$\alpha\equiv\sum_{i,j,k}a_i{}^j{}_k\xi_k\pi^ip^j\ (\bmod\,\mathfrak{P}^{eN}),\ 0\leqq i\leqq e-1,\ 0\leqq j\leqq N-1,$$
$$1\leqq k\leqq g.$$

と一意的に表わされる．ところが K は p 進閉体ゆえ

$$\sum_{j=1}^{\infty}a_i{}^j{}_kp^j=u_{ik}\in K$$

よって $N\to\infty$ で，上式の右辺は収束して

$$\alpha=\sum u_{i,k}\,\xi_k\pi^i$$

このように R' の元は，Rの上で $\{\xi_k\pi^i,\ (1\leqq k\leqq g,\ 0\leqq i\leqq e-1)\}$ の一次結合であるが，この表わし方は一意的である．なんとなれば $\{\xi_k\pi^i\}$ が K に関して一次独立でないとすると $\sum u_{ik}\,\xi_k\pi^i=0$ で u_{ik} のうちに0でないものがある．すると $u_{ik}=\sum a_i{}^j{}_kp^j$ において $a_i{}^j{}_k\neq 0$ なる j はあるが，その最小を m とすれば（i,k は固定して）

$$\Big(\sum_{i,k}a_i{}^m{}_k\xi^k\pi^i\Big)p^m\equiv 0\quad \bmod(pR')^{m+1}(=\mathfrak{P}'^{(m+1)e})$$

ここで $a_i{}^m{}_k\neq 0$ なる i の最小を r とすれば（$0\leqq r\leqq e-1$）

$$\Big(\sum_k a_r{}^m{}_k\xi^k\Big)\pi^rp^m\equiv 0\quad \bmod\,\pi^{r+me+1}R'(=\mathfrak{P}'^{me+r+1})$$

ゆえに
$$\sum a_r{}^{m_k}\xi_k \equiv 0 \mod \mathfrak{P}'$$
これは $\{\xi_k\}$ のとり方に矛盾する．

このことから容易に
$$K'=K(\xi_k\pi^i) \quad 1\leqq k\leqq g,\ 0\leqq i\leqq e-1$$
であり，従って $[K':K]=eg$. 他方 $[K':K]=n=ef$. よって $g=f$.

次に K' は附値 w に関して閉じていることがわかる．実際 K' の無限列 $\{\alpha_n\}$
$$\alpha_n=\sum u_{ik}^{(n)}\xi_k\pi^i$$
が収束すれば，$n'>n\to\infty$ と共に $w(\alpha_{n'}-\alpha_n)\to\infty$. ところが上式の各項は K に関し一次独立だから，各 (i,k) に対し
$$w(u_{i,k}^{(n')}-u_{i,k}^{(n)})\to\infty \quad (\text{従って } v(u_{i,k}^{(n')}-u_{i,k}^{(n)})\to\infty)$$
なるを要し，$n\to\infty$ で $(u_{ik}^{(n)})\to(u'_{ik})\in K$. ゆえに
$$\alpha_n\to\alpha'=\sum u'_{ik}\,\xi_k\pi^i \in K'$$

これらをまとめて

定理 1 K を附値 v による p 進閉体，K' を K の n 次拡大体とする．附値 v は K' の上にただ一つの方法で拡張せられる．K' のその附値を w とすれば K' はまた w に関して閉じている．

この場合 $w(p)=e$ を K'/K の**分岐指数**といい，$n=ef$ なら f を w の次数という．f は $R'/\mathfrak{P}'$ の $R/\mathfrak{P}$ に関しての次数である．

注意 p 進展開の理論はもともと代数函数の Puiseux 展開に発して着想せられたものである．分岐指数というのも Riemann 面の分岐点に因むものである．

K が p 進附値で閉じていない場合について，その附値の有限次拡大体 K' への拡張が共役以外にないことを，上の定理からあらためて証明しておこう．

v を K の p 進附値，w を v の K' への一つの拡張とする．w に関しての位相で K' の閉被をとり K_w' とする．w は K の上で v をひきおこすから，K_w' は K_v（K の v による閉被）を含む．ところが $K'\cup K_v$ は，前定理の証明からわかるように，K_w' において w でひきおこされる附値で閉じている．よって $K'\cup K_v=K_w'$. いま $K'=K(\omega_1,\cdots,\omega_n)$ とすれば

$$K_{w}'=K_v(\omega_1,\cdots,\omega_n)$$

$\omega_1,\cdots,\omega_n$ を零点に含む $K[X]$ の最低次整式を $F(X)$, $F(X)$ の K_v 上で最小分解体を N^* とすれば，$N^*\supset K'_w$.

そして N^* は p 進閉体 K_v を含むから，v はただ一通り w^* と N^* へ拡張せられる．K 上での $F(X)$ の最小分解体で N^* に含まれるものを N とすると，w^* は N に一つの附値をひきおこすが，これによる N の閉被が N^* に他ならない．

w 以外の K' への（v の）いかなる拡張 w' をもとにして同様の手順をとっても，$K'_{w'}$ は N^* に含まれるものと見られる（なんとなれば N^* は K_v 上での $F(X)$ の最小分解体として型はただ一つ）ところが $w\not\sim w'$ なら，K' の w, w' による位相は同値でないから，K'_w, $K'_{w'}$ は N^* の相異なる部分体である．K'_w および $K'_{w'}$ は共に K' に同型な相異なる部分体（N の）K_1', K_2' を含む．$K_1'\to K_2'$ の同型対応はもちろん N のガロア写像 σ でひきおこされる．そして $K'\ni\xi$ に応ずる K_1', K_2' の元を ξ_1,ξ_2 とすると，$\xi_2=\xi_1^{\sigma}$ で

$$w_1(\xi)=w^*(\xi_1),\quad w'(\xi)=w^*(\xi_2)=w^*(\xi_1^{\sigma})$$

かくて w_0 と w' とは互に共役である．よって K' への v の拡張は共役よりない．

9. Archimedian 附値

絶対値としての Archimedian 附値は標数 0 の体においてしか存在しないが，その素体である有理数体 Q の Archimedian 附値を φ とすれば，φ による位相での完備化は周知のように全実数体 R に他ならぬ．

R の代数拡大体は複素数体 C に限られるが，C への φ の拡張 φ^* はどうなるか．複素数 $\alpha\neq0$ は $\alpha=\rho(\cos\theta+\sqrt{-1}\sin\theta)$,（$\rho>0$）と書け

$$\varphi^*(\alpha)=\varphi(\rho)\,\varphi^*(\cos\theta+\sqrt{-1}\sin\theta)$$

ところで，明らかに $\varphi^*(\sqrt{-1})=1$　（$\because$ $(\sqrt{-1})^2=-1$），よって

$$|\varphi(\cos\theta)-\varphi(\sin\theta)|<\varphi^*(\cos\theta+\sqrt{-1}\sin\theta)<\varphi(\cos\theta)+\varphi(\sin\theta)$$

$\theta\to0$ のとき $\varphi^*(\cos\theta+\sqrt{-1}\sin\theta)-1\to0$ だから，φ^* は単位円を実数にう

つす連続写像であり，しかも $\theta=\dfrac{2m\pi}{n}$ （m, n は自然数）のとき，$(e^{i\theta})^n=1$ から $\varphi^*\left(e^{i\frac{2m\pi}{n}}\right)=1$ ゆえ，θ のいかんを問わず

$$\varphi^*(\cos\theta+\sqrt{-1}\sin\theta)=1$$

よって
$$\varphi^*(\alpha)=\varphi(\rho)=\rho.$$

でなければならぬ．これはすなわち φ^* は普通の意味での絶対値をとることであり

$$\varphi^*(a+\sqrt{-1}\,b)=|a+\sqrt{-1}\,b|=\sqrt{a^2+b^2}$$

しからば次に標数 0 の体の場合，複素数体以外の（R の）拡大体へ φ^* を拡張できるであろうか．これについて Ostrowski の定理がある．

定理 1 全実数体 R の Archimedian 附値は複素数体以外の拡大体へは拡張できない．

（証明）[1] Ω を R の拡大体とし，$\Omega\neq C$ とすれば Ω は R に関して超越的な元 x を少なくとも一つはもっている．いま Archimedian 附値 φ が Ω に拡張できたとすれば，$\alpha\in\Omega$ で $\alpha\neq 0$ なら $\varphi^*(\alpha)>0$．よって $\varphi^*(x)>0$.

いま $a\in R$ として $\varphi^*(x-a)=f(a)$ とすれば，f は R の上の連続函数である．実際

$$f(a)-f(b)=\varphi^*(x-a)-\varphi^*(x-b)\leqq\varphi^*[(x-a)-(x-b)]$$
$$=\varphi^*(b-a)=|b-a|$$

となるからである．また $a\to\infty$ のとき $f(a)\to\infty$．実際

$$f(a)=\varphi^*(x-a)\geqq\varphi^*(a)-\varphi^*(x)=a-\varphi^*(x).$$

よって函数 $f(a)$ は，有限の実数値 a_0 において極小値をとる．

次に，$a, b\in R$ として，二実変数 a, b についての函数 $g(a, b)$ を考える．すなわち

$$g(a, b)=\varphi^*(x^2+ax+b)$$

とすれば，上と全く同様に $g(a, b)$ は a, b について連続である．しかも

$$g(a, b)\geqq\varphi^*(ax+b)-\varphi^*(x^2)>\varphi^*(ax+b)$$
$$=\varphi^*(\rho(x\cos\theta+\sin\theta))=\varphi^*(\rho)\varphi^*(x\cos\theta+\sin\theta)$$

x は実数体 R に関して超越的だから $x\cos+\sin\theta\neq 0$．かつ φ^* は連続函数だから，単

1）ここに述べる証明は西三重雄君に負う．

位円周上で最小値をとり，しかもこれは正であり，0ではない．よって $g(a, b)$ は $\rho=\varphi^*(\rho)$ と共に ∞ になる．よって連続函数 $g(a, b)$ は，(a, b) 平面上有限域の点 (a_0, b_0) で最小値をとる．そこで元 x の代りに

$$z=\frac{x^2+a_0x+b_0}{g(a_0, b_0)}$$

をとると，z も R に関して超越的であり，$\varphi^*(z)=1$.

$$F(a)=\varphi^*(z-a)$$

は $a=0$ で最小値をとり，$F(0)=\varphi^*(z)=1$．そして $a\to\infty$ なら $F(a)\to\infty$．次に函数

$$G(a, b)=\varphi^*(z^2+az+b)$$

をとると，これも原点 $(a=0, b=0)$ で最小値をとり $G(0, 0)=1$．実際，実数体では

$$z^2+az+b=\frac{x^4+cx^3+\cdots+d}{g(a_0, b_0)^2}=\frac{(x^2+a'x+b')(x^2+a''x+b'')}{g(a_0, b_0)^2}$$

と書け，そして $g(a, b)$ が (a_0, b_0) で最小値をとることから，常に

$$G(a, b)=\varphi^*(z^2+az+b)\geqq 1$$

となるからである．

次にわれわれは $\varphi^*(z-1)=1$ であることを証明しよう．もしそうでないと

$$\varphi^*((z-1)^2)=\varphi^*(z^2-2z+1)>1+\delta,\quad \delta>0$$

なる正数 δ が存在する．ところが

$$z^{2n+1}-1=(z-1)\prod_{r=1}^{2n}\left(z-e^{\frac{2\pi ri}{2n+1}}\right)$$

$$=(z-1)\prod_{r=1}^{n}\left\{z^2-2\left(\cos\frac{2r\pi}{2n+1}\right)\cdot z+1\right\}$$

だから

$$\varphi^*(z^{2n+1}-1)=\varphi^*(z-1)\prod\varphi^*\left(z^2-2\cos\frac{2r\pi}{2n+1}z+1\right)$$

$$=\varphi^*(z-1)\prod G\left(-2\cos\frac{2r\pi}{2n+1},\ 1\right)$$

$G(a, b)$ は連続函数で，$G(-2, 1)>1+\delta$ だから，(a, b) 平面上で，$(-2, 1)$ を中心として半径 $\eta(>0)$ なる円内では $G(a, b)>1+\delta_1$，$(\delta>\delta_1>0)$ であると考えられる．ところがこの円内に入る点 $\left(-2\cos\frac{2r\pi}{2n+1},\ 1\right)$ の個数は n と共に限りなく増していく．このような r を r_1，そうでないものを r_2 とすると

$$G\left(-2\cos^2\frac{r_1\pi}{2n+1},\ 1\right)>1+\delta_1,\quad G\left(-2\cos^2\frac{r_2\pi}{2n+1},\ 1\right)\geqq 1$$

であるから，$n\to\infty$ と共に

$$\varphi^*(z^{2n+1}-1)\to\infty$$

しかるに，他方 $\varphi^*(z)=1$ ゆえ

$$\varphi^*(z^{2n+1}-1)\leqq\varphi^*(z^{2n+1})+\varphi^*(1)=\varphi^*(z)^{2n+1}+1=2$$

これは矛盾する．よって $\qquad\varphi^*(z-1)=1$

いま z を $z-1$ に変換すれば同様に $\varphi^*(z-2)=1$．従ってまた $\varphi^*(z-3)=1$．かくて任意の自然数 m に対し

$$F(m)=\varphi^*(z-m)=1$$

これは $\lim_{a\to\infty}F(a)=\infty$ なることに矛盾する．この矛盾は，体 Ω へ Archimedian 附値が拡張可能であると最初に仮定したことにもとづく．ゆえに R の Archidemian 附値は複素数体以外へは拡張不可能である．

次に有理数体 Q の上の有限次代数的数体 K のあらゆる可能な Archimedian 附値について考えよう．非 Archimedian の場合の有限次拡大体への拡張におけると同様に考える．

$K=Q(\omega)$ として，ω の Q においてみたす既約方程式を $F(X)=0$ とする．K の一つの Archimedian 附値を φ とし，φ による位相での K の完備体を K_φ とすれば，φ は Q 上で普通の絶対値としての附値をひきおこすから，K_φ は全実数体 R を含む．K_φ 上で $F(X)$ の分解体を N^* とすれば，明らかに $N^*=R$ または $N^*=C$（複素数体）．

K の他の Archimedian 附値 φ' をとっても $K_{\varphi'}$ は N^* に入ってくる．$\varphi\not\sim\varphi'$ ならもちろん $K_\varphi\neq K_{\varphi'}$．従ってそれぞれ $K_\varphi, K_{\varphi'}$ に含まれる，K に同型な部分体 K_1, K_2（N^* の）は互に異なる．K_1, K_2 は Q の上で同型で，その同型対応 $K_1\to K_2$ は $F(X)$ のガロア写像 σ でうつされる．他方 $K\ni\xi$ に応ずる K_1, K_2 の元をそれぞれ ξ_1, ξ_2 とすると，$(\xi_2=\xi_1{}^\sigma)$

$$\varphi(\xi)=|\xi_1|,\quad \varphi'(\xi)=|\xi_2|=|\xi_1{}^\sigma|$$

ここに $|\xi_1|$ は複素数としての普通の絶対値を示す．よって

定理 2 n 次絶対代数的数体 K の非 Archimedian 附値のすべてとして，

K の共役体のうち r_1 個が実数体で，r_2 対が共役複素数体の場合には，r_1+r_2 通りの相異なるものが得られる．

10. p 進附値環とその整的閉被

K を一つの p 進附値 v をもつ体，その附値環を $\mathfrak{o}$，附値イデアルを $\mathfrak{p}$ とする．次に L は K の有限次拡大体で，w_i を v の一つの拡張で，その附値環を R_i，附値イデアルを $\mathfrak{P}_i$ で示すことにしよう．すると前々節からわかるように各 w_i はまた p 進附値（位1の離散附値で，互に共役である．第4節の所論のように $\mathfrak{O}=\bigcap R_i$ は L における $\mathfrak{o}$ の整閉被である．かつ $\mathfrak{O}$ の素イデアル（極大イデアル）は $\mathfrak{P}_i'=\mathfrak{P}_i\cap\mathfrak{O}\ (i=1,2,\cdots,g)$ よりなく，従って $\mathfrak{O}$ は単項イデアルであって

$$\mathfrak{p}\mathfrak{O}=\mathfrak{P}_1'^{e_1}\cdots\mathfrak{P}_g'^{e_g}$$

と分解せられ，$\mathfrak{p}=p\mathfrak{o}$，$\mathfrak{P}_i'=\pi_i\mathfrak{O}$，$\mathfrak{O}_{\mathfrak{P}_i'}=R_i$

そして
$$w_i(p)=e_i$$

いま
$$[\mathfrak{O}/\mathfrak{P}_i':\mathfrak{o}/\mathfrak{p}]=[R/\mathfrak{P}_i:\mathfrak{o}/\mathfrak{p}]=f_i$$

とおけば，$e_if_i=n_i=[L\cup K:K]$，ここに K は K の p 進閉被．

定理 1 $[L:K]=n$ とするとき

$$\sum_{i=1}^{g}e_if_i\leqq n$$

（証明） 明らかに $\mathfrak{O}/\mathfrak{p}\mathfrak{O}=\mathfrak{O}/\mathfrak{P}_1'^{e_1}+\cdots+\mathfrak{O}/\mathfrak{P}_g'^{e_g}$ と直和に分解せられる．そして $[\mathfrak{O}/\mathfrak{P}_i'^{e_i}:\mathfrak{o}/\mathfrak{p}]=e_if_i$ であるから

$$[\mathfrak{O}/\mathfrak{p}\mathfrak{O}:\mathfrak{o}/\mathfrak{p}]=e_1f_1+\cdots e_gf_g\quad(=n')$$

よって $\mathfrak{O}$ から mod $\mathfrak{p}\mathfrak{O}$ で，$\mathfrak{o}$-に関して n' 個一次独立な元 $\eta_1,\cdots,\eta_{n'}$ をとり出すことができる．これらは体 K に関しても一次独立である．実際

$$c_1\eta_1+\cdots+c_{n'}\eta_{n'}=0,\quad c_i\in K$$

であったとし，$\mathrm{Min}\{v(c_i)\}=-\nu\ (\nu>0)$ とすれば，p^ν を乗じて

$$p^\nu c_1\eta_1+\cdots+p^\nu c_{n'}\eta_{n'}=0$$

で，$\mathrm{Min}\{v(p^\nu c_i)\}=0$ であるから，上式の係数には少なくとも一つ $\mathfrak{p}\mathfrak{O}$ に含まれぬ元（$\in\mathfrak{o}$）が存在し，$\{\eta_i\}$ の mod $\mathfrak{p}\mathfrak{O}$ で，$\mathfrak{o}$ に関し一次独立であるとの仮設に矛盾する．よ

って $n' \leqq n$.

定理 2 $\mathfrak{O}$ が $\mathfrak{o}$ に関して極小底をもつとき，そのときに限り

$$\sum e_i f_i = n$$

（証明） まず $\sum e_i f_i = n$ であるとする．定理1から $\bmod\, \mathfrak{p}\mathfrak{O}$ で一次独立な n 個の元 $\eta_1, \eta_2, \cdots, \eta_n$ をとり得て，これは K に関しても一次独立であるから L/K の底とみることができる．従って $\alpha \in \mathfrak{O}$ を任意にとると，それに対し

$$\alpha = \sum c_i \eta_i, \quad c_i \in K$$

なる表現が一意的に得られる．ここで証明すべきことは，$\alpha \in \mathfrak{O}$ なら，$c_i \in \mathfrak{o}$ なることである．

いま c_i のうちに $\mathfrak{o}$ に属しないものがある．すなわち $\mathrm{Min}\{v(c_i)\} = -\nu < 0$ であったと仮定する．すると両辺に p^ν をかけて

$$p^\nu \alpha = \sum p^\nu c_i \cdot \eta_i$$

$\mathrm{Min}\{v(p^\nu c_i)\} = 0$ だから右辺の係数には $\mathfrak{p}$ に属しないものがある．他方左辺は $\mathfrak{p}\mathfrak{O}$ に属するから，右辺の η_i の一次結合は $p\mathfrak{O}$ に入る．これは $\{\eta_i\}$ が $\bmod\, p\mathfrak{O}$ で一次独立との仮定に反する．よってすべて $c_i \in \mathfrak{o}$ であり，$\eta_1, \cdots, \eta_n$ は $\mathfrak{O}$ の底をつくる．

次に逆を証明する．$\mathfrak{O}$ が $\mathfrak{o}$ の上に極小底をもつとし

$$\mathfrak{O} = \mathfrak{o}[\omega_1, \omega_2, \cdots, \omega_n]$$

とする．いま $\mathfrak{O}$ から n 個の元 $\xi_1, \xi_2, \cdots, \xi_n$ を K に関しては一次独立なようにとり出したとし，この組 $(\xi_1, \xi_2, \cdots, \xi_n)$ を固定して，それらの K 上の一次結合で，

$$\sum c_i \xi_i \in \mathfrak{O}$$

となるような全体を考える．このとき $\{v(c_i)\}$ は下に有界である．なんとなれば

$$\xi_i = \sum a_{ij}\, \omega_j, \quad a_{ij} \in \mathfrak{o}$$

そして

$$\sum_j \Bigl(\sum_i c_i\, a_{ij}\Bigr) \omega_j \in \mathfrak{O}$$

ゆえ，すべての j に対し，$\sum c_i\, a_{ij} \in \mathfrak{o}$. よって各 i につき $v(c_i) \geqq -v(|A|)$. ここに A は行列 (a_{ij}). 行列式 $|A| \neq 0$ だから $\{v(c_i)\}$ は下に有界である．

いま $\sum e_i f_i = n' < n$ であったと仮定する．すると n' 個の $\bmod\, \mathfrak{p}\mathfrak{O}$ で一次独立な $\eta_1, \cdots, \eta_{n'}$ は K に関しても独立だから，これに $n-n'$ 個 $\mathfrak{O}$ から元 $\xi_1, \cdots, \xi_{n-n'}$ をとり出して $\eta_1, \cdots, \eta_{n'}, \xi_1, \cdots, \xi_{n-n'}$ が K に関して独立なようにすることができる．

このとき

$$\xi_j \equiv \sum_{i=1}^{n'} a_i\, \eta_i \pmod{p\mathfrak{O}}. \quad a_i \in \mathfrak{o}$$

従って $\xi'=(\xi_j-\sum a_i\eta_i)/p \in \mathfrak{O}$ であって

$$\xi'\equiv\sum_{i=1}^{n'}b_i\eta_i \pmod{p\mathfrak{O}},\quad b_i\in\mathfrak{o}$$

従って

$$\xi_j\equiv\sum_{i=1}^{n'}a_i'\eta_i \pmod{p^2\mathfrak{O}}$$

これをくり返して，任意の自然数 m に対し

$$\xi_j-\sum_{i=1}^{n'}a_i''\eta_i \quad \in p^m\mathfrak{O}$$

よって

$$\frac{1}{p^m}\xi_j-\sum\frac{a_i''}{p^m}\eta_i\in\mathfrak{O}$$

となるようにできる．従って $(\eta_1,\cdots,\eta_{n'},\xi_1,\cdots,\xi_{n-n'})$ なる組からは，既述の Min $\{v(c_i)\}=v(p^{-m})=-m$ となり，m が勝手でよかったから，$\{v(c_i)\}$ は下に有界でなくなる．これは矛盾．ゆえにわれわれの場合 $n'=n$ でなければならぬ．

系 L/K が分離拡大ならば，常に $n=\sum_{i=1}^{g}e_if_i$.

L/K が分離拡大なら，$\mathfrak{O}$ は $\mathfrak{o}$ の上に極小底をもつからである．

体 L を K の上の多元環とみて，係数体 K をその p 進閉被 $\bar{K}$ に拡張した $L_{\bar{K}}$，すなわちテンソル積 $L\otimes_K\bar{K}$ について考えよう．

いま $\mathfrak{O}/\mathfrak{p}\mathfrak{O}=\mathfrak{o}/\mathfrak{p}[\omega_1,\omega_2,\cdots,\omega_\lambda]$ とすれば，$\xi\in\mathfrak{O}$ は

$$\begin{aligned}\xi&\equiv\sum_{j}^{m-1}(\sum_i a_{ij}\,\omega_i)p^j \mod \mathfrak{p}^m\mathfrak{O}\\&=\sum_i(\sum_j a_{ij}\,p^j)\omega_i\end{aligned}$$

と表わされ，$\mathfrak{o}/\mathfrak{p}$ の類の代表元を指定しておけばこの展開は一意的である．

そこで $\mathfrak{O}$ の元の列 $(\xi_1,\cdots,\xi_m,\cdots)$ において，$\xi_m\equiv\xi_{m+1} \mod \mathfrak{p}^m\mathfrak{O}$ なら，ξ_m,ξ_{m+1} の展開は $\mod \mathfrak{p}^m\mathfrak{O}$ で一致するから，各 ω_i の係数は $m\to\infty$ で

$$\sum a_{ij}\,p^j\to\alpha_i\in\bar{K}$$

と，p 進閉被 K で極限をもち，従って

$$\xi_m\to\sum\alpha_i\omega_i\in L_{\bar{K}}=L\otimes_K K$$

さて
$$\mathfrak{O}/\mathfrak{p}^m\mathfrak{O}=\mathfrak{O}/(\mathfrak{P}_1')^{e_1m}+\cdots+\mathfrak{O}/\mathfrak{P}_g'^{e_gm}$$

と直和分解されるから，$\mod \mathfrak{p}^m\mathfrak{O}$ で

$$1\equiv\varepsilon_{1,m}+\cdots+\varepsilon_{g,m} \mod \mathfrak{p}^m\mathfrak{O}$$

ところが明らかに $\varepsilon_{i,m} \equiv \varepsilon_{i,m+1} \mod \mathfrak{p}^m\mathfrak{O}$

だから $L_{\bar{K}}$ で $\{\varepsilon_{i,m}\} \to \varepsilon_i$ と収束し，$L_{\bar{K}}$ で

$$1=\varepsilon_1+\varepsilon_2+\cdots+\varepsilon_g$$

従って $L_{\bar{K}}=L_{\bar{K}}\varepsilon_1+\cdots+L_{\bar{K}}\varepsilon_g.$

他方上述から明らかなように

$$L_{\bar{K}}\varepsilon_j \cong \bar{L}_{\mathfrak{P}_j'}$$

ここに $\bar{L}_{\mathfrak{P}_j'}$ は $\mathfrak{P}_j'(=\pi_j\mathfrak{O})$ による L の p 進閉被．従って

$$L\otimes_K\bar{K}=\bar{L}_{\mathfrak{P}_1'}+\cdots+\bar{L}_{\mathfrak{P}_g'}$$

と直和に分解せられる．

定理 3 L を体 K の有限次拡大で，K の p 進附値が g 通りに L へ拡張されるとする．$\bar{K}$ を K の p 進閉被とすれば，

$$L\otimes\bar{K}=\bar{L}_{\mathfrak{P}_1'}+\cdots+\bar{L}_{\mathfrak{P}_g'}$$

と $L\otimes K$ は L の各 p 進附値による閉被の直和に分かたれる．

注意 これは L の素でないイデアル $\mathfrak{p}\mathfrak{O}$ による展開の閉被をとったことに当っていて，次章の局所環の完備化の簡単な例になっている．

11. 代数的数体と一元代数函数体

Q を有理数体（あるいは完成体 k の上の一元有理函数体 $k(x)$）であるとし，$\mathfrak{o}$ を整数整域 Z（あるいは k の上の一元整式整域 $k[x]$）であるとする．附値環が $\mathfrak{o}$ を含む附値は，p 進附値で，その附値環は $\mathfrak{o}_p$ である．（p は素数，あるいは $k[x]$ の既約整式）．

さて K を Q の上の有限次拡大体とすれば，K の附値で，その附値環が $\mathfrak{o}$ を含むものは，Q の p 進附値の K への拡張に他ならぬ．従ってまた位 1 の離散附値であり，その共役な附値環の共通集合は $\mathfrak{o}_p$ の K における整閉被，すなわち $\mathfrak{o}$ の K における整閉被 $\mathfrak{O}$ の $p\mathfrak{O}$ による半局所環である．よって $p\mathfrak{O}$ の $\mathfrak{O}$ における素イデアルを $\mathfrak{p}$ とすれば，$\mathfrak{o}$ を含む K の附値環は $\mathfrak{O}_\mathfrak{p}$ に他ならない．かくて $\mathfrak{O}_\mathfrak{p}$ は単項イデアル環であることがわかる．$\mathfrak{p}$ に属する $\mathfrak{O}$ の準素イデアルと $\mathfrak{O}_\mathfrak{p}$ のイデアルとは 1 対 1 に対応するから，$\mathfrak{O}$ の準素イデアルは $\mathfrak{p}$ のベキ

より存しない．このようにして附値論からも $\mathfrak{O}$ が Dedekind 環であることが結論される．

さて $\mathfrak{a}(\neq 0)$ を $\mathfrak{O}$ のイデアルとすれば，素イデアルのベキ積に一意的に分解され

$$\mathfrak{a}=\mathfrak{p}_1^{m_1}\mathfrak{p}_2^{m_2}\cdots\mathfrak{p}_r^{m_r}$$

なるべきゆえ，剰余環は直和分解されて

$$\mathfrak{O}/\mathfrak{a}=\sum\mathfrak{O}/\mathfrak{p}_i^{m_i}$$

Q が有理数体の場合，$\mathfrak{O}/\mathfrak{p}_i$ は素体 $\mathfrak{o}/p_i$ の f_i 次拡大体で，その位数は $p_i^{f_i}$．よって $\mathfrak{O}/\mathfrak{p}_i^{m_i}$ の位数は $p_i^{m_i f_i}$．一般に $\mathfrak{O}/\mathfrak{a}$ の位数は

$$N(\mathfrak{a})=\prod N(\mathfrak{p}_i^{m_i})=\prod p_i^{m_i f_i}$$

Q が有理数体の場合，K（代数的数体）のすべての附値について考えよう．

附値が Archimedian でなければ，その附値環は $\mathfrak{o}$ を含むから，Q の p 進附値の K への拡張である．そこでその絶対値附値を標準化して，有限素点 $\mathfrak{p}$ に対し

$$\|\alpha\|_{\mathfrak{p}}=N(\mathfrak{p})^{-v_{\mathfrak{p}}(\alpha)},\quad \alpha\in K$$

とする．ここに $\alpha\mathfrak{O}=\prod\mathfrak{p}_i^{\nu_i}$ なら $v_{\mathfrak{p}_i}(\alpha)=\nu_i$．

そこで有限素点 $\mathfrak{p}$ のすべてにわたって，$|\alpha|_{\mathfrak{p}}$ の積をつくると

$$\prod_{\mathfrak{p}}^{\text{fini}}\|\alpha\|_{\mathfrak{p}}=\prod N(\mathfrak{p}_i)^{-\nu_i}=\frac{1}{N(\alpha\mathfrak{O})}=\frac{1}{|n(\alpha)|}$$

次に K の附値が Archimedian だと（この場合それを無限素点とよぶ），$\mathfrak{p}_{\infty i}$ は K に共役な実数体 K^{σ_i} か，共役複素数体 K^{σ_j} における絶対値をとることであるが，

$$\|\alpha\|_{\mathfrak{p}\infty i}=|\alpha^{\sigma_i}|,\quad \mathfrak{p}_{\infty i}：\text{実数体のとき}$$

$$\|\alpha\|_{\mathfrak{p}\infty i}=|\alpha^{\sigma_j}|^2,\quad \mathfrak{p}_{\infty j}；\text{複素数体のとき}$$

と絶対値を規約すれば

$$\prod_{i}^{\mathfrak{p}\infty}\|\alpha\|_{\mathfrak{p}\infty i}=\prod_{\sigma_i}^{r_1}|\alpha^{\sigma_i}|\prod_{\sigma_j}|\alpha^{\sigma_j}|^2=|n(\alpha)|$$

よって $\alpha\in K$ を固定して，K の素点全体にわって掛け合わすと，上の両式

から

$$\prod_{\mathfrak{p}}^{\text{all}} \|\alpha\|_{\mathfrak{p}}=1$$

これを代数的数体における附値の**積公式**という.

積公式は代数函数体においても成り立つ. $Q=k(x)$ と一元有理函数体とし, K をその代数拡大体とする. 附値論を考えることは, 特定の変数 x をとくに重視する必要をなくし得て便利である. いま $z \in K$ の一元とする. すると K は $k(z)$ の上の代数函数体でもあり, z についての有限素点で $\|z\|$ が 1 でないのは, 素点 z の拡張 $\mathfrak{p}_i$ 以外には存しない. そこで $\mathfrak{p}_i$ の分岐指数を e_i, すなわち $v_{\mathfrak{p}_i}(z)=e_i$, $[\mathfrak{O}/\mathfrak{p}_i : \mathfrak{o}/(z)]=f_i$ とすれば

$$\|z\|_{\mathfrak{p}_i}=q^{-e_i f_i}$$

ところが k が完成体なら, K は Q 上で分離的ゆえ $\sum e_i f_i=n$. よって

$$\prod_{\mathfrak{p}}^{\text{fini}} \|z\|_{\mathfrak{p}}=q^{-n}$$

次に z についての無限素点 $\mathfrak{p}_{\infty, i}$ は, $z^{-1}=t$ についての有限素点 t の拡張しかなく

$$\prod_{\mathfrak{p}\infty i} \|z\|_{\mathfrak{p}\infty i}=\prod_{\mathfrak{p}'} \frac{1}{\|t\|_{\mathfrak{p}'}}=q^n$$

ゆえに

$$\prod_{\mathfrak{p}}^{\text{all}} \|z\|_{\mathfrak{p}}=1.$$

かく代数的数体と代数函数体とには共通に積公式が成立する. そして逆に積公式がこれらの体の特有性質なることが証明せられるがこれ以上立ち入らないことにする[1].

体 K の附値 $\mathfrak{p}$ について完備化して得る体を $\mathfrak{p}$ 進体といい, $K_{\mathfrak{p}}$ で示そう. K のすべての附値 $\mathfrak{p}$ を変域として, $K_{\mathfrak{p}}$ の元であらわされる附値函数を考える. すなわち K のすべての附値 $\mathfrak{p}$ にわたってのベクトル

$$\mathfrak{a}=(\cdots, \alpha_{\mathfrak{p}}, \cdots), \qquad \alpha_{\mathfrak{p}} \in K_{\mathfrak{p}}$$

において, 有限個の成分を除いて $v_{\mathfrak{p}}(\alpha_{\mathfrak{p}})=0$ の場合, 上のベクトル $\mathfrak{a}$ を**イデ**

1) Artin-Whaples.

ールとよぶ．

とくに各成分が共通に $\alpha_{\mathfrak{p}}=\alpha\in K$ のとき，これを α で示し**主イデール**という．

一つのイデール $\mathfrak{a}$ に対し

$$V(\mathfrak{a})=\Pi\,\|\alpha_{\mathfrak{p}}\|_{\mathfrak{p}}$$

をそのイデールの**容積**という．とくに $\mathfrak{a}$ が主イデール α なら，積公式から，

$$V(\alpha)=\Pi\,\|\alpha\|_{\mathfrak{p}}=1$$

イデール論は整数論できわめて重要であるが，これについては本講座河田敬義君の代数的整数論その他について学ばれたい．

第3章 局　所　環

一般な環 R において，$\mathfrak{a} \neq 0$ をその一つのイデアルとするとき，$\{\mathfrak{a}^n; n=1, 2, \cdots\}$ をもって0の近傍系の基と定めて，R に位相を導入することができる[1]．これを $\mathfrak{a}$ **進位相**という．

とくに $\bigcap_n \mathfrak{a}^n = 0$ なら，この位相は Hausdorff 位相になる[1]．また加法，乗法はこの位相について明らかに連続である．よって R は**位相環**になっている．これを $\mathfrak{a}$ **進環**という．

いま R がとくに Noether 環で，有限個より極大イデアルをもたないとする．$\mathfrak{m}$ を R の J-根基とすれば第1章により $\bigcap_n \mathfrak{m}^n = 0$．従って R は $\mathfrak{m}$-**進環**と考えられる．今後このように位相も合せ考えることにしてこのような Noether 環 R を**半局所環**と称えることとする．とくに $\mathfrak{m}$ が素イデアルのとき，Noether 環 R を**局所環**とよび，やはり位相環として考えることとする．

R を半局所環とし，$\mathfrak{a}$ をそのイデアルとする．剰余環 $R/\mathfrak{a}$ に R の位相をそのままもちこめば，$R/\mathfrak{a}$ は半局所環であって[2]，$R/\mathfrak{a}$ の J-根基は $(\mathfrak{m}+\mathfrak{a})/\mathfrak{a}$ で，そのベキは $(\mathfrak{m}^n+\mathfrak{a})/\mathfrak{a}$ であり，$\bigcap_n (\mathfrak{m}^n+\mathfrak{a})/\mathfrak{a} = 0$．（第1章）

よって
$$\bigcap_n (\mathfrak{m}^n+\mathfrak{a}) = \mathfrak{a}$$

このことは半局所環 R のイデアルが閉部分集合なることを示している．実際，R の位相から $\mathfrak{m}^n+\mathfrak{a}$ は開集合であるが，これの補集合も開集合であるから[3]．

この位相の導入は，附値論の p 進展開の拡張として促がされたものであるが，位相環として局所環の理論をはじめて体系化したのは Chevalley である．また Zariski の貢献も著しい．

---

1) $a \in R$ の近傍系は $\{a+\mathfrak{a}^n; n=1, 2, \cdots\}$ で，a を含む二つの近傍 U_1, U_2 に対して n さえ大きくとれば $a+\mathfrak{a}^n \subseteqq U_1 \cap U_2$ となるから，これで位相が入っている．$\bigcap_n \mathfrak{a}^n = 0$ なら，$a \neq 0$ とすると，$n \gg 0$ のとき $\mathfrak{a}^n \not\ni a$ となって a と0とは分離されている．

2) $R/\mathfrak{a}$ は Noether 環，また $R/\mathfrak{a}$ には極大イデアルが有限個よりない．従って $R/\mathfrak{a}$ はその位相の下に半局所環である．

3) $x \notin \mathfrak{m}^n+\mathfrak{a}$ とせよ．x の近傍は $x+\mathfrak{m}^N (N \gg 0)$．いま $N > n$ とし $x+\mathfrak{m}^N \cap \mathfrak{m}^n+\mathfrak{a} \neq \phi$ とすれば $x \in \mathfrak{a}+\mathfrak{m}^n$ となり矛盾．

1. 型式環，ベキ級数環

R を局所環，$\mathfrak{m}$ を R の極大イデアル，$\mathfrak{q}$ を $\mathfrak{m}$ に属する準素イデアルとする．$A=R/\mathfrak{q}$ は極小条件をみたす準素環である．そして $\mathfrak{q}^n/\mathfrak{q}^{n+1}$（ただし $\mathfrak{q}^0$ は R）は A-加群と考えられる．かくみた $\mathfrak{q}^n/\mathfrak{q}^{n+1}$ の元を n 次の $\mathfrak{q}$-**型式**といい，この加群を $F(\mathfrak{q};n)$ で示す．

加群 $F(\mathfrak{q};n)$ の直和 $\sum_{n=0}^{\infty}F(\mathfrak{q};n)$ を R の $\mathfrak{q}$ に関する**型式環**といい，$F(\mathfrak{q})$ で示す．$F(\mathfrak{q})$ は，次のように型式の間の積を定義することによって，環と考えられる．すなわち

$\bar{a}\in F(\mathfrak{q};n)$, $\bar{b}\in F(\mathfrak{q};m)$ とし，$\bar{a},\bar{b}$ の $\mathfrak{q}^n, \mathfrak{q}^m$ における代表元のそれぞれを a,b とするとき，$ab\in\mathfrak{q}^{n+m}$ の $\mathrm{mod}\,\mathfrak{q}^{n+m+1}$ の類を $\bar{a}\cdot\bar{b}$ と定める（明らかに $\bar{a}\bar{b}$ は代表元 a,b のとり方に関係しない）．そして一般に $\bar{c}=\sum\bar{a}_i$, $d=\sum\bar{b}_i$ ($\bar{a}_i$, $\bar{b}_i\in F(\mathfrak{q};i)$) に対しては，$\bar{c}\bar{d}=\sum\bar{a}_i\bar{b}_j$ と定義する．

$\mathfrak{q}$ の生成元 $x_1,\cdots,x_s$ をとり，それらの $\mathfrak{q}^2$ を法とする類を $x_1',\cdots,x_s'$ とすれば，明らかに

$$F(\mathfrak{q})=A[x_1',x_2',\cdots,x_s']$$

この $x_1',\cdots,x_s'$ の間に成立する関係式は，それらの文字について同次でなければならない．すなわち $X_1,\cdots,X_s$ を独立な変数として $A[X_1,X_2,\cdots,X_s]$ から $A[x_1',x_2',\cdots,x_s']$ の上への $X_i\to x_i'$ なる準同型（もちろん $a\in A$ なら $a\to a$）の核は，$F(\mathfrak{q};n)$ の関係式の原像として，$X_1,\cdots,X_s$ の同次積の間の一次結合（すなわち同次式）で生成せられる．

とくに $\mathfrak{q}=\mathfrak{m}$ の場合，$F(\mathfrak{m})$ を単に **R の型式環**という．このときは A は体である．

定理 1 型式環 $F(\mathfrak{m})$ が整域ならば，R は整域である．

（証明） $a\in R$, $b\in R$, $a\neq0$, $ab=0$ であるとする．a,b に対応する型式[1] $\bar{a},\bar{b}$ をとれば $\bar{a}\bar{b}=0$, $\bar{a}\neq0$. $F(\mathfrak{m})$ が整域だから $\bar{b}=0$. よって $b=0$.

定理 2 $F(\mathfrak{m})$ が正規環であれば，R も正規環である．

（証明） 定理1により R は整域である．α が R の商体 L の元で，R の上に整である

1) $a\in\mathfrak{q}^i$, $\notin\mathfrak{q}^{i+1}$ のとき $F(\mathfrak{q};i)$ における a の像を a に対応する型式という．

とする．$R[\alpha]$ は有限 R-加群であるから，R の 0 でない元 c で $cR[\alpha]\subseteqq R$ なるものがある．いま $c\alpha=b$ とおくと，$b\in R$, $\alpha=b/c$. n のいかんを問わず $c\alpha^n=c\left(\frac{b}{c}\right)^n\in R$ ゆえ $cb^n\in Rc^n$. 従って $b^n\in Rc^{n-1}$.

そこで b, c に対応する型式を $\bar{b}, \bar{c}$ とすると $\bar{b}^n\in F(\mathfrak{m})\bar{c}^{n-1}$. 従って $\forall n$, $\bar{c}(\bar{b}/\bar{c})^n\in F(\mathfrak{m})$. よって $\bar{b}/\bar{c}$ は $F(\mathfrak{m})$ の上に整．ところが $F(\mathfrak{m})$ は整閉だから $\bar{b}/\bar{c}(=\bar{d})\in F(\mathfrak{m})$.

さて $\bar{b}\in F(\mathfrak{m};n_1)$, $\bar{c}\in F(\mathfrak{m};n_0)$, $\bar{d}\in F(\mathfrak{m};p)$ とすると，$n_1=n_0+p\geqq n_0$. $\bar{d}$ を対応さす R の元の一つを d とし，$\alpha_2=\alpha-d$ とおくと，$d\in R$ ゆえ $R[\alpha_2]=R[\alpha]$, $c\alpha_2=b-cd\in\mathfrak{m}^{n_1+1}$. これを b_2 とおけば $\bar{b}_2\in F(\mathfrak{m};n_2)$, $n_2>n_1$.

上と同じ手順により $\bar{d}_2=\bar{b}_2/\bar{c}\in F(\mathfrak{m})$. また同様に $\alpha_3=\alpha_2-d_2$ をつくる．順次そのようにして $b\in cR+\mathfrak{m}^s (s=1, 2, \cdots)$. よって

$$b\in\bigcap_{s=1}^{\infty}(cR+\mathfrak{m}^s)=cR \quad \text{〔本章冒頭の注意〕}$$

従って $\alpha=b/c\in R$. ゆえに R は整閉である．

ベキ級数環(形式的)　R が環の場合，R の元を係数とする，変数 $x_1, x_2, \cdots, x_n$ についての形式的ベキ級数

$$\sum_{ij=0}^{\infty}a_{i_1i_2\cdots i_n}x_1^{i_1}x_2^{i_2}\cdots x_n^{i_n}, \quad (a_{i_1,\cdots,i_n}\in R)$$

の全体は環をつくる．これを $R\{x_1, x_2, \cdots, x_n\}$ で表わし，R の上の，$x_1, \cdots, x_n$ についての**ベキ級数環**という．

定理 3　R が Noether 環の場合，R の上の $x_1, \cdots, x_n$ についてのベキ級数環は Noether 的である．

（証明）　環 $R\{x_1, x_2, \cdots, x_n\}$ において，イデアル $(x_1, x_2, \cdots, x_n)$ をとり，これについて型式環に準じたものを考える．すなわちベキ級数 a を $x_1, x_2, \cdots, x_n$ についての同次部分の和に分けて，その最低次同次部分——**初項型式**という——を考える．これを $\bar{a}$ で示そう．($\bar{0}$ は 0 と定める)．

いま $R\{x_1, x_2, \cdots, x_n\}$ の任意のイデアルをとり，これを $\mathfrak{a}$ とする．そして $\{\bar{a}|a\in\mathfrak{a}\}$ で生成される多項式環 $R[x_1, x_2, \cdots, x_n]$ のイデアルを $\bar{\mathfrak{a}}$ とする．多項式環 $R[x_1, \cdots, x_n]$ は Noether 環だから，$\mathfrak{a}$ の適当な元 $a_1, a_2, \cdots, a_s$ をとれば

$$\bar{\mathfrak{a}}=(\bar{a}_1, \bar{a}_2, \cdots, \bar{a}_s)$$

となる．ここで $R\{x_1, \cdots, x_n\}$ のイデアル $\mathfrak{a}'=(a_1, a_2, \cdots, a_s)$ をとってみよう．

$y\in\mathfrak{a}$ を勝手にとるとき，$y\in\mathfrak{a}'$ を示せば十分であろう．$\bar{y}$ の次数を $t, \bar{a}_1, \cdots, \bar{a}_s$ の次数を $n_1, \cdots, n_s$ とすれば，$\bar{y}\in\bar{\mathfrak{a}}$ だから，適当に $b_{0i}\in(x_1, x_2, \cdots, x_n)^{t-n_i}$ をとれば

$$\bar{y}=\sum\bar{b}_{0i}\bar{a}_i, \quad \bar{b}_{0i}=b_{0i}$$

となる．すると

$$y_1=y-\sum b_{0i}a_i\in(x_1, x_2, \cdots, x_n)^{t+1}$$

同様の手続を y_1 に適用しよう（$y_1\in\mathfrak{a}$ ゆえ）．すると適当な $b_{u,i}\in(x_1, x_2, \cdots, x_n)^{t+u-n_i}$ に対して

$$y-\sum(b_{0,i}+b_{1,i}+\cdots+b_{u,i})a_i\in(x_1, x_2, \cdots, x_n)^{t+u+1}$$

そこで　$b_i=b_{0,i}+b_{1,i}+\cdots+b_{u,i}+\cdots$

とおくと　$y-\sum b_ia_i\in(x_1, x_2, \cdots, x_n)^v \quad (\forall v)$

よって　$y=\sum b_ia_i\in\mathfrak{a}'$.

定理 4 R を局所環とし，$\mathfrak{m}$ をその極大イデアルとする．このとき $R\{x_1, x_2, \cdots, x_n\}$ は局所環であって，$\mathfrak{m}^*=(\mathfrak{m}, x_1, \cdots, x_n)R\{x_1, \cdots, x_n\}$ がその極大イデアルである．

（証明） 前定理から $R\{x_1, \cdots, x_n\}$ は Noether 環である．だから極大イデアルがただ一つのことを示せばよい．明らかに $\mathfrak{m}^*$ は極大である．これが唯一の極大イデアルであることをみるには，$b\notin\mathfrak{m}^*$ なら b が単元であることをいえばよい．

$$b=\sum a_{i_1\cdots i_n}x_1^{i_1}\cdots x_n^{i_n}\notin\mathfrak{m}^*$$

とすれば $a_{00\cdots0}\notin\mathfrak{m}$. 従って $a_{0\cdots0}$ は R で単元．そこで b の代りに $ba_{0\cdots0}^{-1}$ をとり $a_{0\cdots0}=1$ とみておいて差支えない．

$b'=1-b$ とおけば $b'\in(x_1, \cdots, x_n)R\{x_1, \cdots, x_n\}$. そして

$$b(1+b'+\cdots+b'^s)=(1-b')(1+b'+\cdots+b'^s)=1-b'^{s+1}\equiv1 \pmod{\mathfrak{m}^{*s+1}}$$

そこで $\sum_{i=0}^{\infty}b'^i=b''\in R\{x_1, \cdots, x_n\}$ とおくと，n のいかんを問わず

$$bb''\equiv1 \pmod{\mathfrak{m}^{*n}}$$

ところが明らかに $\bigcap_n^{\infty}\mathfrak{m}^{*n}=0$ だから $bb''=1$. ゆえに b は $R\{x_1, \cdots, x_n\}$ で単元である．

これと同様にして（証明は読者に任す）

定理 5 R が半局所環ならば，$R\{x_1, \cdots, x_n\}$ も半局所環である．

2. 完備化（半局所環 R および有限 R-加群の）

R が半局所環の場合．R に Hausdorff 位相が入っているから，R を位相空間とみてそれによる完備化が考えられる．すなわち $\mathfrak{m}$ を R の J-根基とするとき，剰余環

$$\{R/\mathfrak{m}^n;\ n=1,2,3,\cdots\}$$

の射影的極限のつくる空間が R の完備化 R^* に他ならない．そして $R^*=R$ のとき，R は**完備**であるという．

R^* は次のように考えられる．$\mathfrak{m}$の生成元 $x_1,\cdots,x_n$ に対して，独立変数 $X_1,\cdots,X_n$ を考え，ベキ級数環 $\bar{R}=R\{X_1,\cdots,X_n\}$ の元 $\sum a_{i_1\cdots i_n}X_1^{i_1}\cdots X_n^{i_n}(a_{i_1\cdots i_n}\in R)$ に対して $\lim\limits_{t\to\infty}(\sum\limits_{i_1+\cdots+i_n\leqq t} a_{i_1\cdots i_n}x_1^{i_1}\cdots x_n^{i_n})$ を対応させる．この対応を φ とすれば，φ は $\bar{R}$ から R^* の上への準同型である．$\bar{R}$ は前節に述べたように半局所環だから，その像として R^* は半局所環である．そして φ の核は $X_i-x_i(i=1,2,\cdots,n)$ で生成されるから，$\mathfrak{m}R^*$ が R^* の J-根基 $\mathfrak{m}^*$ である．R^* のつくり方から $R^*/\mathfrak{m}^nR^*\cong R/\mathfrak{m}^n$．そこで $R^*/\mathfrak{m}^{*n}\cong R/\mathfrak{m}^n$．それゆえ R^* の半局所環としての位相（$\{\mathfrak{m}^{*n}\}$ を0の近傍系とする）と，位相空間 R の完備化としての位相とは一致する．

定理 1 Rが半局所環で，それの極大イデアルを $\mathfrak{p}_1,\mathfrak{p}_2,\cdots,\mathfrak{p}_r$ とする．R の完備化 R^* は局所環 $R_{\mathfrak{p}_i}$ の完備化 R_i^* の直和にひとしい．

（証明） R の J-根基 $\mathfrak{m}$ は $\mathfrak{p}_1\cap\cdots\cap\mathfrak{p}_r$ である．各 $\mathfrak{p}_i$ は極大ゆえ

$$R/\mathfrak{m}^n=R/\mathfrak{p}_1^n+\cdots+R/\mathfrak{p}_r^n=R_{\mathfrak{p}_1}/\mathfrak{p}_1^nR_{\mathfrak{p}_1}+\cdots+R_{\mathfrak{p}_r}/\mathfrak{p}_r^nR_{\mathfrak{p}_r}$$

$R^*=\lim\limits_{n\to\infty}R/\mathfrak{m}^n$ として，また $\lim\limits_{n\to\infty}R_{\mathfrak{p}_i}/\mathfrak{p}_i^nR_{\mathfrak{p}_1}=R_i^*$ となるべきゆえ

$$R^*=R_1^*+\cdots+R_r^*$$

定理 2 R が半局所環で，R^* が完備化であるとき，有限 R-加群に対する作用素として，テンソル積 $\otimes_R R^*$ は完全函手（exact functor）である．すなわち有限 R-加群の完全系 $0\to A\to B\to$ に対して $0\to A\otimes_R R^*\to B\otimes_R R^*\to\cdots$ はまた完全系である[1]．

1） 本講座中山，服部：ホモロジー代数の項参照，あるいは拙著：高等代数学II（岩波全書）とくに 84 頁参照

（証明）　A, B が有限 R–加群で $0 \to A \xrightarrow{i} B$ が完全系とする．このとき $0 \to A \otimes_R R^* \to B \otimes_R R^*$ が完全系であることを証明すれば十分である．

R の J–根基を $\mathfrak{m}$ とすれば，Artin の補題（第1章，§5）によって，ある自然数 r があって，$n > r$ に対して

$$\mathfrak{m}^n A \subseteq \mathfrak{m}^n B \cap A = \mathfrak{m}^{n-r}(\mathfrak{m}^r B \cap A) \subseteq \mathfrak{m}^{n-r} A \qquad (1)$$

さて $A \otimes_R R^*$ の元 $a = \sum a_i \otimes r_i^* (a_i \in A,\ r_i^* \in R^*)$ が，準同型 $A \otimes_R R^* \xrightarrow{i^*} B \otimes_R R^*$ の核に入る，すなわち i^* で0にうつされることは，$r_i^* \equiv r_i (\mathrm{mod}\ \mathfrak{m}^n R^*)$ なる R の元 r_i をとれば $\sum a_i r_i \in \mathfrak{m}^n B \cap A$ であることを意味する．ところが上の包含関係から，これは $\sum a_i r_i \in \mathfrak{m}^{n-r} A (\forall n \geqq 0)$．従って $\sum a_i \otimes r_i^* = 0$（$A \otimes_R R^*$ の中で）．よって i^* の核は0である．

有限 R–加群 M の位相と完備化　R が半局所環，$\mathfrak{m}$ をその J–根基とする．M が有限 R–加群の場合，それの0の近傍系の基を $\{\mathfrak{m}^n M;\ n = 1, 2, 3, \cdots\}$ と定めると，また $\bigcap_n \mathfrak{m}^n M = 0$ ゆえ Hausdorff 位相が M に入れられる．

これの完備化 M^* は，R^* と同様に定義して

$$M^* = \lim_{n \to \infty} \{M / \mathfrak{m}^n M\}$$

このように位相を入れ有限 R–加群を位相空間とみるとき，有限 R–加群 A, B が $A \subset B$ の場合には，A は B の部分空間（位相空間として）である．なんとなれば上の包含関係 (1) からみて，B の位相でひきおこされる A の位相は，A で定められてあるものと同値．

定理 3　R が半局所環，M が有限 R–加群であるとする．R の完備化を R^* とすれば，M の完備化 M^* は $M \otimes_R R^*$ にひとしい．

（証明）　まず $\mathfrak{m}^n M = 0$ となる自然数 n がある場合について考える．このときは明らかに $M^* = M$．また $M \otimes R^*$ も R^* のつくり方から $M \otimes R = M$ にひとしい．よって，このとき $M^* = M \otimes R^*$

次に一般な場合について考える．それには有限 R–加群の準同型列の完全系

$$0 \to \mathfrak{m}^n M \to M \to M / \mathfrak{m}^n M \to 0$$

に，完全函手 $\otimes_R R^*$（定理2）を作用させて，完全系

$$0 \to \mathfrak{m}^n M \otimes_R R^* \to M \otimes_R R^* \to (M / \mathfrak{m}^n M) \otimes_R R^* \to 0$$

ところがはじめに注意したように $(M/\mathfrak{m}^n M)\otimes_R R^* = M/\mathfrak{m}^n M$ であり,

$$\mathfrak{m}^n M\otimes_R R^* = \mathfrak{m}^n R^*(M\otimes_R R^*)$$

だから
$$M^* = \lim_{n\to\infty}\{M/\mathfrak{m}^n M\} = \lim_{n\to\infty}\{M\otimes_R R^*/\mathfrak{m}^n R^*(M\otimes_R R^*)\}$$

さて $M\otimes_R R^*$ は明らかに有限 R^*-加群, $\mathfrak{m}R^*$ は R^* の J-根基ゆえ $\bigcap_n \mathfrak{m}^n R^*(M\otimes_R R^*) = 0$. そして $M\otimes_R R^*$ は射影的極限をとることに対して閉じているから上式の右辺の極限は $M\otimes_R R^*$ でなければならない.

系 1 R を半局所環, $\mathfrak{a}$ を R のイデアル, R の完備化を R^* とすれば, $R/\mathfrak{a}$ の完備化は $R^*/\mathfrak{a}R^*$ である.

(証明) 定理3から $(R/\mathfrak{a})^* = (R/\mathfrak{a})\otimes_R R^*$. ところが $R^* = R\otimes R^*$ から $(R/\mathfrak{a})\otimes R^*$ への写像の核は $\mathfrak{a}\otimes R^* = \mathfrak{a}R^*$ だから,[1] $R^*/\mathfrak{a}R^* = (R/\mathfrak{a})\otimes_R R^*$

系 2 半局所環 R が完備であり, M が有限 R-加群なら, M は完備である.

定理 4 R は半局所環, $\mathfrak{a}$ をそのイデアルとすれば

$$\mathfrak{a}R^*\cap R = \mathfrak{a}$$

(証明) $\mathfrak{a}$ は有限 R-加群 (R は Noether 環ゆえ) だから $\mathfrak{a}^* = \mathfrak{a}\otimes_R R^* = \mathfrak{a}R^*$. 他方イデアルは R で閉集合であるから $\mathfrak{a}R^*\cap R \subseteq \mathfrak{a}$. ゆえに $\mathfrak{a} = \mathfrak{a}R^*\cap R$.

定理 5 R は半局所環, $\mathfrak{a}, \mathfrak{b}$ を R のイデアルとするとき

$$(\mathfrak{a}\cap\mathfrak{b})R^* = \mathfrak{a}R^*\cap\mathfrak{b}R^*$$

(証明) $0\to\mathfrak{a}\to\mathfrak{b}+\mathfrak{a}\to\mathfrak{b}/\mathfrak{a}\cap\mathfrak{b}\to 0$ は完全系. 定理2および定理3系1から

$$0\to\mathfrak{a}R^*\to\mathfrak{b}R^*+\mathfrak{a}R^*\to\mathfrak{b}R^*/(\mathfrak{a}\cap\mathfrak{b})R^*\to 0 \text{ も完全系}$$

他方
$$0\to\mathfrak{a}R^*\to\mathfrak{b}R^*+\mathfrak{a}R^*\to\mathfrak{b}R^*/\mathfrak{a}R^*\cap\mathfrak{b}R^*\to 0 \text{ は明らかに完全系}$$

ゆえに
$$(\mathfrak{a}\cap\mathfrak{b})R^* = \mathfrak{a}R^*\cap\mathfrak{b}R^*$$

定理 6 定理5と同じ記号の下に $(\mathfrak{a}:\mathfrak{b})R^* = \mathfrak{a}R^*:\mathfrak{b}R^*$

(証明) $b(\neq 0)$ を R の元とするとき, 容易に $b(\mathfrak{a}:bR) = bR\cap\mathfrak{a}$. よって

$$bR/\mathfrak{a}\cap bR = R/(\mathfrak{a}:bR)$$

同様に
$$bR^*/\mathfrak{a}R^*\cap bR^* = R^*/(\mathfrak{a}R^*:bR^*)$$

ところが, 定理3, 系1と定理5とから $(bR/\mathfrak{a}\cap bR)^* = bR^*/(\mathfrak{a}\cap bR)^* = bR^*/\mathfrak{a}R^*\cap bR^*$.

ゆえに
$$R^*/(\mathfrak{a}:bR)^* = R^*/(\mathfrak{a}R^*:bR^*)$$

よって
$$(\mathfrak{a}:bR)R^* = \mathfrak{a}R^*:bR^*$$

---

1) 岩波全書, 高等代数学II, 5, 3, 定理 3 (23 頁)参照.

次に $\mathfrak{b}=(b_1, \cdots, b_r)$ とすると

$$\mathfrak{a}:\mathfrak{b}=\bigcap_{i=1}^{r}(\mathfrak{a} : b_iR)$$

定理5から $(\mathfrak{a} : \mathfrak{b})R^*=\bigcap(\mathfrak{a} : b_iR)R^*$

上に証明したことから $=\bigcap(\mathfrak{a}R^* : b_iR^*)$

他方 $\mathfrak{a}R^* : \mathfrak{b}R^*=\bigcap(\mathfrak{a}R^* : b_iR^*)$

よって $(\mathfrak{a} : \mathfrak{b})R^*=\mathfrak{a}R^* : \mathfrak{b}R^*$

系 1 R が半局所環の場合，$a \in R$ が零因子でないなら，a は R^* でも零因子ではない．

（証明） $0=0 : aR$，よって $0=(0 : aR)R^*=0 : aR^*$.

系 2 R^* の全商環において，R の全商環 K と R^* との共通集合は R：

$$K\cap R^*=R$$

（証明） 系1から K は R^* の全商環の部分環と考えられるから $K\cap R^*$ が考えられる．いま $a/b \in K\cap R^*$($a, b \in R$, b は零因子でない）とすると $a \in bR^*$．よって $a \in bR^*\cap R=bR$（定理4による）．ゆえに $a/b \in R$.

拡大半局所環 R を半局所環，R' が有限 R–加群で，環であるとする．このとき R' の構造についてみよう．

定理 7 環 R' が半局所環 R の上の有限加群であるとき，R' も半局所環である．そして R' の半局所環としての位相と，R–加群としての位相とは同値．

（証明） R' が Noether 環であることは明らか．R' の極大イデアル $\mathfrak{p}'$ をとれば，体 $R'/\mathfrak{p}'$ は整域 $R/\mathfrak{p}'\cap R$ の上の有限加群．よって $R/\mathfrak{p}'\cap R$ も体．従って $\mathfrak{p}=\mathfrak{p}'\cap R$ は R で極大イデアル．他方 $\mathfrak{p}$ を与えたとき，$\mathfrak{p}'\cap R=\mathfrak{p}$ となるような $\mathfrak{p}'$ は有限個しかない．なんとなれば $R'/\mathfrak{p}R'$ は体 $R/\mathfrak{p}$ の上の有限な可換多元環．よって $\mathfrak{p}'\cap R=\mathfrak{p}$ なる R' の極大イデアルは有限個．上の二つの結論から R' の極大イデアルは有限個しかなく，従って R' は半局所環．そして R' の J–根基を $\mathfrak{m}'$ とすれば $\mathfrak{m}'\supseteq\mathfrak{m}R'$．（ここに $\mathfrak{m}$ は R の J–根基）．そして明らかに $\mathfrak{m}'/\mathfrak{m}R'$ はベキ零だから $\mathfrak{m}'^r\subseteq\mathfrak{m}R'$．この二つの包含関係から0の近傍の基として $\{\mathfrak{m}^nR';\ n=1, 2, 3, \cdots\}$ をとった（R–加群としての）位相と，$\{\mathfrak{m}'^n;\ n=1, 2, 3, \cdots\}$ をとった（半局所環としての）位相とは同値である．

定理 8 R' を半局所環 R の上に有限的な半局所環とする．このとき

（i） R は R' の閉部分集合である．

（ii） $R'=\sum Ru_i$ ならば，$R'^*=\sum R^*u_i$．ここに R^*, R'^* は R, R' の完備化

（iii） $u_1, u_2, \cdots, u_r \in R'$ が R の上に一次独立なら，これらは R^* の上でも一次独立

（証明） 前定理により R' の位相は，R' を R–加群とみての位相と一致する．だから R–加群としての位相とみて考える．(i) は $\bigcap^{\infty}\mathfrak{m}^n(R'/R)=0$ から $\bigcap^{\infty}(\mathfrak{m}^nR'\cup R)=R$．よって R は R' の閉部分集合である．（本章冒頭のイデアルが閉集合である証明参照）

（ii）については定理3により $R'^*=R'\otimes_R R^*$ から明らか．

（iii）については R–加群 $M=\sum_{i=1}^{r}Ru_i$ は R' の中に埋めこまれる．すなわち $0\to M\to R'$ は完全系．定理2から $\otimes_R R^*$ は完全函手．よって $0\to M\otimes_R R^*\to R'\otimes_R R^*$ も完全系．ところが M を R' から抜き出せば単に R–加群の直和とみられるから，$M\otimes_R R^*=R^*u_1+\cdots+R^*u_r$ も直和であり，これはそのまま $R'^*=R'\otimes_R R^*$ の部分加群であることを完全系は示す．ゆえに u_i は R^* の上でも一次独立．

定理 9 R が**完備**半局所環，$\mathfrak{m}$ を R の J–根基とする．環 R' が R を含み，$\bigcap_n^{\infty}\mathfrak{m}^nR'=0$，かつ $R'/\mathfrak{m}R'$ が R–加群として有限ならば，R' も有限 R–加群である[1]．

（証明） 半局所環 R は完備だから，完備局所環 R_i の直和である．$\bigcap^{\infty}\mathfrak{m}^nR'=0$ から $\bigcap^{\infty}(\mathfrak{m}R'\cap R_i)^n=0$．よって $\mathfrak{m}R'\cap R_i$ は R_i の極大イデアルに含まれる．$\bigcap_i(\mathfrak{m}R'\cap R_i)=\mathfrak{m}R'\cap R\subseteq\mathfrak{m}$．逆は自明ゆえ $\mathfrak{m}R'\cap R=\mathfrak{m}$.

$R'\ni u_1, u_2, \cdots, u_s$ を，それらの $\bmod\ \mathfrak{m}R'$ の類が，R の上に $R'/\mathfrak{m}R'$ を生成するようにとり $M=\sum_{i=1}^{s}Ru_i$ とおく．

そこで $\alpha\in R'$ を勝手にとるに，$a_{i0}\in R$ を適当に選べば

$$\alpha_0=\sum a_{i0}u_i,\quad \alpha-\alpha_0\in\mathfrak{m}R'$$

となるようにできる．R が Noether 的だから

$$\alpha-\alpha_0=\sum m_i\beta_i,\quad (m_i\in\mathfrak{m},\ \beta_i\in R')$$

この β_i に α に行ったと同じ手続を行うと

$$\alpha_1=\sum a_{i_1}u_i,\quad \alpha-\alpha_0-\alpha_1\in\mathfrak{m}^2R'\quad（ここに\ a_{i_1}\in\mathfrak{m}）$$

1） R が完備でないと，定理は成立すると限らない．

以下同様にして

$$\alpha-(\alpha_0+\alpha_1+\cdots+\alpha_n)\in\mathfrak{m}^{n+1}R'$$

$$\alpha_j=\sum_i a_{ij}u_i,\quad a_{ij}\in\mathfrak{m}^j$$

そこで $\lim_{n\to\infty}(\sum_{j=0}^{n}a_{ij})=a_i^*\in R$ をとると

$$\lim_{n\to\infty}\sum_{i=0}^{n}\alpha_i=\sum a_i^*u_i\in M.$$

そして $\alpha-\sum a_i^*u_i\in\mathfrak{m}^tR'$ $(\forall t)$. ゆえに $\alpha=\sum a_i^*u_i\in M$. すなわち $R=M$.

3. 局所環の構造

局所環 R で，最も構造の簡単なものは，すでに第1章，§8 でも述べたように正則局所環である．すなわちその極大イデアルを $\mathfrak{m}$ とし，$\operatorname{rank} R=r$ とするとき $\mathfrak{m}=(x_1,\cdots,x_r)R$ と正則パラメター系をもつときである．第1章，§2 末，§8 末ですでに得ている結果を再録すると

定理 1 局所環 R の極大イデアルを $\mathfrak{m}$ とする．$\mathfrak{m}/\mathfrak{m}^2$ の $(R/\mathfrak{m})$-加群としての次元が，R の階数にひとしいことが，R が正則なるための必要十分条件である．そして $x_1,\cdots,x_s\in\mathfrak{m}$ を含む正則パラメター系が存在するための必要十分条件は $x_1,\cdots,x_s$ が法 $\mathfrak{m}^2$ で，$R/\mathfrak{m}$ に関し一次独立なことである．

次に正則局所環について

定理 2 正則局所環は正規環（従って整域）である．

（証明） 正則局所環 R の極大イデアル $\mathfrak{m}$ につき，型式環 $F(\mathfrak{m})$ を考える．$F(\mathfrak{m})$ は体 $R/\mathfrak{m}$ の上に $\operatorname{rank} R=d$ 個の（R の）元で生成される．体 $R/\mathfrak{m}$ の上の，変数 $X_1,\cdots,X_d$ についての多項式環を F, その無縁イデアルを $\mathfrak{M}$ とし，商環を $F_{\mathfrak{M}}$ とするとき，$F(\mathfrak{m})$ は $F_{\mathfrak{M}}$ からの準同型像である．明らかに $\operatorname{rank} F_{\mathfrak{M}}=d$. 他方この準同型 $F_{\mathfrak{M}}\to F(\mathfrak{m})$ の核を $\mathfrak{a}$ とし，$\mathfrak{a}\neq 0$ と仮定すれば，$F_{\mathfrak{M}}$ は局所整域ゆえ第1章，§8 末により $\operatorname{rank}(F_{\mathfrak{M}}/\mathfrak{a})<d$, よって $\operatorname{rank} F(\mathfrak{m})<d$ となり，矛盾する．ゆえに $F(\mathfrak{m})$ は $F_{\mathfrak{M}}$ と同型である．

明らかに $F_{\mathfrak{M}}$ は正規環である．従って型式環 $F(\mathfrak{m})$ は正規．そこで本章，§1 定理2により R は正規である．

定理 3 R が局所環，$x_1,\cdots,x_r$ が R の非単元，$\operatorname{rank}(x_1,\cdots,x_r)=r$ であり，かつ剰余類環 $R/(x_1,\cdots,x_r)R$ が正則局所環とする．このとき R も正則

局所環である．

（証明） $R/(x_1, \cdots, x_r)R$ の正則パラメター系の，R における代表元を $x_{r+1}, \cdots, x_d$（ここに $d-r=\mathrm{rank}(R/(x_1, \cdots, x_r)R)$ とする）．すると $(x_1, \cdots, x_r, x_{r+1}, \cdots, x_d)$ は $R/(x_1, \cdots, x_r)R$ の極大イデアルの原像として，R における極大イデアルである．そして第1章，§8，定理3，系2により $r+(d-r)=\mathrm{rank}\, R$．よって $(x_1, \cdots, x_d)$ は正則パラメター系をつくる．

定理 4 R を正則局所環，$\mathfrak{a}$ を R のイデアルとする．$R/\mathfrak{a}$ が正則であるための必要十分条件は，$\mathfrak{a}$ が R のなにがしかの正則パラメター系の部分集合で生成されることである．

（証明） $x_1, \cdots, x_d$ を R の一つの正則パラメター系で，$\mathfrak{a}=(x_1, \cdots, x_r)R$ であるとすれば，$x_{r+1}, \cdots, x_d$ の剰余類が $R/\mathfrak{a}$ の正則パラメター系となり，上の条件は十分である．

逆に $R/\mathfrak{a}$ が正則であるとする．いま $\mathfrak{a}\cup\mathfrak{m}^2/\mathfrak{m}^2$ の $(R/\mathfrak{m})$–底の代表元を $x_1, \cdots, x_r$ とし，$\forall i,\ x_i \in \mathfrak{a}$ ととっておく．$\mathrm{rank}\, R/\mathfrak{a}=d-r$ とし，$R/\mathfrak{a}$ の正則パラメター系の代表元を $x_{r+1}, \cdots, x_d$ とする．すると $R/\mathfrak{a}$ は正則ゆえ $\{(x_{r+1}, \cdots, x_d)R\cup\mathfrak{a}\cup\mathfrak{m}^2\}/\mathfrak{m}^2$ は $\mathfrak{m}/\mathfrak{m}^2$ と一致する．従って $(x_1, \cdots, x_r, x_{r+1}, \cdots, x_d)R+\mathfrak{m}^2=\mathfrak{m}$．第1章，§2 末の所論により $(x_1, \cdots, x_d)R=\mathfrak{m}$．しかも $x_1, x_2, \cdots, x_d$ は法 $\mathfrak{m}^2$ で一次独立．ゆえに $d=\mathrm{rank}\, R$．

従って $R/(x_1, \cdots, x_r)R$ は正則，$\mathrm{rank}\, R/(x_1, \cdots, x_r)R=d-r$ となり，

$$\mathrm{rank}\, R/\mathfrak{a}=\mathrm{rank}\, R/(x_1, \cdots, x_r)R.$$

なお $\mathfrak{a}\supseteqq(x_1, \cdots, x_r)R$ で，しかも $R/(x_1, \cdots, x_r)R$ は正則局所環として整域．このためには $\mathfrak{a}=(x_1, \cdots, x_r)R$ でなければならない．

局所環 R が完備の場合には正則環と密接な関係がある．これについて以下論じよう．まず，注意することは完備な環の位相について，半局所環は局所的にコンパクトなこと，すなわち

定理 5 R を完備半局所環，$\mathfrak{m}$ を R の J–根基とする．R のイデアル列 $\mathfrak{a}_n(n=1,2,3,\cdots)$ において，$\mathfrak{a}_n\supseteqq\mathfrak{a}_{n+1}$ で $\bigcap\mathfrak{a}_n=0$ なるとき，各 n に対して，自然数 $m(n)$ が存在して

$$\mathfrak{a}_{m(n)}\subseteqq\mathfrak{m}^n.$$

（証明） 帰謬法で証明する．すなわちある r に対し，m をいかにとるも $\mathfrak{a}_m\not\subseteqq\mathfrak{m}^r$ であると仮定する．するとすべての $n\geqq r$ に対し，$\mathfrak{a}_m\not\subseteqq\mathfrak{m}^n$．$R$ は半局所環だから，$R/\mathfrak{m}^n$

は極小条件をみたす．だから n に対し，$\rho(n)$ が有限に存在して $\mathfrak{a}_m \cup \mathfrak{m}^n = \mathfrak{a}_{\rho(n)} \cup \mathfrak{m}^n$ ($\forall m \geqq \rho(n)$).

そして $\rho(n) < \rho(n+1)$ としてよい．従って $\mathfrak{a}_{\rho(n)} \subseteqq \mathfrak{a}_{\rho(n)} \cup \mathfrak{m}^n = \mathfrak{a}_{\rho(n+1)} \cup \mathfrak{m}^n$. だから $x_n \in \mathfrak{a}_{\rho(n)}$ に対して，$x_n - x_{n+1} \in \mathfrak{m}^n$ となるように $x_{n+1} \in \mathfrak{a}_{\rho(n+1)}$ を選ぶことができる．最初 $x_r (\in \mathfrak{a}_{\rho(r)})$ を $\mathfrak{m}^r$ に含まれないようにとっておいて，$x_{r+1}, \cdots, x_n, \cdots$ を上のように順次とっていけば，$x_r, x_{r+1}, \cdots, x_n, \cdots$ は R で収束する．R は完備ゆえ $\lim x_n = y \in R$. そして任意の m に対し $y \in \mathfrak{a}_m$. $\bigcap \mathfrak{a}_m = 0$ ゆえ，$y=0$ でなければならない．他方 $x_i = x_r + (x_{r+1} - x_r) + \cdots + (x_i - x_{i-1}) \equiv x_r \pmod{\mathfrak{m}^r}$，かつ $x_r \not\equiv 0 \pmod{\mathfrak{m}^r}$ ゆえ $y \notin \mathfrak{m}^r$. これは $y=0$ に矛盾する．

完備局所環の構造に関する基本定理を述べるに先立ち，その証明に要する予備定理をさしはさんでおくこととする．

補題 1 R をその極大イデアルが $\mathfrak{m}$ なる完備局所環とする．R における整式

$$f(x) = x^n + c_1 x^{n-1} + \cdots + c_n, \quad (c_i \in R)$$

が

$$f(x) \equiv g_1(x) h_1(x) \pmod{\mathfrak{m}}, \quad g_1, h_1 \in R[x]$$

かつ $(g_1(x), h_1(x), \mathfrak{m}) = R[x]$ なるとき，

$$f(x) = g(x) h(x), \quad g, h \in R[x], \quad g \equiv g_1, \ h \equiv h_1 \pmod{\mathfrak{m}}$$

（証明） p 進体の Hensel の補題そのままであって証明も同様である．（読者に任す）

定義 K を標数 p の体のとき，Γ が K の **p-底**であるとは次の (i), (ii) がみたされることを意味する．

(i) $K = K^p(\Gamma)$，ここに K^p は K の元の p ベキの集合から成る部分体

(ii) $\gamma_1, \cdots, \gamma_r \in \Gamma$ $(\gamma_i \neq \gamma_j, (i \neq j))$ ならば，$[K^p(\gamma_1, \cdots, \gamma_r) : K^p] = p^r$.

$K = K^p$（すなわち K が完成体）のとき，Γ は空集合である．

補題 2 Γ が K の p-底のとき，$K = K^{p^n}(\Gamma)$，かつ

$$[K^{p^n}(\gamma_1, \cdots, \gamma_r) : K^{p^n}] = p^{rn}.$$

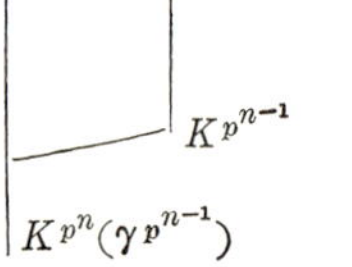

（証明） $K = K^p(\Gamma)$ から各元の p 乗をとる同型対応で $K^p = K^{p^2}(\Gamma^p)$．ゆえに $K = K^{p^2}(\Gamma)$．同様にして $K^{p^{n-1}} = K^{p^n}(\Gamma^{p^{n-1}})$，従って $K = K^{p^n}(\Gamma)$．

次数に関しては帰納法で証明しよう．同型対応 $\alpha \to \alpha^{p^{n-1}}$ に

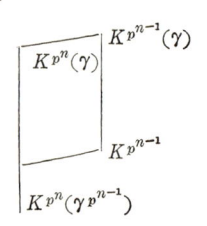

より $[K^{p^n}(\gamma_1^{p^{n-1}}, \cdots, \gamma_r^{p^{n-1}}) : K^{p^n}] = p^r$. 他方 $K^{p^n}(\gamma_1^{p^{n-1}}, \cdots, \gamma_r^{p^{n-1}}) \subseteq K^{p^{n-1}}$ ゆえ

$$[K^{p^n}(\gamma_1, \cdots, \gamma_r) : K^{p^n}(\gamma_1^{p^{n-1}}, \cdots, \gamma_r^{p^{n-1}})] \geqq [K^{p^{n-1}}(\gamma) : K^{p^{n-1}}]$$

左辺の次数は明らかに $p^{r(n-1)}$ を超えない．帰納法の仮設から右辺は $p^{r(n-1)}$ にひとしい．よって $[K^{p^n}(\gamma_1, \cdots, \gamma_r) : K^{p^n}(\gamma_1^{p^{n-1}}, \cdots, \gamma_r^{p^{n-1}})] = p^{r(n-1)}$

上の二つの等式から $[K^{p^n}(\gamma_1, \cdots, \gamma_r) : K^{p^n}] = p^{rn}$.

補題 3 環 R のイデアル $\mathfrak{m}$ において，$\mathfrak{m}^i = 0$, $p \in \mathfrak{m}$ とする．（p は素数）$a, b \in R$ で $a \equiv b \pmod{\mathfrak{m}}$ ならば，R で

$$a^{p^i} = b^{p^i}$$

（証明） $b = a + \lambda$ とおけば $\lambda \in \mathfrak{m}$. そして

$$b^{p^i} = a^{p^i} + p^i a^{p^i - 1}\lambda + \cdots + \binom{p^i}{r} a^{p^i - r}\lambda^r + \cdots + \lambda^{p^i}$$

いま $r = p^j r'$, $(r', p) = 1$ とすると，明らかに

$$\binom{p^i}{r} \equiv 0 \pmod{p^{i-j}}$$

従って $\binom{p^i}{r} \in \mathfrak{m}^{i-j}$, また $p^j > j$ ゆえ,

$$\binom{p^i}{r} a^{p^i - r}\lambda^r \ni \mathfrak{m}^{(i-j)+j} = \mathfrak{m}^i = 0.$$

よって $b^{p^i} = a^{p^i}$.

これだけを準備しておいて構造定理について述べよう．

定義 $\mathfrak{m}$ を極大イデアルとする完備局所環 R において，次の条件 (a) または (b) をみたす部分環 I を R の係数環という．

(a) $I = K$ は体であって，$K \cong R/\mathfrak{m}$.

(b) I は非分岐 $\mathfrak{p}$ 進閉体における主整域に同型で，$I/\mathfrak{p} \cong R/\mathfrak{m}$, $\mathfrak{p} = pI$.

（ここに $I \subseteq R$ であることに注意しなければならぬ．）

構造定理 完備局所環は係数環をもつ[1].

（証明） まず $R/\mathfrak{m}$ の標数が 0 なるときについて．整数整域 $Z \subset R$ だが，$R/\mathfrak{m}$ の標数 0 だから $Z \cap \mathfrak{m} = 0$. よって $a \in Z (a \neq 0)$ はいずれも R の単元であり，有理数体 Q は R に含まれる．そこで R に含まれる一つの極大な部分体（R の）をとり，これを K とする．

---

1) Cohen に負うところだが，以下の証明は成田正雄君の方法により，それをいくぶん改良して述べる．

$K\subseteqq R/\mathfrak{m}$ と考えられるが，$R/\mathfrak{m}$ が K の上に超越的な元 $\bar{x}$ をもつと仮定すると，$\bar{x}$ の代表元 $x\in R$ をとれば，また $K[x]\cap\mathfrak{m}=0$．よって体 $K(x)$ は R に含まれることとなり，K の極大性に矛盾する．

$K\neq R/\mathfrak{m}$ と仮定すれば，$R/\mathfrak{m}$ は K の上に代数的でなければならぬ．そこで $\bar{\alpha}\in R/\mathfrak{m}$，$\bar{\alpha}\notin K$ とすると，$\bar{\alpha}$ は K における既約方程式 $f(x)=x^n+c_1x^{n-1}+\cdots+c_n=0$，$(c_i\in K\subset R)$ をみたす．K の標数は0だから，$\bar{\alpha}$ は $R/\mathfrak{m}$ で分離的であり，

$$f(x)=(x-\alpha)g(x) \quad \mathrm{mod}\,\mathfrak{m},\quad \alpha\equiv\bar{\alpha}\,(\mathrm{mod}\,\mathfrak{m})$$

$$(x-\alpha,\ g(x),\ \mathfrak{m})=R[x].$$

とみられる．Hensel の補題の拡張（補題1）により，$f(x)$ は $R[x]$ で分解されて

$$f(x)=(x-\alpha_1)g_1(x),\quad \alpha_1\in R,\quad \alpha_1\equiv\alpha\,(\mathrm{mod}\,\mathfrak{m})$$

よって体 $K(\alpha_1)(\cong K(\bar{\alpha}))$ は R に含まれる．これまた K の極大性に矛盾する．ゆえに $K\cong R/\mathfrak{m}$．すなわち体 K は係数環である．

次に $R/\mathfrak{m}$ の標数が $p>0$ の場合について考える．$R/\mathfrak{m}=K$ とし，K の一つの p-底を Γ，すなわち $K=K^p(\Gamma)$，$\Gamma=\{\gamma_\lambda\}$，$\gamma_\lambda$ の R における代表元を c_λ として固定しておく．

さて剰余環 $R/\mathfrak{m}^i$ をとり，$a\in R/\mathfrak{m}^i$ に対し，写像 $\varphi_i{}^j: a\to a^{p^j}(j\geqq i)$ を考えると，補題3により，$\varphi_i{}^j$ は $R/\mathfrak{m}^i$ の自分自身の中への写像を与える．（実は $\varphi_i{}^j$ は $R/\mathfrak{m}$ から $R/\mathfrak{m}^i$ の中への一つの写像である）．そこでこの写像による像を

$$\varphi_i{}^j(R/\mathfrak{m}^i)=A_i^j \quad (j\geqq i)$$

とおく．すると A_i^j の元と $K^{p^j}=(R/\mathfrak{m})^{p^j}$ の元との間に1対1対応がつけられている．実際 $a'\in A_i^j$ とすれば $a'=a^{p^j}$，$a\in R/\mathfrak{m}^i$ だが，a' は補題3から a の法 $\mathfrak{m}$ での類 $\bar{a}$ で決定される．しかも $a'=0$ は $\bar{a}=0$ と同値だから，$A_i^j(j\geqq i)$ と K^{p^j} との元の間に1対1対応がある．

次に A_i^{2i} の元を係数とする，$\{c_\lambda\}$ についての多項式（ただし各 c_λ についての次数は $p^{2i}-1$を越えない）$f((c_\lambda))$ の全体を S_i とする．すなわち

$$S_i=\{f((c_\lambda))|f\ \text{の係数}\in A_i^{2i}\}.$$

とする．すると S_i の元は $K=R/\mathfrak{m}$ の元と1対1に対応する．実際前に述べたように $A_i^{2i}\longleftrightarrow K^{p^{2i}}$ と1対1対応し，$f((\gamma_\lambda))\in K^{p^{2i}}(\cdots,\gamma_\lambda,\cdots)=K^{p^{2i}}(\Gamma)=K$.

集合 S_i は加法で閉じてはいないが，$S_i, pS_i, \cdots, p^{i-1}S_i$ で生成される環を J_i

$$J_i=\{S_i, pS_i, \cdots, p^{i-1}S_i\}$$

とすると，
$$J_i=S_i+pS_i+\cdots+p^{i-1}S_i$$

となる．これを証明するには，S_i の二元の和が，上式の右辺に入ることをみれば十分．（なんとなれば，上が証明されると，S_i の単項式の積はまた明らかに $\sum p^jS_i$ に入るから）S_i の元 f, g を形式的に $c_{\lambda_1}^{e_1}\cdots c_{\lambda_r}^{e_r}$ についてそれぞれ整頓し，f, g の同類項の係数 $(\in A_i^{2i})$ をそれぞれ $a^{p^{2i}}$, $b^{p^{2i}}$ とする．

$$(a+b)^{p^{2i}}=a^{p^{2i}}+p^{2i}a^{p^{2i}-1}b+\cdots+\binom{p^{2i}}{r}a^{p^{2i}-r}b^r+\cdots+b^{p^{2i}}$$

二項係数 $\binom{p^{2i}}{r}$ において，$r=p^jr'$，$(r', p)=1$ とするとき，$j\leqq i$ なら $\binom{p^{2i}}{r}\equiv 0$ $(\mathrm{mod}\, p^i)$ であって，これらは $\mathfrak{m}^i$ に入り，$A_i^{2i}(\subset R/\mathfrak{m}^i)$ で 0 である．だから問題になるのは $2i>j\geqq i+1$ の場合である．この場合 $i>2i-j\geqq 1$ であり

$$\binom{p^{2i}}{r}\equiv 0\ (\mathrm{mod}\, p^{2i-j}), \text{ 従って } (\mathrm{mod}\, p)$$

しかも $r\equiv 0\ (p^{i+1})$，$p^{2i}-r=p^j(p^{2i-j}-r')\equiv 0\ (p^{i+1})$ であるから

$$(a^{p^{2i}}+b^{p^{2i}})-(a+b)^{p^{2i}}\in p\{A_i^{i+1}\}$$

ここに $\{A_i^{i+1}\}$ は A_i^{i+1} の元の整係数一次結合を意味する．A_i^{i+1} の元は $a'^{p^{i+1}}(a'\in R/\mathfrak{m}^i)$ の形で，a' は法 $\mathfrak{m}$ で定まる．ところが $R/\mathfrak{m}$ の元は S_i から選べるから，$a'\in S_i$ と考えてよい．だから $a'^{p^{i+1}}\in J_i$ である．そこで $p\{A_i^{i+1}\}\subseteqq pJ_i$.

それゆえ $f+g=\sum(a^{p^i}+b^{p^i})c_{\lambda_1}^{e_1}\cdots c_{\lambda_r}^{e_r}$ を $\sum(a+b)^{p^i}c_{\lambda_1}^{e_1}\cdots c_{\lambda_r}^{e_r}(\in S_i)$ におきかえると，両者の差は pJ_i に入る．（f, g 2つでなく．$f_1, \cdots, f_s$ の和でも同様）

かくして J_i の有限個の元の和において，pJ_i に含まれない部分をば，上述のように適当に S_i の元でおきかえれば，その差を pJ_i に入れることができる．さらに pJ_i の元を適当に pS_i の元でおきかえると，その差を p^2J_i に入れることができる．これを順次くり返すと，$p^iJ_i=0$ だから

$$J_i=S_i+pS_i+\cdots+p^{i-1}S_i \quad (p^iJ_i=0)$$

であることを知る．そして $J_i\subseteqq R/\mathfrak{m}^i$.

この環 J_i は，pJ_i を極大イデアルとする，極小条件をもつ準素環であり，$J_i/pJ_i\cong R/\mathfrak{m}$. なんとなれば，$J=S_i+pS_i+\cdots+p^{i-1}S_i$ から，J_i/pJ_i の代表元は S_i からとれ，またそれで尽くされる．ところが S_i の元は $K=R/\mathfrak{m}$ の元と1対1に対応するから $J_i/pJ_i\cong R/\mathfrak{m}$.

従って pJ_i は J_i の極大イデアルであって，しかも $(pJ_i)^i=0$ から唯一の極大イデアルである．

さて準同型列

$$R/\mathfrak{m}\leftarrow R/\mathfrak{m}^2\leftarrow\cdots\leftarrow R/\mathfrak{m}^i\leftarrow R/\mathfrak{m}^{i+1}\leftarrow\cdots$$

に伴って，$R/\mathfrak{m}^i$ の部分環 J_i に対しても，中への準同型列

$$K=J_1\leftarrow J_2\leftarrow\cdots\leftarrow J_i\leftarrow J_{i+1}\leftarrow\cdots$$

が成り立つ．(なんとなれば $a^{p^{i+1}}=(a^p)^{p^i}$)．ところがこの準同型の各々は上への準同型である．実際 S_{i+1}, S_i は法 $\mathfrak{m}$ で K に同型．だから J_{i+1}/pJ_{i+1} は J_i/pJ_i の上にうつされる．J_i を p 進展開すると

$$J_i\cong K+pK+p^2K+\cdots+p^{i-1}K$$

として $J_i\cong J_{i+1}/p^iJ_{j+1}$ となり，$J_{i+1}\to J_i$ は上への準同型である．

そこで $J_1, J_2, \cdots$ の射影的極限が考えられ，$\lim J_n=J^*$ とする．J^* の元 α^* が，$\alpha^*=\{\alpha_1,\alpha_2,\cdots,\alpha_i,\cdots|\alpha_i\in J_i\subset R/\mathfrak{m}^i\}$ のとき，α_i の R における代表元を a_i とすると $a_i-a_{i+1}\in\mathfrak{m}^i$ となり，$\{a_1,a_2,\cdots,a_i,\cdots\}$ は収束する．この $\lim a_i=a^*$ を α^* に対応させると，$a^*(\in R)$ の全体 I は，J^* と同型な，R の部分環をつくる．

そして I で pI は極大イデアルであり，I/pI は体 K に同型．よって I は係数環である．

注意 $R/\mathfrak{m}$ の標数が p で，整域 R の標数も p なら，$pI=0$ であって，R は体 $K(\cong I/pI)$ を係数環とする場合となり，R の標数が0なら，$pI\neq 0$ であって，I は p 進環で，$I/pI\cong K=R/\mathfrak{m}$．

この基本定理から

系 1 完備局所環は，係数環 I (体の場合も含めて) の上のベキ級数環の準同型像である．

定理 6 R が完備局所整域ならば，R には正則な局所環 R' が部分環としてあり，R は R' の上の有限加群となる．

(証明) 係数環 I をとる．I は体であるか，p 進閉環である．前者の場合 R のパラメター系 $x_1,\cdots,x_d$ をとり，$R'=I\{x_1,\cdots,x_d\}$ とおく．後者の場合には，R のパラメター系：$p, x_1,\cdots,x_d$ をとり，$R'=I\{x_1,\cdots,x_d\}$ とする．いずれの場合にも R' は正則であり，R' の極大イデアルを $\mathfrak{m}$ とすれば，$\bigcap\mathfrak{m}^nR=0$．また $\mathfrak{m}$ は R のパタメター系で生成されているから $R/\mathfrak{m}$ は R'-加群として有限的．よって前節の定理9により R は R' の上

に有限である.

定理 7 R を完備局所整域, $\mathfrak{m}$ をその極大イデアルとする. 一つの極大な(細分できない)素イデアル鎖を $0=\mathfrak{p}_0\subset\mathfrak{p}_1\subset\cdots\subset\mathfrak{p}_r=\mathfrak{m}$ とすれば, 常に $r=\mathrm{rank}\,R$.

(証明) r についての帰納法で証明する. $r\leqq 1$ のときは明らか. 係数環を I としておく. $\mathfrak{p}_1$ の0でない元 x_1 をとり, x_1 を含む R のパラメター系 $x_1, x_2, \cdots, x_s$ をとる. ここに $s=\mathrm{rank}\,R$. (第1章, §8, 定理3). このとき $I\cap\mathfrak{p}_1\neq 0$ ならば x_1 として I の素元 p をとり, I が体でなく $I\cap\mathfrak{p}_1=0$ なら, x_2 として p をとることとする. (こうできることは第1章, §8 の所説についてみられよ)

いま $I\{x_1, \cdots, x_s\}=R'$ とおくと, 前系により R は有限 R'-加群であり, R' の上に整である. R' は正則だから正規環である. 従って, 第1章, §10, 定理5(降列定理!)により $\mathrm{rank}_{R'}(\mathfrak{p}_1\cap R')=\mathrm{rank}\,\mathfrak{p}_1=1$. ところが x_1R' は R' で素イデアル. (なんとなれば x_1 は R' の正則パラメター系の一員) かつ $x_1R'\subseteqq\mathfrak{p}_1\cap R'$ ゆえ, $\mathrm{rank}(\mathfrak{p}_1\cap R')=1$ から $x_1R'=\mathfrak{p}_1\cap R'$. よって $\mathrm{rank}\,R'/\mathfrak{p}_1\cap R'=\mathrm{rank}\,R'/x_1R'=s-1$. さらに $R/\mathfrak{p}_1$ は $R'/\mathfrak{p}_1\cap R'$ の上に整であるから, 階数はひとしく $\mathrm{rank}\,R/\mathfrak{p}_1=s-1$. 帰納法の仮設から, $r-1=s-1$. ゆえに $r=s$.

構造定理, あるいは定理6から完備局所環の整閉被について次の著しい結果を得る.

定理 8 R を完備な局所整域 (Noether 的) とする. R の商体内での整閉被 R' は有限 R-加群である. (従って R' も Noether 的であり, また完備でもある)

定理6から R は正則な局所環 $\mathfrak{r}$ を含み, R は有限 $\mathfrak{r}$-加群である. だから定理8は次の正則環についての定理を証明すれば得られる.

定理 8′ $\mathfrak{r}$ を正則な局所環, $\mathfrak{r}$ の商体を K, K の有限拡大体を L とする. 体 L における $\mathfrak{r}$ の整閉被 $\mathfrak{o}$ は有限 $\mathfrak{r}$-加群である.

(証明) K の標数が0なら, L が K の上に分離的だからよく知るところである. そこで K の標数は $p>0$ とする. すると構造定理から, 正則環 $\mathfrak{r}$ は標数 p の体 k の上のベキ級数環に同型であり, $\mathfrak{r}=k\{x_1, \cdots, x_n\}$ とみられる.

適当に K の純非分離拡大 L' をとると, LL' が体 L' の上に分離的なようにできる.

分離拡大については問題はないから L'/K だけが問題である．そこではじめから L は K の上に純非分離的だと仮設しておく．

いま $[L:K]=p^e$ として，$k'=k^{1/p^e}$，$y_i=x_i^{1/p^e}$ とおき．

$$\mathfrak{r}'=k'\{y_1, y_2, \cdots, y_n\}$$

とする．$\mathfrak{o}$ の各元は p^e 乗すれば $\mathfrak{r}$ に入るから，$\mathfrak{o}\subseteqq\mathfrak{r}'$ とみることができる．従って $\mathfrak{o}$ の元 a は k' の元を係数とする，$y_1, y_2, \cdots, y_n$ のベキ級数として表わせる．a の初項型式の下に，a をこのようなベキ級数に展開したときの最低次の同次部分を意味するものとする．

このとき，‘$\mathfrak{o}$ の元 $a_1, a_2, \cdots, a_m$ の初項型式をそれぞれ $f_1, f_2, \cdots, f_m$ とし，$1, f_1, f_2, \cdots, f_m$ が正則環 $\mathfrak{r}$ に関して一次独立ならば，$1, a_1, a_2, \cdots, a_m$ が $\mathfrak{r}$ の上に一次独立である’ことを証明しよう．

$\mathfrak{r}$ の上で a についての一次結合 $\sum^m a_ib_i(b_i\in\mathfrak{r})$ をとり，b_i の初項型式を g_i とする．$\sum^m a_ib_i$ の初項型式は $f_ig_i(1\leqq i\leqq m)$ の和であり，これを $\sum f_jg_j$ とする．これが $\mathfrak{r}$ に入ることは不可能．（なんとなれば $1, f_1, \cdots, f_m$ は $\mathfrak{r}$ の上に一次独立．ところが $\sum a_ib_i\in\mathfrak{r}$ なるためには，これの初項型式が $\mathfrak{r}$ に入るべきゆえ，そのためには b_i が全部0でなければならぬ．これで上の主張は証明された．

この主張を利して定理の証明に進もう．$\mathfrak{o}$ の元 a の初項型式 f の全体について考える．$1, f_1, \cdots, f_t$ が $\mathfrak{r}$ の上に一次独立だが，これに他の f をつけ加えると $\mathfrak{r}$ の上で一次従属となるものが存在する．なんとなれば，$1, f_1, \cdots, f_t$ が一次独立なら，上の主張から $1, a_1, \cdots, a_t$ は $\mathfrak{r}$ の上に，従って K の上に一次独立，ところが L/K は有限次だから，かかる t は有限である．

いま $f_1, \cdots, f_t$ なる型式に現われる係数（$\in k'$）の全体を $c_1, \cdots, c_u$ とする．すると $\mathfrak{o}$ の元 a の初項型式 f の係数は体 $k(c_1, \cdots, c_u)$ に属する．なんとなれば f は $1, f_1, \cdots, f_t$ についての $\mathfrak{r}$ 係数の一次式を，$\mathfrak{r}$ の元で割ったもの（これが割り切れて型式 f になる）だからである．体 $k(c_1, \cdots, c_u)$ の k 上の底を $d_0=1, d_1, \cdots, d_v$ とし，$y_1, y_2, \cdots, y_n$ についての次数が np^e 以下の単項式の全体を $m_0=1, m_1, \cdots, m_w$ とする．すると $a(\in\mathfrak{o})$ の初項型式 f は，ベキ級数環 $\mathfrak{r}$ の上に $d_0m_0, d_1m_0, \cdots, d_vm_0, d_1m_0, \cdots, d_vm_w$ で生成された加群の中に入る．ここで $\mathfrak{r}$ は Noether 的だから，かかる有限加群の部分加群として，$\mathfrak{o}$ の元の初項型式の全体 $\{f\}$ は $\mathfrak{r}$ の上に有限の底（$k_1, \cdots, k_s$）をもつ．k_i を初項型式とする元を a_i とし，$\mathfrak{r}'$ の部分加群 $\mathfrak{r}[a_1, a_2, \cdots, a_s]$ について考える．

次に $\mathfrak{r}[a_1, a_2, \cdots, a_s]$ が $\mathfrak{r}'$ の部分空間（位相を考えに入れて）であることを証しよう．

実際 $\mathfrak{m}, \mathfrak{m}'$ をそれぞれ $\mathfrak{r}[a_1, a_2, \cdots, a_s]$, $\mathfrak{r}'$ の極大イデアルとすると，$\mathfrak{m} \subseteqq \mathfrak{m}'$ であり $\mathfrak{m}^k \subseteqq \mathfrak{m}'^k \cap \mathfrak{r}[a_1, \cdots, a_s]$. $(k=1, 2, \cdots)$. 他方 $\mathfrak{r}$ は完備，従って $\mathfrak{r}[a_1, \cdots, a_s]$ も完備であるから，§3，定理 5 から，k に対して $n(k)$ が存在して

$$\mathfrak{m}'^{n(k)} \cap \mathfrak{r}[a_1, \cdots, a_s] \subseteqq \mathfrak{m}^k$$

よって $\mathfrak{r}[a_1, \cdots, a_s]$ の位相は，$\mathfrak{r}'$ の位相を $\mathfrak{r}[a_1, \cdots, a_s]$ に制限したものと同値．だから $\mathfrak{r}[a_1, \cdots, a_s]$ は $\mathfrak{r}'$ の部分空間であることがわかった．

さて $\mathfrak{r}[k_1, \cdots, k_s]$ が $\mathfrak{o}$ の元の初項型式の全体のつくる加群だから，$\mathfrak{o}$ の元 a を任意にとるとき，$\mathfrak{r}'$ で

$$a \equiv c_{j_1}a_1 + c_{j_2}a_2 + \cdots + c_{j_s}a_s \pmod{\mathfrak{m}'^j} \quad c_{ji} \in \mathfrak{r}$$

この右辺を b_j とおくと $b_j \equiv b_{j+1} (\mathfrak{m}'^j)$, $b_i \in \mathfrak{r}[a_1, \cdots, a_s]$. そこで列 $(b_1, b_2, b_3, \cdots)$ は空間 $\mathfrak{r}'$ で，従ってその部分空間 $\mathfrak{r}[a_1, \cdots, a_s]$ で収束し，その極限は $a \in \mathfrak{o}$ である．$\mathfrak{r}[a_1, \cdots, a_s]$ は完備だから $a \in \mathfrak{r}[a_1, \cdots, a_s]$. よって $\mathfrak{o} \subseteqq \mathfrak{r}[a_1, \cdots, a_s]$. 逆の包含関係は自明であるから，$\mathfrak{o} = \mathfrak{r}[a_1, a_2, \cdots, a_s]$. かく $\mathfrak{o}$ は有限 $\mathfrak{r}$–加群．

系 R を局所整域 (Noether 的) とする．完備化 R^* がベキ零元をもたなければ，R の商体内での整閉被 R' は有限 R–加群である[1]．

（証明） R^* の全商環を $\{R^*\}$, $\{R^*\}$ の中での R^* の整閉被を $R^{*\prime}$ とする．R^* で $0 = \mathfrak{n}_1^* \cap \cdots \cap \mathfrak{n}_t^*$ なら，仮説から $\mathfrak{n}_i^*$ は素イデアルで，$\{R^*\} = \{R^*/\mathfrak{n}_1^*\} + \cdots + \{R^*/\mathfrak{n}_t^*\}$（体の直和）であり

$$R^{*\prime} = (R^*/\mathfrak{n}_1^*)' + \cdots + (R^*/\mathfrak{n}_t^*)'$$

定理 8 から $(R^*/\mathfrak{n}_i^*)'$ は有限 R^*–加群．従って $R^{*\prime}$ は有限 R^*–加群である．

$\{R\} \subset \{R^*\}$ だから，$R' \subset R^{*\prime}$. よって R' の生成する R^*–加群 $R^*[R']$ も有限 R^*–加群．そこで $R^*[R'] = \sum R^*\omega_i$, $\omega_i \in R'$ なる元 $\omega_1, \cdots, \omega_s$ が存在する．$\omega_1, \cdots, \omega_s$ の公分母を $d \in R$ とすると $dR' \subset R^* \cap R' = R$（$\because$ $\alpha \in R^* \cap R'$ とし $\alpha = b/a$ とすれば，$b \in aR^* \cap R = aR$. よって $b/a \in R$）ゆえに $R' \subset \dfrac{1}{d}R$. 従って R' は R の上に有限である．

4. Hilbert の特性函数

A を極小条件の成立する準素環，$X_1, X_2, \cdots, X_s$ を独立な変数とする．A 上の多項式環を $\qquad F = A[X_1, X_2, \cdots, X_s]$

---

1) この条件がないと，たとえ rank $R=1$ でも，R' は R 上に有限的ではない．この例証は最初に秋月が与えた．

とし，F の n 次同次多項式全体のつくる A-加群を $F(n)$ で示すこととする．

$\mathfrak{a}$ が F の同次イデアル[1]であるとき，$\mathfrak{a}\cap F(n)$ を $\mathfrak{a}(n)$ で表わすものとする．そして剰余類加群 $F(n)/\mathfrak{a}(n)$ の位数（体 $A/\mathfrak{m}$ の上での)[2] を $l(F(n)/\mathfrak{a}(n))$ で示す．このとき

$$\chi(\mathfrak{a}\,;\,n)=l(F(n)/\mathfrak{a}(n))$$

とし，$\chi(\mathfrak{a}\,;\,n)$ を（A 上の）$\mathfrak{a}$ についての Hilbert の**特性函数**[3]という．

補題 1
$$l(F(n))=\binom{n+s-1}{s-1}l(A)$$

n 次単項式の総数が ${}_sH_n={}_{n+s-1}C_{s-1}$ なることから明らか．

補題 2 $\mathfrak{a},\mathfrak{b}$ が F の同次イデアルのとき

$$\chi(\mathfrak{a}\cup\mathfrak{b};n)+\chi(\mathfrak{a}\cap\mathfrak{b};n)=\chi(\mathfrak{a};n)+\chi(\mathfrak{b};n)$$

（証明） $\mathfrak{a}(n)\cup\mathfrak{b}(n)/\mathfrak{a}(n)\cong\mathfrak{b}(n)/\mathfrak{a}(n)\cap\mathfrak{b}(n)$

ゆえに $\chi(\mathfrak{a};n)-\chi(\mathfrak{a}\cup\mathfrak{b};n)=\chi(\mathfrak{a}\cap\mathfrak{b};n)-\chi(\mathfrak{b};n)$

補題 3 $\mathfrak{a}$ が F の同次イデアル，$f\in F(d)$ かつ $\mathfrak{a}:fF=\mathfrak{a}$ ならば，$n\geqq d$ に対し

$$\chi(\mathfrak{a}\cup fF;\,n)=\chi(\mathfrak{a};\,n)-\chi(\mathfrak{a};\,n-d)$$

（証明） $g\in F(n-d)$, $fg\in\mathfrak{a}(n)$ なら，$\mathfrak{a}:fF=\mathfrak{a}$ ゆえ $g\in\mathfrak{a}$, 従って $g\in\mathfrak{a}(n-d)$.
よって $\mathfrak{a}(n)\cap fF(n-d)=f\mathfrak{a}(n-d)$

$\mathfrak{a}(n)\cup fF(n-d)$ は $(\mathfrak{a}\cup fF)(n)$ であるから，

$$(\mathfrak{a}\cup fF)(n)/\mathfrak{a}(n)\cong fF(n-d)/\mathfrak{a}(n)\cap fF(n-d)=fF(n-d)/f\mathfrak{a}(n-d)$$
$$\cong F(n-d)/\mathfrak{a}(n-d)$$

よって $\chi(\mathfrak{a}:n)-\chi(\mathfrak{a}\cup fF;n)=\chi(\mathfrak{a};n-d)$

定理 1 $\mathfrak{a}$ が F の同次イデアルならば，十分大きい n については $\chi(\mathfrak{a};n)$ は n の或る多項式と一致する[4]．

（証明） $\mathfrak{a}$ が無縁イデアル——すなわち $(X_1, X_2, \cdots, X_s)$ のベキを含むとき——十分大きい n で $F(n)\subseteqq\mathfrak{a}$, 従って $\chi(\mathfrak{a};\,n)=0$. 次に極大条件が成立するから，イデアルの包

---

1) 同次式のみから成るイデアルの意で，その元の次数は必ずしも同次ではない．
2) $\mathfrak{m}$ は A の極大イデアルを意味す．
3) もともとは A が体の場合であった．
4) この整式の次数は，後程証明するように corank $\mathfrak{a}-1$ である．

含関係についての帰納法（広い方で成り立つとして）で一般の場合を証明する．同次イデアル $\mathfrak{b},\mathfrak{c}$ で $\mathfrak{a}=\mathfrak{b}\cap\mathfrak{c}$, $\mathfrak{b}\neq\mathfrak{a}$, $\mathfrak{c}\neq\mathfrak{a}$ なるものがある場合は

$$\chi(\mathfrak{a};n)=\chi(\mathfrak{b};n)+\chi(\mathfrak{c};n)-\chi(\mathfrak{b}\cup\mathfrak{c};n)$$

だから，そして右辺は帰納法の仮設で正しいから $\chi(\mathfrak{a};n)$ は n についての多項式である．

$\mathfrak{a}=\mathfrak{b}\cap\mathfrak{c}$ と分解できないときは $\mathfrak{a}$ は 準素イデアル（第1章）．$\mathfrak{a}$ が無縁イデアルでないとしてよいから，ある i に対しては m をどのようにとっても X_i^m は $\mathfrak{a}$ に入らないとしてよい．準素イデアルの定義から $\mathfrak{a}:X_iF=\mathfrak{a}$. そこで補題3を何回も使って

$$\chi(\mathfrak{a};n)=\chi(\mathfrak{a}\cup X_iF;n)+\chi(\mathfrak{a};n-1)=\chi(\mathfrak{a}\cup X_iF;n)+\chi(\mathfrak{a}\cup X_iF;n-1)$$
$$+\chi(\mathfrak{a};n-2)=\sum_{j=1}^{n}\chi(\mathfrak{a}\cup X_iF;j)+\chi(\mathfrak{a},0)$$

ところが $\mathfrak{a}\cup X_iF\supsetneqq\mathfrak{a}$ だから，この右辺は n についての多項式．

補題 4 $\mathfrak{a},\mathfrak{b}$ が同次イデアルで，無縁準素成分以外は一致したとする．このとき十分大なる n に対しては $\chi(\mathfrak{a};n)=\chi(\mathfrak{b};n)$

（証明） このときは無縁イデアル $\mathfrak{q},\mathfrak{q}'$ があって $\mathfrak{q}'\cap\mathfrak{a}=\mathfrak{q}\cap\mathfrak{b}$ となる．N を十分大にとると $F(N)\subseteqq\mathfrak{q}\cap\mathfrak{q}'$ となろうから，$n\geqq N$ について $\mathfrak{a}(n)=\mathfrak{b}(n)$, $\chi(\mathfrak{a};n)=\chi(\mathfrak{b};n)$.

$\mathfrak{a}$ が同次イデアルのとき，十分大なる n に対して $\chi(\mathfrak{a};n)=\chi(\mathfrak{a}:fF;n)$ が成立するような $f\in F(1)$ を $\mathfrak{a}$ **に関して浅縁な元**という．

補題 5 A の剰余類体 $K(=A/\mathfrak{m})$ が無限個の元をもつとする．同次イデアル $\mathfrak{a}$ が無縁イデアルでないなら，$\mathfrak{a}$ に関して浅縁な元 f は存在する．そして $F(1)$ の真部分加群 $M_1,\cdots,M_t$ が与えられているとき，すべての i に対し $f\notin M_i$ なるように f をとることができる．

（証明） $\mathfrak{p}_1,\cdots,\mathfrak{p}_n$ を $\mathfrak{a}$ の素因子で，無縁でないものの全体とする．各 i について $M_{t+i}=\mathfrak{p}_i(1)$ とおく．すると $M_i+\mathfrak{m}F(1)\neq F(1)$ $(i=1,2,\cdots,t+n)$, ここに $\mathfrak{m}$ は A の極大イデアル．

いま $V_i=M_i+\mathfrak{m}F(1)/\mathfrak{m}F(1)\neq F(1)/\mathfrak{m}F(1)$ とすれば V_i は K 上のベクトル空間 $F(1)/\mathfrak{m}F(1)$ の真部分空間だから，$F(1)/\mathfrak{m}F(1)$ の元 $\bar{f}$ でいずれの V_i にも含まれないものがある（K は無限体）．$\bar{f}$ の代表元 $f\in F(1)$ をとると，$f\notin\mathfrak{p}_i(i=1,2,\cdots,n)$, 従って $\mathfrak{a}$ と $\mathfrak{a}:f$ とは無縁準素成分を除いて一致する．従って補題4から f は $\mathfrak{a}$ に関して浅縁．

$f\in F(1)$ が $\mathfrak{a}$ に関して浅縁なら $f\equiv f'(\mathrm{mod}\,\mathfrak{a})$ なる元 f' も $\mathfrak{a}$ に関して浅縁，

そこで f が属する $\bmod\,\mathfrak{a}$ の剰余類 $\bar{f}$ を $F/\mathfrak{a}$ の0に浅縁な元という.

注意 Hilbert の特性函数は $n \geqslant 0$ に対し, n についての多項式だが, その多項式は二項係数の整係数一次結合として表わされる. これの証明を含んで, 次の定理を証明しておこう.

定理 2 有理係数の一変数多項式 $f(x)$ において, ある自然数 N があって, $n \geqq N$ なるすべての自然数 n に対し, $f(n)$ が整数なら, $f(x)$ は二項係数の整係数一次結合, すなわち

$$f(x)=c_0\binom{d+x}{d}+c_1\binom{d-1+x}{d-1}+\cdots+c_{d-1}\binom{1+x}{1}+c_d \quad (c_i\text{: 整数})$$

(証明) $d=0$ なら自明. 従って次数についての帰納法で証明する. $d-1$ 次まで正しいとする. いま $f(x)=a_0x^d+a_1x^{d-1}+\cdots+a_d$ ($a_0\neq 0$, a_i : 有理数) とする.

$$f(x)-f(x-1)=g(x)$$

とおくと, $g(x)=da_0x^{d-1}+$(低次の項) となり, $n\geqq N+1$ のとき $g(n)$ は整数. 帰納法の仮設から $g(x)$ は $\binom{d-1+x}{d-1},\cdots,\binom{1+x}{1}$, 1の整係数一次結合. よって

$$da_0\times(d-1)!\in Z \ (Z\text{は整数整域}) \quad \text{従って}, \ d!a_0\in Z$$

そこで $c_0=a_0\cdot d!$ ととり
$$f(x)-c_0\binom{x+d}{d}$$
に帰納法の仮設を適用すれば $f(x)-c_0\binom{x+d}{d}=c_1\binom{x+d-1}{d-1}+\cdots+c_d$ (c_i : 整数)

次に特性函数の局所環 R への応用について考えよう.

R を局所環, $\mathfrak{m}$ をその極大イデアル, $\mathfrak{q}$ を $\mathfrak{m}$ に属する準素イデアルとする. §1 でみたように, 型式環 $F(\mathfrak{q})$ は, 多項式環 $F=A[X_1,\cdots,X_s]$ のある同次イデアル $\mathfrak{a}$ を法とする剰余環に同型である. ここに $A=R/\mathfrak{q}$. すなわち $F(\mathfrak{q})=F/\mathfrak{a}$

そして $F(\mathfrak{q};n)\cong F(n)/\mathfrak{a}(n)$ だから $\chi(\mathfrak{a};n)=l(F(\mathfrak{q};n))$

定理 3 $l(R/\mathfrak{q}^n)$ は十分大なる n に対して, n についての多項式と一致する. この多項式を $\boldsymbol{\sigma}(\mathfrak{q};\boldsymbol{n})$ で示す.

(証明) $l(R/\mathfrak{q}^n)=\sum_{i=0}^{n-1}l(F(\mathfrak{q};i))=\sum_{i=0}^{n-1}\chi(\mathfrak{a};i)$. ゆえに定理1から従う.

定義 局所環 R で, $a\in\mathfrak{q}$ について, ある自然数 c があり, $n>c$ ならば $(\mathfrak{q}^n:aR)\cap\mathfrak{q}^c=\mathfrak{q}^{n-1}$ が成り立つとき, a を $\mathfrak{q}$ の**上表元**であるという.

定理 3 $a \in \mathfrak{q}$ が $\mathfrak{q}$ の上表元である必要十分条件は a の $\mathfrak{q}$–型式 $\bar{a}$ が $F(\mathfrak{q})$ の 0 に浅縁なことである.

(証明) $\bar{a}$ が $F(\mathfrak{q})=F/\mathfrak{a}$ の 0 に浅縁, 従って $\bar{a}$ に応ずる F の 1 次式 f は多項式環 F で $\mathfrak{a}$ に関し浅縁であるとする. すると定義から, ある c があって, $n \geqq c$ なら

$$\chi(\mathfrak{a};n)=\chi(\mathfrak{a};fF;n).$$

いま $n>c$ であるとする. $a \in \mathfrak{q}$ (仮設) だから, $\mathfrak{q}^{n-1} \subseteq (\mathfrak{q}^n:aR) \cap \mathfrak{q}^c$. さらに勝手に $0 \neq b \in (\mathfrak{q}^n:aR) \cap \mathfrak{q}^c$ をとる. b の $\mathfrak{q}$ 型式 $\bar{b}$ に応ずる (F の) 同次式を g とする. g の次数が $\geqq n-1$ なら, $b \in \mathfrak{q}^{n-1}$ となり, $\mathfrak{q}^{n-1}=(\mathfrak{q}^n:aR) \cap \mathfrak{q}^c$.

そこで g の次数が $<n-1$ として矛盾を導こう. $\bar{a} \in F(1)$, f は一次だから, fg の次数はこのとき $\leqq n-1$. ところが $ab \in \mathfrak{q}^n$. 従って $fg \in \mathfrak{a}$ (関係式のイデアル) でなければならぬ. よって $g \in \mathfrak{a}:fF$. 仮設から $m \geqq c$ なら $\chi(\mathfrak{a};m)=\chi(\mathfrak{a}:fF;m)$ であり, また $b \in \mathfrak{q}^c$ (従って $g \in F(c)$) で g の次数は $\geqq c$. だから $g \in \mathfrak{a}$ でなければならず $\bar{b}=0$. これは矛盾である. よって $(\mathfrak{q}^n:aR) \cap \mathfrak{q}^c=\mathfrak{q}^{n-1}$.

逆に a が $\mathfrak{q}$ の上表元であったとする. すなわちある c に対し, $n>c$ なら $(\mathfrak{q}^n:aR) \cap \mathfrak{q}^c =\mathfrak{q}^{n-1}$ とする. $\bar{a}$ に応ずる (F の) 一次式を f とし, $(\mathfrak{a}:fF)(n) \neq \mathfrak{a}(n)$ と仮定する. すると $g \in (\mathfrak{a}:fF)(n)$, $g \notin \mathfrak{a}$ なる n 次式 g が存在する. g に対応する, R の元 b をとると $ab \in \mathfrak{q}^{n+2}$. (なんとなれば fg は $n+1$ 次で, $fg \in \mathfrak{a}$), よって $b \in (\mathfrak{q}^{n+2}:aR) \cap \mathfrak{q}^c=\mathfrak{q}^{n+1}$ とならなければならない. 他方 $\bar{b} \in F(\mathfrak{q}:n)$ で $\bar{b} \neq 0$. これは不可能. ゆえに $(\mathfrak{a}:fF)(n) =\mathfrak{a}(n)$. だから f は $\mathfrak{a}$ に関して浅縁, すなわち a は $F(\mathfrak{q})$ で 0 に浅縁である.

系 局所環 R の剰余類体 K が無限個の元を含み, R の階数 $\geqq 1$ であるとする. $\mathfrak{b}_1,\cdots,\mathfrak{b}_t$ が R のイデアルで, どれも $\mathfrak{q}$ を含まないならば, $\mathfrak{q}$ の上表元 a でどの $\mathfrak{b}_i$ にも含まれないものがある.

(証明) $M_i=F(\mathfrak{q};1) \cap \{\mathfrak{b}_i \cup \mathfrak{q}^2/\mathfrak{q}^2\}$ とおく. $M_i=F(\mathfrak{q};1)$ と仮定する. すると $\mathfrak{q} \subseteq \mathfrak{b}_i \cup \mathfrak{q}^2$. ゆえに $\mathfrak{q}^2 \subseteq \mathfrak{b}_i\mathfrak{q} \cup \mathfrak{q}^3 \subseteq \mathfrak{b}_i \cup \mathfrak{q}^3$, 従って $\mathfrak{q} \subseteq \mathfrak{b}_i \cup \mathfrak{q}^2 \subseteq \mathfrak{b}_i \cup \mathfrak{q}^3$. 順次こうして $\mathfrak{q} \subseteq \mathfrak{b}_i \cup \mathfrak{q}^n$. よって $\mathfrak{q} \subseteq \bigcap_{n=1}^{\infty}\{\mathfrak{b}_i \cup \mathfrak{q}^n\}=\mathfrak{b}_i$. これは仮設に反する. 従ってどの i についても $M_i \neq F(\mathfrak{q};1)$. そこで補題 5 により, 前定理から系は従う.

定理 4 R は局所環, $\mathfrak{q}$ は極大イデアル $\mathfrak{m}$ に属する準素イデアル. $x \in \mathfrak{q}$ なら

$$l(R/xR \cup \mathfrak{q}^n)=l(R/\mathfrak{q}^n)-l(R/(\mathfrak{q}^n:xR))$$

(証明) $l(R/\mathfrak{q}^n)=l(R/xR \cup \mathfrak{q}^n)+l(xR \cup \mathfrak{q}^n/\mathfrak{q}^n)$. そして $xR \cup \mathfrak{q}^n/\mathfrak{q}^n \cong xR/xR \cap \mathfrak{q}^n$.

R から xR の上への R-準同型 $\phi(a)=xa (a \in R)$ を考えると，$R=\phi^{-1}(xR)$.

そして $\mathfrak{q}^n : xR=\phi^{-1}(xR \cap \mathfrak{q}^n)$. よって $xR/xR \cap \mathfrak{q}^n \cong R/\mathfrak{q}^n : xR$. ゆえに

$$l(xR \cup \mathfrak{q}^n/\mathfrak{q}^n)=l(R/\mathfrak{q}^n : xR)$$

系 x が $\mathfrak{q}$ の上表元であるならば，$\mathfrak{q}'=\mathfrak{q}/xR$ のとき

$$\sigma(\mathfrak{q};n)-\sigma(\mathfrak{q};n-1) \leqq \sigma(\mathfrak{q}';n)$$

であって，両辺の差は定数である．

（証明） 明らかに $l(R/xR \cup \mathfrak{q}^n)=l(R'/\mathfrak{q}'^n)=\sigma(\mathfrak{q}';n)$ （ここに $R'=R/xR$）

また $\mathfrak{q}^{n-1}=(\mathfrak{q}^n : xR) \cap \mathfrak{q}^c$ （上表元の定義）だから，$l(R/(\mathfrak{q}^n : xR)) \leqq l(R/\mathfrak{q}^{n-1})=\sigma(\mathfrak{q};n-1)$.

従って定理4から $\qquad \sigma(\mathfrak{q}';n) \geqq \sigma(\mathfrak{q};n)-\sigma(\mathfrak{q};n-1)$

さらに $\mathfrak{q}^n : xR/\mathfrak{q}^{n-1} \cong \{(\mathfrak{q}^n : xR) \cup \mathfrak{q}^c\}/\mathfrak{q}^c \subseteqq R/\mathfrak{q}^c$ だから，$\sigma(\mathfrak{q};c)=m$ とすれば，

$$\sigma(\mathfrak{q}';n) \leqq \sigma(\mathfrak{q};n)-\sigma(\mathfrak{q};n-1)+m \quad (m \text{ は明らかに定数})$$

定理 5 R は局所環，$\mathfrak{q}$ は極大イデアル $\mathfrak{m}$ に属する準素イデアル．すると $\sigma(\mathfrak{q};n)$ の n についての次数は R の階数にひとしい．

（証明） まず R の剰余類体 K が無限体である場合について考える．rank R についての帰納法で証明しよう．R の階数が0なら，$n \geqq 0$ に対し $\sigma(\mathfrak{q};n)=l(R)$ （定数）だから正しい．rank R が小さいときは正しいと仮設する．$\mathfrak{q}$ の上表元 x を R のいずれの極小素因子にも含まれないように選ぶ（定理3，系）．すると第1章，§8，定理3，系1により rank R/xR=rank $R-1$. 従って帰納法の仮設から $\sigma(\mathfrak{q}/xR;n)$ の n についての次数は rank $R-1$.

他方定理4，系により，$\sigma(\mathfrak{q}/xR;n)$ の次数は $\sigma(\mathfrak{q};n)-\sigma(\mathfrak{q};n-1)$ の次数にひとしく，$\sigma(\mathfrak{q};n)$ の次数より1だけ小さい．

この両者の関係から $\sigma(\mathfrak{q};n)$ の次数は rank R.

K が有限体の場合は，次の補題によって，そうでない場合に帰着する．

補題 x が局所環 R の上に超越的なるとき，$(R/\mathfrak{q}^n)(x) \cong R(x)/\mathfrak{q}^n R(x)$[1)]

従って $\qquad \sigma(\mathfrak{q};n)=\sigma(\mathfrak{q}R(x);n)$

証明は容易で，読者に任すが，この補題から定理が導かれることも明らかであろう．

本定理と定理4，系とから，K が有限体か否かを問わず

1) $R(x)$ の定義を再録しておく．R の極大イデアルを $\mathfrak{m}$ とするとき，R の上の整式環 $R[x]$ の素イデアル $\mathfrak{m}R[x]$ による商環 $R[x]_{\mathfrak{m}R[x]}$ を $R(x)$ と書く．

系 $\operatorname{rank} R \geqq 1$ のとき，x が $\mathfrak{q}$ の上表元なら $\operatorname{rank} R/xR = \operatorname{rank} R - 1$

これら局所環についての結果を，多項式環 $A[X_1, \cdots, X_s] (=F)$ へ適用してみよう．

定理 6 多項式環 F のイデアル $\mathfrak{a}$ の特性函数 $\chi(\mathfrak{a}; n)$ は，n が十分大なるとき $\operatorname{corank} \mathfrak{a} - 1$ 次の多項式である．

(証明) $F = A[X_1, \cdots, X_s]$ において，無縁素イデアルを $\mathfrak{M} = (X_1, \cdots, X_s)F$ とする．そこで商環 $F_{\mathfrak{M}}$ をとり，$R = F_{\mathfrak{M}}/\mathfrak{a}F_{\mathfrak{M}}$ とする．この局所環 R で，$X_1, \cdots, X_s$ で生成されるイデアルを $\mathfrak{q}$ とすると $\chi(\mathfrak{a}; n) = l(F(\mathfrak{q}; n)) (= l(\mathfrak{q}^n/\mathfrak{q}^{n+1})) = \sigma(\mathfrak{q}; n) - \sigma(\mathfrak{q}; n-1)$ $(n \gg 0)$ 従って定理5から本定理は従う．($\operatorname{rank} R = \operatorname{corank} \mathfrak{a}$)

また定理5から，局所環 R の完備化 R^* で $R^*/\mathfrak{q}^n R^* \cong R/\mathfrak{q}^n$，従って $\sigma(\mathfrak{q}, n) = \sigma(\mathfrak{q}R^*; n)$ に注意して

定理 7 $$\operatorname{rank} R = \operatorname{rank} R^*$$

5. 重 複 度

R を局所環，$\mathfrak{m}$ を R の極大イデアル，$\mathfrak{q}$ を $\mathfrak{m}$ に属する準素イデアルとすれば

$$\sigma(\mathfrak{q}; n) = c_0 n^d + c_1 n^{d-1} + \cdots + c_d, \qquad d = \operatorname{rank} R$$

であって，$d!c_0$ は整数．この整数 $d!c_0$ を $\mathfrak{q}$ の**重複度**といい，$e(\mathfrak{q})$ で示す (Samuel)．とくに $e(\mathfrak{m})$ を R の**重複度**といい，$m(R)$ で示す．R が正則局所環なら $m(R) = 1$[1)]．

この定義を半局所環に拡張しよう．R を半局所環とし，$\mathfrak{p}_1, \cdots, \mathfrak{p}_r$ が極大イデアル（全部でなくてもよい)，$\mathfrak{q}_1, \cdots, \mathfrak{q}_r$ がそれぞれ $\mathfrak{p}_1, \cdots, \mathfrak{p}_r$ に属する準素イデアルであるとする．

$\mathfrak{a} = \mathfrak{q}_1 \cap \cdots \cap \mathfrak{q}_r$ のとき，$R/\mathfrak{a}^n = R/\mathfrak{q}_1^n + \cdots + R/\mathfrak{q}_r^n$，$R/\mathfrak{q}_i^n \cong R_{\mathfrak{p}_i}/\mathfrak{q}_i^n R_{\mathfrak{p}_i}$ だから，n が大きいと

$$l(R/\mathfrak{a}^n) = \sum \sigma(\mathfrak{q}_i R_{\mathfrak{p}_i}; n)$$

として n についての多項式．この多項式を $\sigma(\mathfrak{a}; n)$ で表わす．これの次数 d は，$\max\{\operatorname{rank} R_{\mathfrak{p}_i}\}$ と一致する．そして $\sigma(\mathfrak{a}; n)$ の最高次の係数を c_0 とするとき，

---

1) R が正則で，$\operatorname{rank} R = d$ とする．$\sigma(\mathfrak{m}; n) = \sum_{i=0}^{n-1} \binom{i+d-1}{d-1} = \binom{n+d-1}{d} = \frac{1}{d!} n^d + \cdots$．ゆえに $m(R) = 1$

$d!c_0$ を $\mathfrak{a}$ の**重複度**といい，$e(\mathfrak{a})$ で示す．

とくに $e(\mathfrak{q}_i)=e(\mathfrak{q}_iR_{\mathfrak{p}_i})$ であり，$e(\mathfrak{a})$ は rank $R_{\mathfrak{p}^i}=d$ なる i についての $e(\mathfrak{q}_i)$ の和に等しい．

R の J-根基を $\mathfrak{m}$ とするとき$e(\mathfrak{m})$ を R の**重複度**といい，$m(R)$ で表わす．

また $\mathfrak{m}'$ を極大イデアルとする局所環 R' が次の二条件をみたしたとする．

1) $R'\subseteqq R_{\mathfrak{p}_i}$　　2) $R/\mathfrak{p}_i$ は $R'/\mathfrak{m}'$ の上の有限代数拡大体．

すると $R/\mathfrak{a}^n$ は R'-加群と考えることができる．そして

$$l(R/\mathfrak{a}^n;R')=\sum l(R/\mathfrak{q}_i^n;R')=\sum[R/\mathfrak{p}_i:R'/\mathfrak{m}']\cdot l(R/\mathfrak{q}_i^n)$$

従って $n\gg 0$ については，$l(R/\mathfrak{a}^n;R')$ は多項式 $\sum[R/\mathfrak{p}_i:R'/\mathfrak{m}']\sigma(\mathfrak{p}_i;n)$ と一致する．これを $\sigma(\mathfrak{a},R';n)$ で表わす．これの次数が $d=\sigma(\mathfrak{a};n)$ と一致することは明らか．そしてこれの最高次（d 次）の項の係数を a とするとき，整数 $d!a$ を $\mathfrak{a}$ の $\boldsymbol{R'}$ **に関する重複度**といい，$rm(\mathfrak{a};R')$ で表わす．従って

$$rm(\mathfrak{a};R')=\sum_{\mathrm{rank}\,\mathfrak{p}_i=d}[R/\mathfrak{p}_i:R'/\mathfrak{m}']e(\mathfrak{q}_i)$$

定義から明らかなように $R,R',\mathfrak{a}$ を上述どおりとして，R^* を R の完備化としておけば

$$e(\mathfrak{a})=e(\mathfrak{a}R^*),\quad rm(\mathfrak{a};R')=rm(\mathfrak{a}R^*;R')$$

定理 1　$\mathfrak{m}$ が局所環 R の極大イデアル，$\mathfrak{q}$ が $\mathfrak{m}$ に属する準素イデアルであり，R' は R を含む環で，1) R' は有限 R-加群，2) R' の元 $a_1=1,a_2,\cdots,a_r$ が R の上に一次独立，3) R' において零因子でない R の元 c があって，cR' が加群 $M=\sum Ra_i$ に含まれるように存在するとする．このとき

$$e(\mathfrak{q})\cdot r=rm(\mathfrak{q}R';R)$$

（証明）$\mathfrak{q}^nM\supseteqq\mathfrak{q}^ncR'$ ゆえ $cR'/\mathfrak{q}^ncR'\to(cR'\cup\mathfrak{q}^nM)/\mathfrak{q}^nM\to 0$ は完全系．ゆえに

（1）$l(cR'/\mathfrak{q}^ncR';R)\geqq l((cR'\cup\mathfrak{q}^nM)/\mathfrak{q}^nM)=l(M/\mathfrak{q}^nM)-l(M/cR'\cup\mathfrak{q}^nM)$

$\phi(a)=ca$ なる $R'\overset{\phi}{\to}cR'$ は同型だから $l(R'/\mathfrak{q}^nR';R)=l(cR'/\mathfrak{q}^ncR';R)$．また $l(M/\mathfrak{q}^nM)=r\cdot l(R/\mathfrak{q}^n)$，$l(M/cR'\cup\mathfrak{q}^nM)\leqq l(M/cM\cup\mathfrak{q}^nM)=r\cdot l(R/cR\cup\mathfrak{q}^n)$．そして $R/cR\cup\mathfrak{q}^n\cong\bar{R}/\bar{\mathfrak{q}}^n\bar{R}$（ここに $\bar{R}=R/cR$）．よって $l(R/cR\cup\mathfrak{q}^n)$ の次数は rank $\bar{R}<$rank R である．従って式 (1) の右辺の第2項は最高次の項に関係なく，(1) から

$$rm(\mathfrak{q}R';R)\geqq r\cdot e(\mathfrak{q})$$

逆に $\mathfrak{q}^n M \subseteqq \mathfrak{q}^n R'$ ゆえ，$M/\mathfrak{q}^n M \to M \cup \mathfrak{q}^n R'/\mathfrak{q}^n R' \to 0$ は完全系．ゆえに

$$(2)\quad l(M/\mathfrak{q}^n M) \geqq l((M \cup \mathfrak{q}^n R')/\mathfrak{q}^n R') \geqq l((cR' \cup \mathfrak{q}^n R')/\mathfrak{q}^n R'; R)$$
$$= l(R'/\mathfrak{q}^n R'; R) - l(R'/cR' \cup \mathfrak{q}^n R'; R)$$

そこで前段同様に $r \cdot e(\mathfrak{q}) \geqq rm(\mathfrak{q}R'; R)$.

系 1 R が局所環，R' が R の全商環の部分環で，かつ有限 R–加群であるとする．R の極大イデアルに属する準素イデアル $\mathfrak{q}$ について $e(\mathfrak{q}) = rm(\mathfrak{q}R'; R)$.

なんとなれば R' の底を分数の形に書き，それらの分母の積を c とすれば $cR' \subset R$ となるから，前定理の $r=1$ とみられる．

系 2 R' が局所整域 R の有限整拡大整域ならば，R の極大イデアルに属する準素イデアル $\mathfrak{q}$ について $rm(\mathfrak{q}R'; R) = [R':R] \cdot e(\mathfrak{q})$. ここに $[R':R]$ は R', R の**商体**の次数を示す．［**拡大定理**］

（証明） R', R の商体を K', K とし，$K' = K[\omega_1, \cdots, \omega_m]$（ただし ω：整）とする．R' を R–加群として，その底（極小底とは限らない）を $\eta_1, \cdots, \eta_s$ とすれば

$$\eta_i = \sum_{j=1}^{n} c_{ij}\omega_j, \quad c_{ij} \in K \quad 1 \leqq i \leqq s.$$

各 c_{ij} の分母の積を c とすれば，$cR' \subset R[\omega_1, \cdots, \omega_m]$. よって定理の $r = m = [R':R]$.

補題 R が局所環，$\mathfrak{q}$ は極大イデアル $\mathfrak{m}$ に属する準素イデアルとする．$\mathfrak{a}, \mathfrak{b}$ が R のイデアルで $\operatorname{corank} \mathfrak{a} > \operatorname{corank} \mathfrak{b}$ ならば

$$e(\mathfrak{q} \cup \mathfrak{a}/\mathfrak{a}) = e(\mathfrak{q} \cup (\mathfrak{a} \cap \mathfrak{b})/\mathfrak{a} \cap \mathfrak{b})$$

（証明） $x_1, \cdots, x_t$ を $\mathfrak{q}$ の生成元とするとき，型式環 $F(\mathfrak{q} \cup \mathfrak{a}/\mathfrak{a})$, $F(\mathfrak{q} \cup \mathfrak{b}/\mathfrak{b})$, $F(\mathfrak{q} \cup (\mathfrak{a} \cap \mathfrak{b})/\mathfrak{a} \cap \mathfrak{b})$ を標準的に多項式環 $F = (R/\mathfrak{q})[X_1, \cdots, X_t]$ の準同型像とみる．この核をそれぞれ $\mathfrak{n}(\mathfrak{a})$, $\mathfrak{n}(\mathfrak{b})$, $\mathfrak{n}(\mathfrak{a} \cap \mathfrak{b})$ とすると，明らかに $\operatorname{corank} \mathfrak{n}(\mathfrak{a}) = \operatorname{corank} \mathfrak{a}$, $\operatorname{corank} \mathfrak{n}(\mathfrak{b}) = \operatorname{corank} \mathfrak{b}$, $\operatorname{corank} \mathfrak{n}(\mathfrak{a} \cap \mathfrak{b}) = \operatorname{corank}(\mathfrak{a} \cap \mathfrak{b}) = \operatorname{corank} \mathfrak{a}$. また $\mathfrak{n}(\mathfrak{a}), \mathfrak{n}(\mathfrak{b}) \supseteqq \mathfrak{n}(\mathfrak{a} \cap \mathfrak{b}) \supseteqq \mathfrak{n}(\mathfrak{a}) \cap \mathfrak{n}(\mathfrak{b})$ だから，相対階数が$\operatorname{corank} \mathfrak{a}$ より低い成分を無視すれば $\mathfrak{n}(\mathfrak{a})$ と $\mathfrak{n}(\mathfrak{a} \cap \mathfrak{b})$ とは一致する．従って同次イデアル $\mathfrak{a}', \mathfrak{b}', \mathfrak{c}'$ があって $\operatorname{corank} \mathfrak{a}' = \operatorname{corank} \mathfrak{a}$, $\operatorname{corank} \mathfrak{b}', \operatorname{corank} \mathfrak{c}' < \operatorname{corank} \mathfrak{a}$, かつ

$$\mathfrak{n}(\mathfrak{a}) = \mathfrak{a}' \cap \mathfrak{c}', \quad \mathfrak{n}(\mathfrak{a} \cap \mathfrak{b}) = \mathfrak{a}' \cap \mathfrak{b}'$$

さて $\chi(\mathfrak{a}' \cup \mathfrak{c}'; n) = \chi(\mathfrak{a}'; n) + \chi(\mathfrak{c}'; n) - \chi(\mathfrak{a}' \cap \mathfrak{c}'; n)$ であって，$\chi(\mathfrak{a}' \cup \mathfrak{c}'; n)$, $\chi(\mathfrak{c}'; n)$ は $\chi(\mathfrak{a}'; n)$ より（n について）低次（$\because \operatorname{corank}(\mathfrak{a}' \cup \mathfrak{c}') \leqq \operatorname{corank} \mathfrak{c}' < \operatorname{corank} \mathfrak{a}'$），従って

$\chi(\mathfrak{a}';n)$ と $\chi(\mathfrak{a}'\cap\mathfrak{c}';n)$ との最高次の項は一致する.

同様に $\chi(\mathfrak{a}';n)$ と $\chi(\mathfrak{a}'\cap\mathfrak{b}';n)$ の最高次の項も一致する.

それゆえ $\chi(\mathfrak{n}(\mathfrak{a});n)$ と $\chi(\mathfrak{n}(\mathfrak{a}\cap\mathfrak{b});n)$ の最高次の項は一致し, 従って $\sigma(\mathfrak{n}(\mathfrak{a});n)$ $\sigma(\mathfrak{n}(\mathfrak{a}\cap\mathfrak{b});n)$ の最高次の項は一致して

$$e(\mathfrak{q}\cup\mathfrak{a}/\mathfrak{a})=e(\mathfrak{q}\cup(\mathfrak{a}\cap\mathfrak{b})/\mathfrak{a}\cap\mathfrak{b})$$

定理 2 R が局所環, $\mathfrak{q}$ が極大イデアルに属する準素イデアル, R の0の素因子全体を $\mathfrak{p}_1,\cdots,\mathfrak{p}_s$ とし, $i\leqq r$ のとき, そのときに限り $\operatorname{corank}\mathfrak{p}_i=\operatorname{rank}R$ であるとしておく. $\mathfrak{p}_1,\cdots,\mathfrak{p}_r$ に属する0の準素成分を $\mathfrak{q}_1',\cdots,\mathfrak{q}_r'$ とするとき,

$$e(\mathfrak{q})=\sum_{i=1}^{r}e(\mathfrak{q}\cup\mathfrak{q}_i'/\mathfrak{q}_i') \qquad \text{[加法定理]}$$

(証明) $0=(\bigcap_{i=1}^{r}\mathfrak{q}_i')\cap(\mathfrak{q}'_{r+1}\cap\cdots)$ だから, 前補題により ($\operatorname{corank}\mathfrak{q}'_{r+1},\cdots,\operatorname{corank}\mathfrak{q}_s'<\operatorname{corank}\mathfrak{q}_i'$)

$$e(\mathfrak{q}\cup(\bigcap_{i=1}^{r}\mathfrak{q}_i')/\bigcap^{r}\mathfrak{q}_i')=e(\mathfrak{q})$$

従って $\bigcap^{r}\mathfrak{q}_i'=0$ と仮定してよい. すると R の全商環は直和分解されて

$$1=e_1+\cdots+e_r,\quad Re_i\cong R/\mathfrak{q}_i'$$

いま $R'=\sum Re_i$ とおくと, 定理1, 系1から

$$e(\mathfrak{q})=rm(\mathfrak{q}R';R)=\sum e(\mathfrak{q}Re_i)=\sum e(\mathfrak{q}\cup\mathfrak{q}_i'/\mathfrak{q}_i')$$

R が局所環, $\mathfrak{q}$ は極大イデアル $\mathfrak{m}$ に属する準素イデアルであるとし, $\operatorname{rank}R=r\geqq 1$ とする. $R/\mathfrak{m}$ が無限体なら, $\mathfrak{q}$ は上表元 x_1 をもつ. 次に R/x_1R は階数 $r-1$ (前節定理5, 系)だが, $\mathfrak{q}/x_1R$ の上表元の代表元をとり, それを x_2 とする. 順次同様に$x_1,\cdots,x_r$ をとれば, $(x_1,\cdots,x_r)R$ は $\mathfrak{m}$ に属する準素イデアルである. このパラメター系 $(x_1,x_2,\cdots,x_r)$ を**上表パラメター系**とよぶ.

定理 3 $R,\mathfrak{q}$ は上述どおりとし, $(x_1,x_2,\cdots,x_r)$ が $\mathfrak{q}$ の上表パラメター系ならば

$$e(\mathfrak{q})=e(x_1,\cdots,x_r)$$

(証明) $r=1$ の場合について考えよう. まず x_1 は零因子でなかったとする. すると $n>c$ に対して $(\mathfrak{q}^n:xR)\cap\mathfrak{q}^c=\mathfrak{q}^{n-1}$ だが, このときは $\mathfrak{q}^n:xR=\mathfrak{q}^{n-1}$ である. これをまず証明しよう. $\mathfrak{q}^n:xR=\dfrac{\mathfrak{q}^n\cap xR}{x}$ であるが, R の完備化 R^* で $\bigcap_{n}^{\infty}\dfrac{\mathfrak{q}^nR^*\cap xR^*}{x}=0$. そし

て x は R^* でも零因子ではない（第2節，定理6，系1）．従って第3節定理5から，ある自然数 $m(c)$ が存在して $\mathfrak{q}^{m(c)}R^*:xR^*\subset\mathfrak{m}^{sc}R^*\subset\mathfrak{q}^cR^*$（ここに $\mathfrak{m}^s\subset\mathfrak{q}$）．よって $\mathfrak{q}^{m(c)}:xR\subseteqq\mathfrak{q}^c$ 1)．だから $n>c$, $n>m(c)$ に対して $\mathfrak{q}^n:xR\subset\mathfrak{q}^c$．よって $\mathfrak{q}^n:xR=\mathfrak{q}^{n-1}$．

そこで前節，定理4から $\sigma(\mathfrak{q}/xR;n)=\sigma(\mathfrak{q};n)-\sigma(\mathfrak{q};n-1)=e(\mathfrak{q})$　($r=1$ ゆえ)

他方 $n\geqslant 0$ なら $\mathfrak{q}^n\subset xR$（$\because$ R/xR の階数は0ゆえ）

$$\sigma(\mathfrak{q}/xR;n)=l(R/xR)$$

また $x^nR/x^{n+1}R\cong R/xR$ ゆえ $\sigma(xR;n)=nl(R/xR)$．$r=1$ だから，$e(xR)=l(R/xR)$．上の諸関係をたどって $e(xR)=e(\mathfrak{q})$．

次に x_1 は零因子であったとする．x_1 は上表元だから R/x_1R の階数は0（前節定理5，系），従って x_1 は（R で）0の極小素因子のいずれにも含まれない．0の極小素因子に属する準素成分の共通集合を $\mathfrak{n}$ とすれば $(0)=\mathfrak{n}\cap\mathfrak{q}'$ で $\mathfrak{q}'$ は極大イデアル $\mathfrak{m}$ に属する準素イデアルで $\mathfrak{m}^t\subset\mathfrak{q}'$ とする．$x_1^t\in\mathfrak{q}'$ だから $0:x_1^t=(\mathfrak{n}:x_1^t)\cap(\mathfrak{q}':x_1^t)=\mathfrak{n}$　($\because$ $\mathfrak{q}':x_1^t=R$, $\mathfrak{n}:x_1=\mathfrak{n}$)

そして $R/\mathfrak{n}$ で x_1 の類は零因子ではない．($\because$ $x_1y\equiv 0\ (\mathfrak{n})$ なら $y\equiv 0\ (\mathfrak{n})$)．ところが本節定理2から　$e(\mathfrak{q})=e(\mathfrak{q}\cup\mathfrak{n}/\mathfrak{n})$,　$e(x_1R)=e(x_1R\cup\mathfrak{n}/\mathfrak{n})$．

x_1 は $R/\mathfrak{n}$ で零因子でないから，前段に証明したところにより x_1 が $\mathfrak{q}\cup\mathfrak{n}/\mathfrak{n}$ の上表元の代表元であることがいえれば，$e(\mathfrak{q}\cup\mathfrak{n}/\mathfrak{n})=e(x_1R\cup\mathfrak{n}/\mathfrak{n})$，従って $e(\mathfrak{q})=e(x_1R)$ となり定理は証明される．

そこで x_1 が $\mathfrak{q}\cup\mathfrak{n}/\mathfrak{n}$ の上表元になることをみよう．これには $0:x_1R=\mathfrak{n}_1$ として，x_1 が $\mathfrak{q}\cup\mathfrak{n}_1/\mathfrak{n}_1$ の上表元であることを証明すれば十分．(実際 $\mathfrak{n}_2=\mathfrak{n}_1:x_1R=0:x_1{}^2R_1$ であり，t 回目に $\mathfrak{n}_t=\mathfrak{n}$ となることは上段にみたところである) それで $\mathfrak{n}_1$ について考える．

$n>c$ に対し $(\mathfrak{q}^n:x_1R)\cap\mathfrak{q}^c=\mathfrak{q}^{n-1}$,　$\forall n, \mathfrak{q}^n:x_1R\supseteqq\mathfrak{n}_1$，そして $\bigcap_n\mathfrak{q}^{n-1}=0$ ゆえ

$$\mathfrak{n}_1\cap\mathfrak{q}^c=0$$

いま $R'=R/\mathfrak{n}_1$, $\mathfrak{q}'=\mathfrak{q}\cup\mathfrak{n}_1/\mathfrak{n}_1$, $x_1\equiv x'\ (\mathfrak{n}_1)$ とおき，$b'\in(\mathfrak{q}'^n:x'R')\cap\mathfrak{q}'^c$ とし，b を b' の代表元で，$b\in\mathfrak{q}^c$ に選ぶ．すると $bx_1\in\mathfrak{q}^n\cup\mathfrak{n}_1\subset\mathfrak{q}^c\cup\mathfrak{n}_1$．すなわち

$$bx_1=q+y,\quad q\in\mathfrak{q}^n,\quad y\in\mathfrak{n}_1$$

$\mathfrak{q}^c\cap\mathfrak{n}_1=0$ ゆえ，bx_1 のこの表現は一意的 ($\because$ $q\in\mathfrak{q}^n\subset\mathfrak{q}^c$)．ところが $bx_1\in\mathfrak{q}^c$ ゆえ，$bx_1=q$, $y=0$ でなければならない．よって $bx_1\in\mathfrak{q}^n$，従って

1)　$(\mathfrak{q}^{m(c)}R^*:xR^*)\cap R\ni y$ とすれば $xy\in\mathfrak{q}^{m(c)}R^*\cap R=\mathfrak{q}^{m(c)}$．ゆえに $y\in\mathfrak{q}^{m(c)}:xR$

$$b \in (\mathfrak{q}^n : x_1R) \cap \mathfrak{q}^c = \mathfrak{q}^{n-1}, \text{ すなわち } b' \in \mathfrak{q}'^{n-1}$$

よって x' は $\mathfrak{q}'$ の上表元である[1]．

次に $r>1$ のときを考える．r についての帰納法で証明しよう．前節定理4，系から $\sigma(\mathfrak{q};n)-\sigma(\mathfrak{q};n-1)$ と $\sigma(\mathfrak{q}/x_1R;n)$ とは定数項を除いて一致し，$\mathfrak{q}/x_1R$ の階数は $r-1$ だから，

$$e(\mathfrak{q})=e(\mathfrak{q}/x_1R)^{2)}$$

次に $\tilde{\mathfrak{q}}=(x_1,\cdots,x_r)R$ とおくと，R/x_1R では帰納法の仮定から

$$e(\mathfrak{q}/x_1R)=e(\tilde{\mathfrak{q}}/x_1R), \text{ 従って } \quad e(\mathfrak{q})=e(\tilde{\mathfrak{q}}/x_1R)$$

$x_1 \in \tilde{\mathfrak{q}}$ だから，前節定理4から

$$\sigma(\tilde{\mathfrak{q}}/x_1R;n) \geqq \sigma(\tilde{\mathfrak{q}};n)-\sigma(\tilde{\mathfrak{q}};n-1)$$

$$\therefore \quad e(\tilde{\mathfrak{q}}/x_1R) \geqq e(\tilde{\mathfrak{q}}) \quad \text{（前脚注参照）}$$

それゆえ
$$e(\mathfrak{q}) \geqq e(\tilde{\mathfrak{q}})$$

他方 $\tilde{\mathfrak{q}} \subseteqq \mathfrak{q}$ ゆえ，$e(\tilde{\mathfrak{q}}) \geqq e(\mathfrak{q})$．よって $e(\mathfrak{q})=e(\tilde{\mathfrak{q}})$

なお上の証明から次のこともわかった．（前節定理 4，系参照）

補題 $R, \mathfrak{q}, \mathfrak{m}$ を上述どおりとする．$x \in \mathfrak{q}$, $\operatorname{rank} R/xR=\operatorname{rank} R-1$ ならば

$$e(\mathfrak{q}) \leqq e(\mathfrak{q}/xR)$$

とくに x が $\mathfrak{q}$ の上表元で，$\operatorname{rank} R \geqq 1$ ならば，等号が成立する．

従って $(x_1,\cdots,x_r)$ が $\mathfrak{q}$ の上表パラメター系の場合には，$i<r$ に対し

$$e(\mathfrak{q}/(x_1,x_2,\cdots,x_i)R)=e(\mathfrak{q}).$$

局所環の完備化にともなって，多項式 $\sigma(\mathfrak{q};n)$，従って $\mathfrak{q}$ の重複度がどう変るかについて調べておこう．

推移定理 $\mathfrak{q}$ を局所環 R の任意の準素イデアルとし，$\mathfrak{p}$ を $\mathfrak{q}$ の素因子とする．R の完備化を $R^*, \mathfrak{p}^*$ を $\mathfrak{p}R^*$ の極小素因子とし

---

1) $e(\mathfrak{q})=e(x_1R)$ であるが，x_1 が零因子の場合は $l(R/x_1R)$ よりは小さい．実際 $\mathfrak{q}^n : x_1R \supsetneqq \mathfrak{n}_1$ であって，$\mathfrak{n}_1 \not\subseteqq \mathfrak{q}^c$．($\because \bigcap_n \mathfrak{q}^n=0$)．よって $\mathfrak{q}^{n-1} \neq \mathfrak{q}^n : x_1R$ だから $l(R/(\mathfrak{q}^n:x_1R))<\sigma(\mathfrak{q};n-1)$．ゆえに
$$l(R/xR)=\sigma(\mathfrak{q}/xR;n)=\sigma(\mathfrak{q};n)-l(R/(\mathfrak{q}^n:x_1R))>\sigma(\mathfrak{q};n)-\sigma(\mathfrak{q};n-1)=e(\mathfrak{q})$$

2) $\sigma(\mathfrak{q};n)$ の最高次 r 次の項の係数を a_0 とすると，$\sigma(\mathfrak{q};n)-\sigma(\mathfrak{q};n-1)$ の最高次 $r-1$ 次の項の係数は ra_0 である．$\sigma(\mathfrak{q}/x_1R;n)$ は $r-1$ 次であって，これの係数の $(r-1)!$ 倍が $e(\mathfrak{q}/x_1R)$．他方左辺の方からは $(r-1)!ra_0=r!a_0=e(\mathfrak{q})$ となる．

$$m(\mathfrak{p}^*)=l(R^*_{\mathfrak{p}^*}/\mathfrak{p}R^*_{\mathfrak{p}^*})$$

とするとき $l(R^*_{\mathfrak{p}^*}/\mathfrak{q}R^*_{\mathfrak{p}^*})=m(\mathfrak{p}^*)l(R_{\mathfrak{p}}/\mathfrak{q}R_{\mathfrak{p}})$

$$\sigma(\mathfrak{q}R^*_{\mathfrak{p}^*};n)=m(\mathfrak{p}^*)\sigma(\mathfrak{q}R_{\mathfrak{p}};n)$$

$$e(\mathfrak{q}R^*_{\mathfrak{p}^*})=m(\mathfrak{p}^*)e(\mathfrak{q}R_{\mathfrak{p}})$$

（証明）まず第1式を証明する．$\mathfrak{p}=\mathfrak{q}$ なら $l(R_{\mathfrak{p}}/\mathfrak{p}R_{\mathfrak{p}})=1$ ゆえ，この場合は正しい．そこで $l(R_{\mathfrak{p}}/\mathfrak{q}R_{\mathfrak{p}})$ についての帰納法で証明する．R の代りに $R/\mathfrak{q}$ をとって考えることにより $\mathfrak{q}=0$ とみることができる．$\mathfrak{p}$ に属する準素イデアルで，（0と異なる）極小なものを $\mathfrak{q}'$ とし，$0\neq a\in\mathfrak{q}'$ とする．すると $0:aR=\mathfrak{p}$, $\mathfrak{q}'R_{\mathfrak{p}}=aR_{\mathfrak{p}}$.

第2節，定理6から $0:aR^*=(0:aR)R^*=\mathfrak{p}R^*$, $\mathfrak{q}'R^*_{\mathfrak{p}^*}=aR^*_{\mathfrak{p}^*}$.

従って加群としての準同型 $R^*_{\mathfrak{p}^*}\to aR^*_{\mathfrak{p}^*}$ の核は $\mathfrak{p}R^*$ だから $R^*/\mathfrak{p}R^*\cong aR^*_{\mathfrak{p}^*}$. よって

$$l(aR^*_{\mathfrak{p}^*})=m(\mathfrak{p}^*)$$

帰納法の仮設から　$l(R^*_{\mathfrak{p}^*}/\mathfrak{q}'R^*_{\mathfrak{p}^*})=m(\mathfrak{p}^*)l(R_{\mathfrak{p}}/\mathfrak{q}'R_{\mathfrak{p}})$

$\mathfrak{q}'R_{\mathfrak{p}}=aR_{\mathfrak{p}}$, $\mathfrak{q}'R^*_{\mathfrak{p}^*}=aR^*_{\mathfrak{p}^*}$ ゆえ $l(R^*_{\mathfrak{p}^*}/\mathfrak{q}R^*_{\mathfrak{p}^*})=l(R^*_{\mathfrak{p}^*}/\mathfrak{q}'R^*_{\mathfrak{p}^*})+m(\mathfrak{p}^*)$, $l(R_{\mathfrak{p}}/\mathfrak{q}R_{\mathfrak{p}})=l(R_{\mathfrak{p}}/\mathfrak{q}'R_{\mathfrak{p}})+1$. よって第一式は証明された．

第二式は $\mathfrak{q}$ の代りに，その記号的ベキ $\mathfrak{q}^{(n)}=\mathfrak{q}^nR_{\mathfrak{p}}\cap R$ でおきかえればよい．第三式は，第二式の最高次の係数を比較すればよい．

系　$\mathfrak{p},\mathfrak{p}^*$ を定理におけると同意義のものとすると，$\operatorname{rank} R_{\mathfrak{p}}=\operatorname{rank} R^*_{\mathfrak{p}^*}$.

（証明）$\operatorname{rank} R_{\mathfrak{p}}=\deg\sigma(\mathfrak{q}R_{\mathfrak{p}};n)=\deg\sigma(\mathfrak{q}^*R_{\mathfrak{p}^*};n)=\operatorname{rank} R^*_{\mathfrak{p}^*}$.

6.　非混合性，非混合定理

定義　半局所環 R において，その完備化 R^* の0の素因子 $\mathfrak{p}^*$ のいずれもが $\operatorname{corank}\mathfrak{p}^*=\operatorname{rank} R$ をみたすとき，R は**非混合的**であると称える．

定理 1　局所環 R の極大イデアルに属する準素イデアル $\mathfrak{q}$ を適当にとって型式環 $F(\mathfrak{q})$ をつくったとき，$F(\mathfrak{q})$ の0の素因子の相対階数がすべて $\operatorname{rank} R$ に等しいならば，R は非混合的である．

（証明）R を完備化してそれに応ずる型式環をつくっても，型式環は変らない．非混合的という性質もその定義から考えて変らない（§4. 定理7）．だから R を完備環であるとして証明すればよい．

R の0の素因子 $\mathfrak{p}$ で $\operatorname{corank}\mathfrak{p}<\operatorname{rank} R$ なるものがあったとする．$\mathfrak{p}$ の元に対応する

$F(\mathfrak{q})$ の型式全体で生成されるイデアルを $\bar{\mathfrak{p}}$ とすると，$a \neq 0$ で $a\mathfrak{p}=0$ なる元が R にあるから，$\bar{a}\bar{\mathfrak{p}}=0$ となり，$\bar{\mathfrak{p}}$ は $F(\mathfrak{q})$ における 0 のある素因子 $\mathfrak{p}^*$ に含まれる.

さて $F(\mathfrak{q})/\bar{\mathfrak{p}}$ は $R/\mathfrak{p}$ の型式環であるが，この両者で $l(\mathfrak{q}^n/\mathfrak{q}^{n+1})$ は等しいから両者の $\sigma(\mathfrak{q}, n)$ の次数は等しく，従って corank $\bar{\mathfrak{p}}$=corank $\mathfrak{p}$. 従って corank $\mathfrak{p}^* \leqq$ corank $\mathfrak{p} <$ rank R, しかるに仮説から corank $\mathfrak{p}^*$ = rank R. これは矛盾である.

正規パラメーター系：階数 d の局所環を $R, x_1, \cdots, x_d$ を R の一つのパラメーター系とする. $(x_1, \cdots, x_d)R=\mathfrak{q}$ とするとき，以下に証明されるように $e(\mathfrak{q}) \leqq l(R/\mathfrak{q})$ であるが，とくに $e(\mathfrak{q})=l(R/\mathfrak{q})$ の成立するとき，$x_1, \cdots, x_d$ は正規パラメーター系であるという.

定理 2　R を階数 d の局所環，$x_1, \cdots, x_d$ を一つのパラメーター系，$(x_1, \cdots, x_d)R=\mathfrak{q}$ とする. $x_1, \cdots, x_d$ が正規パラメーター系である必要十分条件は，型式環 $F(\mathfrak{q})$ が $R/\mathfrak{q}$ の上の d 変数の多項式環となることである. 従ってこの場合 R は非混合的であり，また $l(R/\mathfrak{q}^n)=l(R/\mathfrak{q})\binom{n+d}{d}$ がすべての n に対して成立し，$x_1, \cdots, x_d$ は上表パラメーター系である.

（証明）　多項式環 $F=R/\mathfrak{q}[X_1, \cdots, X_d]$ から型式環 $F(\mathfrak{q})$ への準同型 φ（ただし $\varphi(X_i)=x_i$）の核 $\mathfrak{a}$ をとる. いま $l(R/\mathfrak{q})=m$ とおけば

$$l(F(n))=m\binom{n+d-1}{d-1}$$

$$l(F(n)/\mathfrak{a}(n))=l(\mathfrak{q}^n/\mathfrak{q}^{n+1})=\sigma(\mathfrak{q};n+1)-\sigma(\mathfrak{q};n)$$

ここで $\mathfrak{a} \neq 0$ とすると，同次式 $f \neq 0$ で $\mathfrak{a}$ に属するものがある. $c=\mathrm{degr}.\, f$ として，$n>c$ ならば，$\sum n_i=n-c$ とするとき

$$fX_1^{n_1}X_2^{n_2}\cdots X_d^{n_d} \in \mathfrak{a}(n)$$

これら $fX_1^{n_1}\cdots X_d^{n_d}$ で生成される加群の長さは $\binom{n-c+d-1}{d-1}$. そして

$$\binom{n-c+d-1}{d-1}=\frac{n^{d-1}}{(d-1)!}+(\text{低次の項})$$

従って $\sigma(\mathfrak{q};n+1)-\sigma(\mathfrak{q};n)$ における n^{d-1} の係数は $m-1/(d-1)!$ 以下である. ゆえに

$$e(\mathfrak{q}) \leqq m-1$$

よって $e(\mathfrak{q})=m$ なら，すなわち $x_1, \cdots, x_d$ が正規パラメーター系ならば，$\mathfrak{a}=0$ でなければならぬ. 逆に $\mathfrak{a}=0$ なら，明らかに $e(\mathfrak{q})=m$.

$\mathfrak{a}=0$ のときは $F(\mathfrak{q})=F$. また $0=\mathfrak{a}:x_1F=\mathfrak{a}$ ゆえ，x_1 は $\mathfrak{q}$ の上表元.

x_1 が上表元だから §5，定理 3 の証明で述べたところにより $e(\mathfrak{q})=e(\mathfrak{q}/x_1R)$. それゆえ $x_2,\cdots,x_d$ の x_1R を法とする剰余類 $\bar{x}_2,\cdots,\bar{x}_d$ は正規パラメター系である. それで $\bar{x}_2$ は $\mathfrak{q}/x_1R$ の上表元である. 以下同様にして $x_1,\cdots,x_d$ は上表パラメター系である.

なお $F(\mathfrak{q})$ が多項式環として整域だから，定理 1 から R は非混合的である.

定理 3 局所環 R のパラメター系 $x_1,\cdots,x_d$ が正規であるための必要十分条件は，各 $x_i(i=1,2,\cdots,d)$ が $(x_1,\cdots,x_{i-1})R$ を法として零因子にならないことである.

（証明） 必要なことは，$x_1,\cdots,x_d$ が正規なら $F(\mathfrak{q})$ は多項式環. ここに $\mathfrak{q}=(x_1,\cdots,x_d)R$. x_1 は $F(\mathfrak{q})$ で零因子でないから，x_1 は R で零因子ではない（§1，定理 1）. 同様に $F(\mathfrak{q}/x_1R)$ も多項式環. x_2 は法 x_1R で零因子ではない. 以下同様

次に十分条件であることを示そう. x_1 は R で零因子ではない. $d=1$ の場合は，§5，定理 3 の証明の第一段で証明したところにより $e(x_1R)=l(R/x_1R)$. 従って定義そのものにより x_1 は正規.

そこで d についての帰納法で証明しよう. R/x_1R を考えると，$x_2,\cdots,x_d$ の剰余類 $\bar{x}_2,\cdots,\bar{x}_d$ は十分条件をみたすから，帰納法の仮設により，$\bar{x}_2,\cdots,\bar{x}_d$ は正規パラメター系である. $x_1,\cdots,x_d$ で生成される（R の）イデアルを $\mathfrak{q}$ とし，$F,F(\mathfrak{q}),\mathfrak{a}$ を定理 1 の証明におけると同じものを表わすとする. ここに $\mathfrak{a}=0$ であることを示そう.

$\bar{x}_2,\cdots,\bar{x}_d$ は正規ゆえ $F(\mathfrak{q}/x_1R)=F/X_1F$. だから $\mathfrak{a}\neq 0$ と仮定しても，$\mathfrak{a}\subseteqq X_1F$. $\mathfrak{a}(1)=\cdots=\mathfrak{a}(n)=0$, $\mathfrak{a}(n+1)\neq 0$ とすると，$f\in F(n)$, $X_1f\in\mathfrak{a}$ なる f が存在する. 従って $b\in\mathfrak{q}^n$, $b\notin\mathfrak{q}^{n+1}$ かつ $x_1b\in\mathfrak{q}^{n+2}$ なる $b(\in R)$ が存在する. いま $x_1b\in\mathfrak{q}^{n+r}$ としておく. x_1 は零因子でないから $x_1b\neq 0$. この x_1b に対応する型式を f' としよう. $F(\mathfrak{q}/x_1R)=F/X_1F$ だから，$f'\in X_1F$ であって $f'=x_1f_1$, $f_1\in F(n+r-1)$. ゆえに f_1 の代表元 $b_1\in\mathfrak{q}^{n+r-1}\subseteqq\mathfrak{q}^{n+1}$ とすると

$$x_1b-x_1b_1\in\mathfrak{q}^{n+r+1}.$$

すると $b^{(1)}=b-b_1\notin\mathfrak{q}^{n+1}$ であって，$xb^{(1)}\in\mathfrak{q}^{n+r+1}$. 同様のことをくり返えして，$b,b^{(1)},b^{(2)},\cdots$ をつくろう. すると $\{b^{(j)}\}$ は収束列をつくるが，これの極限を b^* とする. そして $x_1b^*=0$. ところが x_1 は R で零因子でないから，完備化 R^* でも零因子ではない. よって $b^*=0$. 他方 $b^{(j)}\notin\mathfrak{q}^{n+1}$ なるべきゆえ $b^*\notin\mathfrak{q}^{n+1}R^*$. これは不可能である. ゆえに

$\mathfrak{a}=0$ である.

定理 4　局所環 R が正規パラメター系を一つもてば，R のパラメター系はすべて正規である.

（証明）　$\mathrm{rank}\, R=1$ のときは明らか．$\mathrm{rank}\, R$ についての帰納法で証明する．$x_1, \cdots, x_d$ を一つの正規パラメター系とし，$y_1, \cdots, y_d$ をパラメター系であるとする．$A=R/\mathfrak{m}$ における正則な一次変換を x_i なり，y_i なりにほどこしてもパラメターであることに変りはない．従って $x_1R \cup y_1R$ の階数は2であるとしてよい．定理3により，法 x_1R についての $x_2, \cdots, x_d$ の類 $\bar{x}_2, \cdots, \bar{x}_d$ は正規パラメター系だから，帰納法の仮設により R/x_1R のパラメター系はすべて正規，そこで $\bar{y}_1$ を含む R/x_1R のパラメター系 $\bar{y}_1, \bar{z}_3, \cdots, \bar{z}_d$ をとり，その代表元を $y_1, z_3, \cdots, z_d$ とする．x_1 は零因子でないから，$x_1, y_1, z_3, \cdots, z_d$ は定理3により R の正規パラメター系であり，$\bar{x}_1, \bar{z}_3, \cdots, \bar{z}_d \pmod{y_1R}$ は R/y_1R の正規パラメター系．よって $\bar{y}_2, \cdots, \bar{y}_d$ は R/y_1R のまた正規パラメター系であり，従って $y_1, y_2, \cdots, y_d$ は R の正規パラメター系である.

系 1　正則局所環のパラメター系は正規である.

なんとなれば，正則パラメター系を $x_1, \cdots, x_d$ とすれば $(x_1, \cdots, x_d)\,R=\mathfrak{m}$ であって，$e((x_1, \cdots, x_d)\,R)=1=l\,(R/\mathfrak{m})$．よって正則パラメター系は正規.

系 2　局所環 R が正規パラメター系をもち，R のイデアル $\mathfrak{a}$ が r 個の元で生成され，かつ $\mathrm{rank}\, \mathfrak{a}=r$ であれば，$R/\mathfrak{a}$ も正規パラメター系をもつ.

（証明）　第1章，§8，定理3により $\mathfrak{a}$ の底を延長して R のパラメター系をとることができる．前定理から，これが正規だから，この延長した部分の $\mathrm{mod}\, \mathfrak{a}$ による類は $R/\mathfrak{a}$ の正規パラメター系である.

非混合定理　環 R が次の性質を有するとき，R において非混合定理が成立するという．R のイデアル $\mathfrak{a}$ が r 個の元で生成され，かつ $\mathrm{rank}\, \mathfrak{a}=r$ ならば，$\mathfrak{a}$ の素因子の階数はすべて r に等しい(ここに r は0のときも含めて考える).

従って R において非混合定理が成立すれば，0の素因子は階数0である(すなわち極小でない素因子をもたない)．また $\mathfrak{a}$ が r 個の元で生成され $\mathrm{rank}\, \mathfrak{a}=r$ なら，$R/\mathfrak{a}$ においても非混合定理は成立する.

注意　階数0の環では常に非混合定理は成り立つ．階数1の環では非混合定理の成立する必要十分条件は0が極小でない素因子をもたないことである.

階数 2 の環では，それが Noether 整域で，しかも正規環ならば非混合定理は成り立つ．（第 1 章，§ 10，定理 1）

定理 5　局所環 R において，非混合定理の成立するための必要十分条件は，R が正規パラメター系をもつことである．

（証明）R が正規パラメター系をもつとする．イデアル $\mathfrak{a}$ が r 個の元で生成され，$\operatorname{rank}\mathfrak{a}=r$ ならば，定理 4，系 2 により $R/\mathfrak{a}$ は正規パラメター系をもつ．従って $R/\mathfrak{a}$ は非混合的である．すなわち $\mathfrak{a}$ の素因子 $\mathfrak{p}$ をとれば $\operatorname{corank}\mathfrak{p}=\operatorname{rank}R/\mathfrak{a}$[1]$=\operatorname{rank}R-r$.

他方 $\operatorname{rank}\mathfrak{p}\geqq\operatorname{rank}\mathfrak{a}=r$，$\operatorname{rank}\mathfrak{p}+\operatorname{corank}\mathfrak{p}\leqq\operatorname{rank}R$. 従って $\operatorname{rank}\mathfrak{p}=r$. よって R で非混合定理は成立する．

逆に R で非混合定理が成立しているとする．$\operatorname{rank}R\geqq 1$ として証明すればよいから，第 1 章，§8，定理 3 から $x_1\in R$ を $\operatorname{rank}x_1R=1$ であるようにとれる．すると非混合定理から x_1R の素因子はすべて階数 1 であって，階数 0 のものは現われないから，x_1 は零因子ではない．R/x_1R でも非混合定理は成立するから，$x_1, x_2\in R$ を $(x_1, x_2)R$ の階数が 2 であるようにとれば（1，§8，定理 3），x_2 は法 x_1R で零因子でない．以下同様に $x_1, \cdots,$ x_d $(d=\operatorname{rank}R)$ をとるとき，これは定理 3 から正規パラメター系をつくる．

系　局所環 R において非混合定理が成り立てば，R の完備化 R^* においても成立する．逆も正しい．

（証明）$x_1, \cdots, x_d$ を正規パラメター系とし，$\mathfrak{q}=(x_1, \cdots, x_d)R$ とすると $e(\mathfrak{q})=l(R/\mathfrak{q})$，いま $\mathfrak{q}^*=\mathfrak{q}R^*=(x_1, \cdots, x_d)R^*$ とすれば，定義からすぐわかるように $e(\mathfrak{q})=e(\mathfrak{q}^*)$[2]，$l(R/\mathfrak{q})=l(R^*/\mathfrak{q}^*)$ だから $x_1, \cdots, x_d$ は R^* でも正規．よって R^* で非混合定理は成り立つ．逆も明らか．

定理 6　Noether 環 R で非混合定理が成立すれば，その任意の素イデアル $\mathfrak{p}$ について $R_\mathfrak{p}$ をとっても，$R_\mathfrak{p}$ で非混合定理は成り立つ．逆に Noether 環 R の任意の極大イデアル $\mathfrak{m}$ について $R_\mathfrak{m}$ が非混合定理をもてば，R で非混合定理は成り立つ．

（証明）逆の方をさきに証明しよう．$\mathfrak{a}$ が r 個の元で生成され，$\operatorname{rank}\mathfrak{a}=r$ であるとする．$\mathfrak{a}$ の素因子を $\mathfrak{p}$ とし，$\mathfrak{p}$ を含む極大イデアルを $\mathfrak{m}$ とする．すると明らかに $\operatorname{rank}\mathfrak{p}=$

1)　定理 10 の証明，142 頁脚註参照．

2)　$\mathfrak{q}^n/\mathfrak{q}^{n+1}\cong\mathfrak{q}^{*n}/\mathfrak{q}^{*n+1}$.

rank $\mathfrak{p}R_{\mathfrak{m}}$, かつ $\mathfrak{p}R_{\mathfrak{m}}$ は $\mathfrak{a}R_{\mathfrak{m}}$ の素因子である．$R_{\mathfrak{m}}$ についての仮設から rank $\mathfrak{p}R_{\mathfrak{m}}=r$. よって rank $\mathfrak{p}=r$. 従って R で非混合定理が成り立つ．

R において非混合定理が成立したとする．R の素イデアル $\mathfrak{p}$ をとり，rank $\mathfrak{p}=r$ とする．すると $x_1, x_2, \cdots, x_r \in \mathfrak{p}$ を rank$(x_1, \cdots, x_r)R=r$ であるようにとり得る（1, §8, 定理3）．しかもこれは定理3の条件をみたすから $x_1, \cdots, x_r$は局所環 $R_{\mathfrak{p}}$ の正規パラメター系である．そこで定理5から $R_{\mathfrak{p}}$ で非混合定理は成立する．

定理 7 Noether 環 R において非混合定理が成立すれば，R の上の有限変数の多項式環でも，非混合定理は成立する．

（証明） 一変数 X の場合について証明しておけば十分である．$\mathfrak{p}$ が$R[X]$ の極大イデアルであるとき $\mathfrak{O}=R[X]_{\mathfrak{p}}$ において成立することを証すれば十分（定理6）．また $\mathfrak{p}'=\mathfrak{p}\cap R$ とおき R の代りに $R_{\mathfrak{p}'}$ をとっても，定理6から $R_{\mathfrak{p}'}$ で非混合定理が成り立つから，R を $R_{\mathfrak{p}'}$ に最初からおきかえておいてもよい．（従って R は局所環としておいてよい）．

$x_1, \cdots, x_d$ を R の正規パラメター系とし，$(x_1, \cdots, x_d)R=\mathfrak{q}$ とおく．$\mathfrak{q}$ は R の極大イデアル $\mathfrak{p}'$ に属する準素イデアルだから $\mathfrak{q}\mathfrak{O}$ は素イデアル $\mathfrak{p}'\mathfrak{O}$ に属する準素イデアル．そして $\mathfrak{O}/\mathfrak{p}'\mathfrak{O}=\{R/\mathfrak{p}'\}[X]$ でcorank $\mathfrak{q}'\mathfrak{O}=1$. いま $f\in\mathfrak{p}, f\notin\mathfrak{p}'\mathfrak{O}$ とすれば，f は法$(x_1, \cdots, x_d)R$ について零因子でない．従って定理3から $x_1, \cdots, x_d, f$ は $\mathfrak{O}$ の正規パラメター系である．ゆえに $\mathfrak{O}$ で非混合定理は成り立つ．

定理 8 環 R' が局所環 R の上の有限加群であり，一次独立な底 $u_1, \cdots, u_n$ をもつものとし，さらに R' の極大イデアルの階数はすべて rank R にひとしいとする．このとき R において非混合定理が成立すれば，R' においても成立する．

（証明） R は正規パラメター系をもつ（定理5）から，これを $x_1, \cdots, x_d$ とし，$(x_1, \cdots, x_d)R=\mathfrak{q}$ とする．すると §5, 冒頭の定義から

$$rm(\mathfrak{q}R'; R)=\sum_{\mathfrak{m}'} rm(\mathfrak{q}R'_{\mathfrak{m}'}; R)=\sum_{\mathfrak{m}'}[R'/\mathfrak{m}' : R/\mathfrak{m}]e(\mathfrak{q}R'_{\mathfrak{m}'})$$

ここに $\mathfrak{m}', \mathfrak{m}$ は R', R の極大イデアルで，$\mathfrak{m}'$ は R' のすべての極大イデアルを動く．

他方 $rm(\mathfrak{q}R'; R)=ne(\mathfrak{q})$[1]．かつ $x_1; \cdots, x_d$ は正規ゆえ $e(\mathfrak{q})=l(R/\mathfrak{q})$ 従って

$$rm(\mathfrak{q}R'; R)=nl(R/\mathfrak{q})=l(R'/\mathfrak{q}R'; R)$$

また $e(\mathfrak{q}R'_{\mathfrak{m}'})\leqq l(R'_{\mathfrak{m}'}/\mathfrak{q}R'_{\mathfrak{m}'})$ ゆえ

---

1) $\mathfrak{q}^n R'/\mathfrak{q}^{n+1}R' \equiv \sum_i (\mathfrak{q}^n/\mathfrak{q}^{n+1})u_i$

$$\sum_{\mathfrak{m}'}[R'/\mathfrak{m}';R/\mathfrak{m})e(\mathfrak{q}R'_{\mathfrak{m}'})\leqq\sum_{\mathfrak{m}'}[R'/\mathfrak{m}':R/\mathfrak{m}]l(R'_{\mathfrak{m}'}/\mathfrak{q}R'_{\mathfrak{m}'})$$
$$=\sum_{\mathfrak{m}'}l(R'_{\mathfrak{m}'}/\mathfrak{q}R'_{\mathfrak{m}'}:R)=l(R'/\mathfrak{q}R':R)$$

よって各 $\mathfrak{m}'$ に対して　$e(\mathfrak{q}R'_{\mathfrak{m}'})=l(R'_{\mathfrak{m}'}/\mathfrak{q}R'_{\mathfrak{m}'})$

でなければならない．従って $x_1,\cdots,x_d$ は各 $R'_{\mathfrak{m}'}$ の正規パラメター系，かくてすべての $R'_{\mathfrak{m}'}$ で非混合定理は成立する．よって R' でも成立する（定理6）．

定理 9　環 R' が $\mathfrak{m}$ を極大イデアルとする正則局所環 R の上の有限加群であって，R の 0 でない元は R' の零因子でないとする．このとき R' で非混合定理が成立すれば，R' は R の上に $rm(\mathfrak{m}R';R)$ 個の一次独立な底をもつ．

（証明）　R,R' を完備化して R^*,R'^* とすれば，R^* はベキ級数環であり，$R'^*=R^*\otimes R'$．R'^* は完備半局所環（∵ R' は R の上に有限）だから，局所環 R'^*e_i の直和．R の元は R' で零因子でないから，各 i に対して R^* は R'^*e_i の中へ一様に入る．従って $[R'^*:R^*]=\sum_i[R'^*e_i:R^*e_i]$　そして $[R'^*e_i:R^*e_i]=[R'^*e_i/\mathfrak{m}R'^*e_i;R^*]$　ここに $\mathfrak{m}$ は R の極大イデアルで正則．よって

$$[R'^*:R^*]=[R'^*/\mathfrak{m}R'^*;R^*]=l(R'^*/\mathfrak{m}R'^*;R^*)$$

ところがこの値は $l(R'/\mathfrak{m}R';R)$ にひとしく，従って剰余環 $R'/\mathfrak{m}R'$ の体 $R/\mathfrak{m}$ の上の加群としての独立な底 $\overline{u_1},\cdots,\overline{u_r}$ の代表元を $u_1,\cdots,u_r(\in R')$ とすれば

$$[\sum R^*u_i:R^*]=[R'^*:R^*]$$

よって $R'^*=\sum_{i=1}^{r}R^*u_i$．ゆえに $(\sum Ru_i)\otimes R^*=R'^*=R'\otimes R^*$．ところが $\otimes R^*$ は有限 R-加群に対し完全函手（§2，定理2）だから $R'=\sum Ru_i$．そして u_i は一次独立で，階数は $l(R'/\mathfrak{m}R':R)$．

いま $x_1,\cdots,x_d$ を R の正則パラメター系とすれば，これは R' の正規パラメター系．ゆえに $l(R'/\mathfrak{m}R':R)=rm(\mathfrak{m}R';R)$．

局所環が非混合的であるための条件

定理 10　局所環 R が非混合的であるための必要十分な条件は，すべての 0 の素因子 $\mathfrak{p}$ について (1) rank $R/\mathfrak{p}=$ rank R, (2) $R/\mathfrak{p}$ が非混合的なことである．

（証明）　まず R の 0 が準素イデアルの場合について考える．$R/\mathfrak{p}$ が非混合的だから，環の完備化を $*$ で示すと，$(R/\mathfrak{p})^*=R^*/\mathfrak{p}R^*$ で，$\mathfrak{p}R^*$ の（R^* における）素因子を $\mathfrak{p}_1^*,\cdots,\mathfrak{p}_t^*$ とするとき corank$_{R^*}\mathfrak{p}_i^*=$ rank $R/\mathfrak{p}$．そして $\mathfrak{p}$ が R でただ一つの 0 の素因子だから rank $R/\mathfrak{p}=$ rank R．

$R_{\mathfrak{p}}$ は極小条件をみたすから $l(R_{\mathfrak{p}})$ についての帰納法で証明しよう．R の極小な準素イデアル $\mathfrak{q}(\neq 0)$ をとると，$R/\mathfrak{q}$ は非混合的，$(R/\mathfrak{q})^*$ は $\mathfrak{p}_1^*/\mathfrak{q}R^*, \cdots, \mathfrak{p}_i^*/\mathfrak{q}R^*$ より0の素因子をもたないと仮設する．そこで R^* は $\mathfrak{p}_i^*(1\leqq i\leqq t)$ より0の素因子をもたないことを証明しよう．するとすべての R^* での0の素因子 $\mathfrak{p}^*$ では $\mathrm{corank}\ \mathfrak{p}^*=\mathrm{rank}\ R$ であり，従って Rが非混合的なことが証明されたことになる．

いま $a\in\mathfrak{q}$, $a\neq 0$ とすると，$\mathfrak{q}$ は極小だから $\mathfrak{q}R_{\mathfrak{p}}=aR_{\mathfrak{p}}$. さて $b^*\in R^*$, $b^*\notin\mathfrak{p}_i^*(\forall i)$ とし，$b^*a^*=0\,(a^*\in R^*)$ とする．すると $b^*a^*\in\mathfrak{q}R^*$. 上述の仮設から $a^*\in\mathfrak{q}R^*$. $R-\mathfrak{p}=S$ とすると $\mathfrak{q}R_S^*=aR_S^*$. 従ってある $s\in S$ に対し $sa^*=ac^*(c^*\in R^*)$, よって$b^*ac^*=0$. ゆえに $b^*c^*\in 0:aR^*=(0:aR)R^*=\mathfrak{p}R^*$. ゆえに $c^*\in\mathfrak{p}R^*$. よって $ac^*=0$, $sa^*=0$. sはRで零因子でないから，R^* でも零因子でなく $a^*=0$. すなわち b^* は R^* で零因子でなく，R^* は $\mathfrak{p}_1^*, \cdots, \mathfrak{p}_t^*$ より0の素因子をもたない．

われわれの場合，条件が必要なことを次に示そう．0が $\mathfrak{p}$ に属する準素イデアルだから，$a\in 0:\mathfrak{p}$, $a\neq 0$ ととれば，$0:aR=\mathfrak{p}$. $\mathfrak{p}R^*$ の素因子を $\mathfrak{p}_1^*, \cdots, \mathfrak{p}_t^*$ とすると，Rが非混合的だから $\mathrm{corank}_{R^*}\mathfrak{p}_i^*=\mathrm{rank}\,R$ であり，いずれの $\mathfrak{p}_i^*$ にも属しない元 b^* は零因子ではない．このような b^* が法 $\mathfrak{p}R^*$ についても零因子でないことを示せばよい．

$b^*c^*\in\mathfrak{p}R^*$ とすれば，$0:aR^*=\mathfrak{p}R^*$ ゆえ $b^*c^*\in 0:aR^*$, $ab^*c^*=0$. b^* は零因子でないから $ac^*=0$, $c^*\in 0:aR=\mathfrak{p}R^*$. よって b^* は法 $\mathfrak{p}R^*$ でも零因子でない．

一般の場合について述べよう．条件 (1), (2) がみたされているとする．R で $0=\mathfrak{q}_1\cap\cdots\cap\mathfrak{q}_s$ で $\mathfrak{q}_i$ は素イデアル $\mathfrak{p}_i$ に属する準素成分とする．すると R^* で $0=\mathfrak{q}_1R^*\cap\cdots\cap\mathfrak{q}_sR^*$. そして $\mathfrak{q}_i^*$ の素因子を $\mathfrak{p}^*_{i,j}$ としておく．$R/\mathfrak{p}_i$ が非混合的ゆえ，上に証明したことから $\mathrm{rank}\ R^*/\mathfrak{p}^*_{i,j}=\mathrm{rank}\ R/\mathfrak{q}_i=\mathrm{rank}\ R/\mathfrak{p}_i$ $(\forall j)$. 従って条件(1)により R^* のすべての0の素因子 $\mathfrak{p}^*_{i,j}$ に対し $\mathrm{rank}\ R^*/\mathfrak{p}^*_{i,j}=\mathrm{rank}\,R$. よって R は非混合的である．

次に必要なこと．R が非混合的ゆえ $R/\mathfrak{q}_i$ も非混合的[1]. 従って上段の証明から $R/\mathfrak{p}_i$ も非混合的．そして $\mathrm{corank}\ \mathfrak{p}^*_{i,j}=\mathrm{rank}\ R/\mathfrak{p}_i$. ところが R は非混合的だから $\mathrm{corank}\ \mathfrak{p}^*_{i,j}=\mathrm{rank}\,R$ よってすべての $\mathfrak{p}_i$ に対し $\mathrm{rank}\ R/\mathfrak{p}_i=\mathrm{rank}\ R$.

定理 11　局所環Rが正規パラメター系をもったとする．このときRのイデアル $\mathfrak{a}$ につき $R/\mathfrak{a}$ が非混合的である必要十分条件は $\mathfrak{a}$ の素因子 $\mathfrak{p}$ の階数がすべて $\mathfrak{a}$ の階数にひとしいことである．

---

1)　$\mathrm{rank}R^*=\mathrm{rank}R$, $(R/\mathfrak{q}_i)^*=R^*/\mathfrak{q}_iR$, および R^* での0素因子は $\mathfrak{p}_{i,j}^*$ よりないことから従う．

（証明） $R/\mathfrak{p}$ が非混合的であることを証明すれば，定理 10 から本定理は従う．$\mathfrak{p}$ から元 $x_1, \cdots, x_r$ を $r=\operatorname{rank}\mathfrak{p}=\operatorname{rank}(x_1, \cdots, x_r)R$ なるようにとる（第1章，§8，定理3）．$R/(x_1, \cdots, x_r)R$ は正規パラメター系をもつから（定理4，系2），これは非混合的である．$\mathfrak{p}$ は $(x_1, \cdots, x_r)R$ の極小素因子だから $R/\mathfrak{p}$ も非混合的である（定理10）．

7. Noether 整域の整閉被 ：（一般イデアル論への応用）

Noether 整域の整閉被は，Noether 環であるか．この問題について本節では考察する．

補題 1 R を Noether 整域，R' を R の商体の部分環で $R' \supset R$ とする．R が R' の中で整閉，かつ R の各素イデアル $\mathfrak{p}$ に対して，R' の素イデアル $\mathfrak{p}'$ が存在して $\mathfrak{p}' \cap R=\mathfrak{p}$ になるならば，$R'=R$ である．

（証明） $R' \neq R$ と仮定し，$\alpha \in R', \alpha \notin R$ とする．$\mathfrak{a}=\{x|x \in R, \alpha x \in R\}$ とすれば，$\mathfrak{a}$ は R のイデアルで，$\mathfrak{a} \neq R$ である．そこで $\mathfrak{a}$ の素因子 $\mathfrak{p}$ をとり，$\mathfrak{a}:\mathfrak{p}=\mathfrak{b}$ とすれば $\mathfrak{b} \supset \mathfrak{a}$，$\mathfrak{b} \neq \mathfrak{a}$ である．だから $\alpha\mathfrak{b} \not\subseteq R$ であり，従って $b \in \mathfrak{b}$，$\alpha b \notin R$ なる元 b が存在する．そして $\alpha b\mathfrak{p} \in \alpha\mathfrak{b}\mathfrak{p} \subset \alpha\mathfrak{a} \subset R$．かつ $\alpha b\mathfrak{p} \subset \mathfrak{p}R'$．$\mathfrak{p}R'$ の素因子（R' の）を $\mathfrak{p}'$ を $\mathfrak{p}' \cap R=\mathfrak{p}$ であるようにとる．$\alpha b\mathfrak{p} \subset \mathfrak{p}' \cap R=\mathfrak{p}$．従って任意の n に対し $(\alpha b)^n\mathfrak{p} \subset \mathfrak{p}$．それゆえ $c \in \mathfrak{p}$ を一つとると，$\forall n, c(\alpha b)^n \in R$．$R$ は Noether 的だから，αb は R の上に整であり，$\alpha b \in R$．これは矛盾である．

階数1の Noether 整域では，その整閉被は Noether 的（Krull）だが，その中間の環でも Noether 的である（秋月）．それをさらに少し拡張して

定理 1 R を階数1の Noether 整域，K を R の商体，L を K の有限次拡大体とする．L の部分環 R' が R を含むならば，R' の任意の0でないイデアル $\mathfrak{a}'$ について $R'/\mathfrak{a}'$ は $R/\mathfrak{a}' \cap R$ の上の加群として有限的である．従って R' は Noether 環であって，$\operatorname{rank} R' \leqq 1$[1]．［**Krull–秋月の定理**］

（証明） R の有限な整拡大をとることにより，R と R' とは同じ商体をもつとしてよい．従って $L=K$ と仮定してよい．

$\mathfrak{a}' \cap R=\mathfrak{a}$[2] とし，$\mathfrak{p}_1, \cdots, \mathfrak{p}_n$ を $\mathfrak{a}$ の素因子（ $r=1$ ゆえ極大イデアル）全体とする．

1) R' は Noether 環ではあるが，一般に R' は有限 R–加群ではない（秋月の例）．本節の理論がむずかしくなる原因はここにある．定理1のこの形は Cohen による．

2) $\mathfrak{a}' \neq 0$ なら $\mathfrak{a} \neq 0$．なんとなれば $\alpha \in \mathfrak{a}'$，$\alpha=a/b$，$a \in \mathfrak{a}$．

$S=\bigcap_i(R-\mathfrak{p}_i)$ とすると，S の元はすべて $\mathfrak{a}$ を法として単元であるから

$$R'/\mathfrak{a}'=R'_S/\mathfrak{a}'_S,\qquad R/\mathfrak{a}=R_S/\mathfrak{a}_S$$

従ってかく R'_S, R_S をとって，すなわち $\mathfrak{a}$ が R の J-根基 $\mathfrak{m}$ に含まれるとみて証明すれば十分である．

まず R' が R の上に整である場合について証明しよう．$0\neq x\in\mathfrak{a}$ を一つとる．次に t を任意の自然数とし，R' から元 $y_1, y_2, \cdots, y_t$ を勝手にとり，$\tilde{R}=R[y_1, y_2, \cdots, y_t]$ とおく．$x\in\mathfrak{m}$ であり，y_i は整ゆえ，自然数 a を相当大きくとれば，$x^a\tilde{R}\subseteqq R$ とすることができる．

いま $l(R/xR)=h$, $l(\tilde{R}/x\tilde{R};R)=\tilde{h}$ とすると，$R\to xR$, $\tilde{R}\to x\tilde{R}$ を考えて

$$l(x^rR/x^{r+1}R)=h,\qquad l(x^r\tilde{R}/x^{r+1}\tilde{R};R)=\tilde{h}$$

ところが $x^a\tilde{R}\subset R$, $x^{r+a}R\subset x^{r+a}\tilde{R}\subset R$ ゆえ

$$l(x^a\tilde{R}/x^{r+a}\tilde{R};R)\leqq l(R/x^{r+a}R)$$

よって $r\tilde{h}\leqq(r+a)h$. これが任意の r について成立するから $\tilde{h}\leqq h$.

なお上記で $y_1, \cdots, y_t$ は任意であったから

$$l(R'/xR':R)\leqq l(R/xR)$$

$l(R'/\mathfrak{a}';R)\leqq l(R'/xR';R)$ ゆえ，$R'/\mathfrak{a}'$ は有限 $R/\mathfrak{a}$-加群である．

次に一般な場合について考える．R' における R の整閉被を $\bar{R}$ とすると，$\bar{R}$ は上の証明から Noether 的，かつ明らかに rank $\bar{R}=1$. そして $\bar{R}/\mathfrak{a}'\cap\bar{R}$ は有限 $R/\mathfrak{a}$-加群．従って $R=\bar{R}$ と仮定して証明すればよい．

さて R' が体（階数=0）でなく，1および0以外のイデアル $\mathfrak{a}'$ をもつとすれば，$\mathfrak{a}'\cap R=\mathfrak{a}$ の素因子 $\mathfrak{p}_1, \cdots, \mathfrak{p}_n$ から，前段同様 S をつくり，R'_S, R_S をつくる．すると R_S の各素イデアル $\mathfrak{p}_1, \cdots, \mathfrak{p}_n$ に対し，$\mathfrak{p}_i'\cap R_S=\mathfrak{p}_i$ となる $R'S$ の素（極大）イデアルが存在するから，補題1により $R'_S=R_S$.

上の定理は階数 >1 の場合には，そのままでは拡張できない．

定義　整域 R が次の二つの条件をみたすとき，R は **Krull 環**であるという．

(i)　$\mathfrak{p}$ が rank $\mathfrak{p}=1$ なる素イデアルならば，$R_\mathfrak{p}$ は離散的な附値環である．

(ii)　R の単項イデアルは有限個の階数1の準素イデアルの共通集合である．

注意 1　上の条件 (ii) は，次の二条件と同値である．

(ii, a)　R の単項イデアルの素因子は有限個である．

(ii, b) rank $\mathfrak{p}=1$ なる素イデアル全体にわたって $\mathfrak{p}$ を動かすと $\bigcap_{\mathfrak{p}} R_{\mathfrak{p}}=R$

(証明) (ii)⇒(ii, a) および (ii, b) を示そう. (ii) から (ii, a) は自明. 次に $\bigcap_{\mathfrak{p}} R_{\mathfrak{p}}=D$ とおき, 任意に $d \in D$ をとると, $d=a/b$, ここに $a, b \in R$. $d \in D$ ゆえ, 各 $\mathfrak{p}$ (rank $\mathfrak{p}=1$) につき $aR_{\mathfrak{p}} \subseteq bR_{\mathfrak{p}}$, $aR_{\mathfrak{p}} \cap R \subseteq bR_{\mathfrak{p}} \cap R$. ところが (ii) から $aR=\bigcap_{\mathfrak{p}_i} \mathfrak{q}_i$, $\mathfrak{q}_i=\mathfrak{q}_i R_{\mathfrak{p}_i} \cap R=aR_{\mathfrak{p}_i} \cap R$ だから $aR \subseteq bR$. よって $a/b \in R$. ゆえに $D=R$.

逆に (ii, a), (ii, b) ⇒ (ii) を示すには $a \in R$ に対し, $\bigcap_{\mathfrak{p}}(aR_{\mathfrak{p}} \cap R)=\mathfrak{a}$ とおく. (ここに $\mathfrak{p}$ は階数1の素イデアル全体にわたって変える). $b \in \mathfrak{a}$ なら, 当然 $b \in \bigcap_{\mathfrak{p}} aR_{\mathfrak{p}}$. よって $b/a \in \bigcap_{\mathfrak{p}} R_{\mathfrak{p}}=R$. ゆえに $b \in aR$. 従って $\mathfrak{a}=aR$.

注意 2 Krull 環は条件 (i), (ii, b) とから正規環である. また第1章, §10, 定理1, 2から, Noether 正規環は Krull 環である.

補題 F は次の二条件をみたす, 離散的附値環 (整域 R の商体 K の) の集合とする.

(i) $\bigcap_{\mathfrak{v} \in F} \mathfrak{v}=R$, $\mathfrak{v}$ は離散的附値環

(ii) a を R の0ならざる元とすれば, a が非単元である F の環は有限個.

S が R の0を含まない積閉集合であり, F の環で, S の各元がその中ですべて単元となるようなものの集合を F' とすれば,

$$R_S=\bigcap_{\mathfrak{v} \in F'} \mathfrak{v}$$

(証明) $\bigcap_{F'} \mathfrak{v}=\mathfrak{D}$ とおく. 明らかに $R_S \subseteq \mathfrak{D}$. この逆を証明しよう.

任意に $\mathfrak{D}$ から元をとり出し, それを $a/b (a, b \ni R)$ とする. b を非単元とする, F の環の全体を $\mathfrak{v}_1, \cdots, \mathfrak{v}_n$ とする. このうち $\mathfrak{v}_1, \cdots, \mathfrak{v}_r$ までは F' に入っていたものとし, 他は F' に属しないものとする. すると $i>r$ なら, $\mathfrak{v}_i$ で非単元となるような $s_i \in S$ が存在する. そこで m を十分大きくとり, $s=(\prod_{i=r+1}^{n} s_i)^m$ とすれば, すべての $i>r$ に対し $sa/b \in \mathfrak{v}_i$ とすることができる. そして $a/b \in \mathfrak{D}$, $s \in \mathfrak{D}$ ゆえ, $sa/b \in \mathfrak{D}$. これらから $sa/b \in \bigcap_{F} \mathfrak{v}=R$. よって $a/b \in R_S$.

定理 2 前補題における二条件をみたす離散的附値環の集合を F とする. 整域 R が Krull 環であるための必要, 十分条件はかかる集合 F の存在することである. そしてこのとき, R の階数1の任意の素イデアル $\mathfrak{p}$ について, $R_{\mathfrak{p}}$ は F に含まれる.

（証明） R が Krull 環なら注意1から，F として $R_\mathfrak{p}$ 全体をとればよい．

逆を証明しよう．R の階数1の素イデアル $\mathfrak{p}$ をとると，補題により $R_\mathfrak{p}=\bigcap_{F'}\mathfrak{v}$ なようなFの部分集合 F' の存在を知る．従って $\mathfrak{v}\in F'$ なら $\mathfrak{v}\supseteqq R_\mathfrak{p}$ であり，$R_\mathfrak{p}$ の一つの非単元 a は F' の環で非単元であり[1]，補題の第二条件から F' は有限集合でなければならぬ．F' が n 個の $\mathfrak{v}$ から成るとすると，その n 個の交わりとして $R_\mathfrak{p}$ は n 個の極大イデアルをもつべきこととなるから，$n=1$ でなければならぬ．よって $R_\mathfrak{p}\in F'\subset F$．これで定理の $\forall\mathfrak{p}\mid\mathrm{rank}\,\mathfrak{p}=1$, $R_\mathfrak{p}\in F$ となることがいえた．また $\mathrm{rank}\,\mathfrak{p}=1$ のとき，$R_\mathfrak{p}$ が離散的附値環なることもわかった．

次に単項イデアルの準素成分が階数1の素イデアルに属すべきことを証明しよう．$0\neq a\in R$ とし，a が非単元である附値環（F の）の全体を $\mathfrak{v}_1,\cdots,\mathfrak{v}_n$ とし，$\mathfrak{v}_i$ の極大イデアルを $\mathfrak{m}_i$ とする．$\mathfrak{p}_i=\mathfrak{m}_i\cap R$, $\mathfrak{q}_i=a\mathfrak{v}_i\cap R$ とおけば，$\mathfrak{m}_i^t\subseteqq a\mathfrak{v}_i$ なるべきゆえ，$\mathfrak{p}_i^t\subseteqq\mathfrak{q}_i$．そして $\bigcap_F\mathfrak{v}_i=R$ だから，$aR=\bigcap_F a\mathfrak{v}_i=\bigcap_F(a\mathfrak{v}_i\cap R)=\bigcap_i\mathfrak{q}_i$．

そこで $aR=\mathfrak{q}_1\cap\mathfrak{q}_2\cap\cdots\cap\mathfrak{q}_m$ を準素成分の共通集合としての無駄のない表現とする．ここで $\mathrm{rank}\,\mathfrak{p}_i=1$ であることを証明すればよい．例えば $\mathrm{rank}\,\mathfrak{p}_1\geqq2$ であると仮定する．

補題から $R_{\mathfrak{p}_1}=\bigcap_{F'}\mathfrak{v}$ であるような，F の部分集合 F' が存在する．F' が有限集合ならば上段に証明したように $R_{\mathfrak{p}_1}=\mathfrak{v}$ となって $\mathrm{rank}\,\mathfrak{p}_i\geqq2$ と矛盾する．よって F' は無限集合．従って a が単元であるような $\mathfrak{v}'$ は無数に F' に存在する．かかる $\mathfrak{v}'$ の極大イデアルを $\mathfrak{m}'$ とし，$\mathfrak{p}'=\mathfrak{m}'\cap R$ とおくと，当然 $\mathfrak{p}_1\supseteqq\mathfrak{p}'$[2]．

さて $aR\neq\mathfrak{q}_2\cap\cdots\cap\mathfrak{q}_m$ かつ，$\mathfrak{q}_1:\mathfrak{p}_1^t=R$ だから，$aR:\mathfrak{p}_1\neq aR$．

そこで $b\notin aR$, $b\in aR:\mathfrak{p}_1$ なる b があるが，h を $\mathfrak{p}'$ からとると，$h\in\mathfrak{p}_1$ だから $bh\in aR$ となり，$(b/a)h\in R$．

さて $a\mathfrak{v}'=\mathfrak{v}'$ だから，附値環 $\mathfrak{v}'$ で，$(b/a)h$ の値は h のそれより小でなく，$(b/a)h\in\mathfrak{p}'$，$(b/a)h=h'$ とおいて，上段の証明をくり返せば，n についての帰納法により $(b/a)^nh\in\mathfrak{p}'\subset R$．

そこで F に属する任意の附値 w をとれば，すべての n に対し

$$nw(b/a)+w(h)\geqq0$$

w は離散的ゆえ，このためには $w(b/a)\geqq0$ でなければならぬ．ところが仮設から $\bigcap_F\mathfrak{v}=R$ だから $b/a\in R$．これは $b\notin aR$ ととったことに矛盾する．よって $\mathrm{rank}\,\mathfrak{p}_1=1$．

---

1) $\mathrm{rank}\,\mathfrak{p}=1$ ゆえ，a が $\mathfrak{v}$ で単元なら，$\mathfrak{p}\mathfrak{v}=1$ となり $\mathfrak{v}$ は K で自明附値となる．

2) $R_{\mathfrak{p}_1}$ の単元は $\mathfrak{v}'$ の単元だから．

定理 4 R を Noether 整域とし，R' を R の(商体内での) 整閉被とする．このとき R' は Krull 環である．[**森与四郎，永田の定理**]

とくにRが半局所環ならば，R' の極大イデアル $\mathfrak{m}'$ の数は有限であり，$R'/\mathfrak{m}'$ は $R/\mathfrak{m}'\cap R$ の有限拡大である．

(証明) まず R が**局所環**のときについて証明しよう．

R^* を R の完備化とする．R^* が零因子をもたなければ，§ 定理8，系で R' は有限 R-加群で，従って Noether 正規環，従って Krull 的である．

R^* が零因子をもつとし[1]，根基を $\mathfrak{n}^*$，$\mathfrak{r}=R^*/\mathfrak{n}^*$ とおく．$\mathfrak{n}^*\cap R=0$ だから R は $\mathfrak{r}$ の部分環と考えられる．$\mathfrak{r}$ の全商環 K^* における，$\mathfrak{r}$ の整閉被 $\mathfrak{r}'$ をとる．R の 0 でない元は，$\mathfrak{r}$ の零因子ではないから，K は K^* の部分体と考えられ，$\mathfrak{r}'\cap K$ が考えられる．

$$\mathfrak{r}'\cap K\supseteq R'$$

は明らかであるが，この逆の包含関係も成立する．実際 $a/b(a, b\in R)$ が $\mathfrak{r}'\cap K$ に属すれば，a/b が $\mathfrak{r}$ の上に整であるから，$\mathfrak{r}$ の元 $\bar{c}_1, \cdots \bar{c}_n$ があって

$$(a/b)^n+\bar{c}_1(a/b)^{n-1}+\cdots+\bar{c}_n=0$$

$c_i{}^*$ を $\bar{c}_i$ の R^* における代表元とすれば $a^n+c_1{}^*a^{n-1}b+\cdots+c_n{}^*b^n\in\mathfrak{n}^*$．$\mathfrak{n}^*$ の元はベキ零だから，R^* の元 $d_1{}^*, \cdots, d_m^*$ があって $a^m+d_1{}^*a^{m-1}b+\cdots+d_m^*b^m=0$．よって

$$a^m\in\Big(\sum_{i=1}^{m}a^{m-i}b^iR^*\Big)\cap R=\sum(a^{m-i}b^iR^*\cap R)$$

§2，定理4から $a^{m-i}b^iR^*\cap R=a^{m-i}b^iR$ だから，$a^m\in\sum_{i=1}^{m}a^{m-i}b^iR$ であり，$d_i\in R$ に対し

$$a^m+d_1a^{m-1}b+\cdots+d_mb^m=0.$$

ゆえに a/b は R の上に整である．これをもって次の等式が得られた．

$$\mathfrak{r}'\cap K=R' \qquad (1)$$

さて R^* は Noether 的だから，$\mathfrak{n}^*$ は有限個の素イデアルの共通集合．よって $\mathfrak{r}=R^*/\mathfrak{n}^*$ の全商環 K^* は有限個の体の直和であって

$$K^*=K_1+K_2+\cdots+K_t$$

K_i の主単位を e_i とすれば，K^* の部分環として $\mathfrak{r}'$ は

$$\mathfrak{r}'=\mathfrak{r}'e_1+\mathfrak{r}'e_2+\cdots+\mathfrak{r}'e_t$$

---

1) R を $k[x, y]/(x^3+y^3-3xy)$ の原点における商環をとると，Rは局所環で Noether 整域．しかし R^* では x^3+y^3-3xy の二つの分枝による零因子が現われる．

と直和分解される[1]. そして $\mathfrak{r}'e_i$ は $\mathfrak{r}e_i$ の整閉被（K_i における）であり，完備局所環である.

ところが $\mathfrak{r}e_i$ は完備局所整域だから，§3, 定理8により $\mathfrak{r}'e_i$ は有限 $\mathfrak{r}e_i$-加群である. 従って $\mathfrak{r}'$ は有限 $\mathfrak{r}$-加群である.

かく $\mathfrak{r}'e_i$ は（Noether）正規環だから，$\mathfrak{p}_i^*$ を $\mathfrak{r}'e_i$ の階数1の素イデアルとすると

$$\mathfrak{r}'e_i=\bigcap_{\mathfrak{p}_i^*}(\mathfrak{r}'e_i)_{\mathfrak{p}_i^*}$$

そこで各 $\mathfrak{p}_i^*$ に対して

$$\mathfrak{r}(\mathfrak{p}_i^*)=K_1+\cdots+K_{i-1}+(\mathfrak{r}'e_i)_{\mathfrak{p}_i^*}+K_{i+1}+\cdots+K_t$$

とおけば

$$\mathfrak{r}'=\bigcap_{i,\mathfrak{p}_i^*}\mathfrak{r}(\mathfrak{p}_i^*)$$

従って等式 (1) から

$$R'=\mathfrak{r}'\cap K=\bigcap(K\cap\mathfrak{r}(\mathfrak{p}_i^*))$$

ところが $K\cap\mathfrak{r}(\mathfrak{p}_i^*)$ は K_i の離散的附値環を $Ke_i(\cong K)$ に制限したものとして，K の離散的附値であるか，K 自身である[2]. 不要なものは消して，

$$R'=\bigcap\mathfrak{v}$$

と離散的附値環の共通集合である. なお $a\in R'$ が $\mathfrak{v}=K\cap\mathfrak{r}(\mathfrak{p}_i^*)$ で非単元であるとは

$$a\in\mathfrak{r}'e_1+\cdots+\mathfrak{r}'e_{i-1}+\mathfrak{p}_i^*+\cdots+\mathfrak{r}'e_t$$

を意味し，かかる $\mathfrak{v}$ は有限個しかない. よって R' は定理3の二条件をみたす. よって R' は Krull 環である. これで R が局所環である場合の証明は完了した.

なお R' の極大イデアルの数が既述の t を越えないことをさきに注意しておこう. R' の極大イデアル $\mathfrak{m}_i$ が $t+1$ 個あったと仮定し，$x_i\in\mathfrak{m}_i$, $x_i\notin\mathfrak{m}_j(j\neq i)$ となるように $x_1,\cdots,x_{t+1}$ を選び，$R''=R[x_1,\cdots,x_{t+1}]$ とする. すると R'' の完備化は $R^*[x_1,\cdots,x_{t+1}]=R''^*$ である. R''^* の根基を $\mathfrak{n}''$ とすれば，明らかに $R^*\cap\mathfrak{n}''=\mathfrak{n}$ である. よって $R''^*/\mathfrak{n}''\supset R^*/\mathfrak{n}=\mathfrak{r}$. 他方 $R''^*/\mathfrak{n}''$ は $R^*/\mathfrak{n}$ の上に有限的だから，$R^*/\mathfrak{n}$ の上に整. 従って $R''^*/\mathfrak{n}''\subseteq\mathfrak{r}'$. すなわち

$$\mathfrak{r}'\supseteq R''^*/\mathfrak{n}''\supseteq R^*/\mathfrak{n}=\mathfrak{r}$$

$R''^*/\mathfrak{n}''$ は完備だから R''^* の含む極大イデアルの数だけ（$\geqq t+1$）の局所環の直和である. しかるに $\mathfrak{r}'$ は t 個の局所環の直和であり，矛盾する.

---

1) e_i は $e_i^2-e_i=0$ として整

2) $\mathfrak{p}_i^*$ が完備な $\mathfrak{r}'$ の素イデアルだから $K\cap\mathfrak{p}_i^*=0$ のことがある. すると $K\subset\mathfrak{r}(\mathfrak{p}_i^*)$.

次に R が一般な Noether 整域の場合について証明しよう.

R' の階数1の素イデアル $\mathfrak{p}'$ について, $R'_{\mathfrak{p}'}$ が離散的な附値環であることは, 前述の局所環の結果から正しい.

さらに階数1の素イデアル $\mathfrak{p}'$ に対し $\bigcap_{\mathfrak{p}'} R'_{\mathfrak{p}'}=R'$ である. 実際, 明らかに $R'\subset\bigcap_{\mathfrak{p}'} R'_{\mathfrak{p}'}$. 逆に任意に $\bigcap R'_{\mathfrak{p}'}\ni\alpha$ をとる. いま $\mathfrak{a}=\{x|x\in R,\ x\alpha\in R'\}$ とすれば, $\mathfrak{a}$ は R のイデアルだが, $\mathfrak{a}\neq 1$ と仮定する. すると $\mathfrak{p}\supset\mathfrak{a}$ なる素イデアル $\mathfrak{p}$ が存在する. $S=R-\mathfrak{p}$ として商環 R'_S をとると, R'_S は局所環 $R_{\mathfrak{p}}$ の整閉被. すると局所環について得た結果から $R'_S=\bigcap_{\mathfrak{p}''} R'_{\mathfrak{p}''}$, ここに $\mathfrak{p}''$ は $\mathfrak{p}$ に含まれる, R' の階数1の素イデアルの全体にわかって変える. 従って $\bigcap R'_{\mathfrak{p}'}\subset R'_S$ であって, $\alpha\in R'_S$. ゆえに $\alpha=\alpha'/s$, $\alpha'\in R'$, $s\in S$. よって $s\in\mathfrak{a}\subset\mathfrak{p}$ となり, $S=R-\mathfrak{p}$ と矛盾する. ゆえに $\mathfrak{a}\ni 1$ でなければならぬ. よって $\alpha\in R'$. すなわち $R'=\bigcap_{\mathfrak{p}'} R'_{\mathfrak{p}'}$.

それで R' が Krull 環を結論するためにはさらに, $a\neq 0$ を R' からとるとき, aR' が有限個より極小素因子をもたないことをいえばよい. このとき a を R にあるものと仮設して一般性を失わない. なんとなれば, $a\notin R$ なら, R の代りに $R[a]$ をとっても, a が整元だから $R[a]$ が Noether 整域であることに変りはない. だからはじめから $a\in R$ としておく.

aR は有限個より素因子をもたない(R は Noether 的). この一つを $\mathfrak{p}$ とすると, $\mathfrak{p}$ の上にある R' の素イデアル $\mathfrak{p}'(\mathfrak{p}=\mathfrak{p}'\cap R)$ は有限個よりない. 実際 $R_{\mathfrak{p}}$ を考えると, R'_S (ここに $S=R-\mathfrak{p}$) は $R_{\mathfrak{p}}$ の整閉被で, 既述のとおり有限個しか極大イデアルをもたない. (148 頁の注意).

そこで aR' の極小素因子 $\mathfrak{p}'$ について, $\mathfrak{p}'\cap R=\mathfrak{p}$ が aR の素因子なることがわかれば aR' の極小素因子は有限個よりないことが結論される. すなわち次の補題が証明されれば定理は完全に証明されたことになる.

補題 R を Noether 整域. R' を R の整閉被, $0\neq a\in R$, $\mathfrak{p}'$ を aR' の極小素因子とする. このとき $\mathfrak{p}=\mathfrak{p}'\cap R$ は aR の素因子である.

(証明) $S=R-\mathfrak{p}$ とすれば, R'_S は $R_{\mathfrak{p}}$ の整閉被, かつ明らかに $\mathfrak{p}'R'_S$ は aR'_S の極小素因子. $\mathfrak{p}'R'_S\cap R_{\mathfrak{p}}$ は $R_{\mathfrak{p}}$ の素イデアルであるが,

$$(\mathfrak{p}'R'_S\cap R_{\mathfrak{p}})\cap R=\mathfrak{p}'R'_S\cap R=(\mathfrak{p}'R'_S\cap R')\cap R=\mathfrak{p}'\cap R=\mathfrak{p}$$

だから $\mathfrak{p}'R'_S\cap R_{\mathfrak{p}}=\mathfrak{p}R_{\mathfrak{p}}$, $\mathfrak{p}R_{\mathfrak{p}}$ が $aR_{\mathfrak{p}}$ の素因子なることは, $\mathfrak{p}$ が aR の素因子なること

と同値．よってRを$R_{\mathfrak{p}}$に代えて，Rが局所環，$\mathfrak{p}$がその極大イデアルとしてよい．

Rが局所環なら，本定理ですでに証明したようにR'はKrull環であり，$\mathfrak{p}'$は単項イデアルの（極小）素因子として階数1である．かつ$\mathfrak{p}'\cap R=\mathfrak{p}$は$R$で極大ゆえ，$\mathfrak{p}'$は$R'$で極大．

$x\in\mathfrak{p}'$を，$\mathfrak{p}'$以外の極大イデアルに含まれぬようにとり，$\mathfrak{O}=R[x]$とおく．$\mathfrak{O}$は有限R-加群．$\mathfrak{p}'\cap\mathfrak{O}=\mathfrak{P}$とおけば，もちろん$\mathfrak{P}$は$\mathfrak{O}$で極大である．$\mathfrak{p}'$は$\mathfrak{P}$の上にのっている，$R'$の唯一の素イデアルである．従って昇列定理（第1章，§9，定理1，系2）により rank $\mathfrak{P}=1$でなければならないことを知る．

かく局所環Rが（Rの商体内での）有限R-加群なる整域$\mathfrak{O}$で，階数1の極大イデアル$\mathfrak{P}$をもてば，Rの極大イデアル$\mathfrak{p}(=R\cap\mathfrak{P})$は，$\mathfrak{p}$の一つの元$b\neq 0$に対し，$bR$の素因子（一般に極小ではない）になることを証明しよう． これが証明されると，第1章，定理1により，すべての$\mathfrak{p}$の元（$\neq 0$），従ってaRの素因子であることを知り，補題は証明されたこととなる．

Rの階数が1なら主張は自明．だから rank $R(=\text{rank}\,\mathfrak{p})>1$であると仮設する．すると昇列定理により rank $\mathfrak{O}(=\text{rank}\,R)>1$であり，$\mathfrak{O}$には階数$>1$なる素イデアルもあり，$\mathfrak{P}$と異なる極大イデアル$\mathfrak{P}_2,\cdots,\mathfrak{P}_r$が存在する．いま$\mathfrak{P}=\mathfrak{P}_1$と示しておこう．

$\mathfrak{O}, R$の完備化を$\mathfrak{O}^*, R^*$とし，$\mathfrak{O}_{\mathfrak{P}_i}=\mathfrak{O}_i$と書けば

$$\mathfrak{O}^*=\mathfrak{O}_1^*+\mathfrak{O}_2^*+\cdots+\mathfrak{O}_r^*,\quad \text{ただし}\quad r\geqq 2,\quad \text{rank}\,\mathfrak{O}_1^*=1.$$

$\mathfrak{O}_i^*$の主単位をe_iとすると，$e_i^2-e_i=0$．

いま$\mathfrak{O}=\sum_{i=1}^{n}\omega_iR$とすれば，$\mathfrak{O}^*=\sum\omega_iR^*$だから，$0\neq b\in\mathfrak{p}$を適当にとれば$b\mathfrak{O}\subset R$，$b\mathfrak{O}^*\subset R^*$とすることができる．$b$は$\mathfrak{O}$で零因子でないから，$\mathfrak{O}^*$でも零因子ではない．よって$be_1$は$\mathfrak{O}_1^*$でも零因子でない． 従って$b\mathfrak{O}_1^*$は$\mathfrak{O}_1^*$のイデアルとして階数は1である．そして rank $\mathfrak{O}_1^*=1$だから，ある自然数nに対し

$$\mathfrak{P}^n\mathfrak{O}_1^*\subset b\mathfrak{O}_1^*$$

ゆえに$\mathfrak{p}$の各元pに対し

$$p^ne_1\in b\mathfrak{O}_1^*\subset R^*\qquad\therefore\quad p^{2n}e_1=(p^ne_1)^2\in b^2\mathfrak{O}_1^*\subset bR^*$$

いま$p^{2n}e_1\in b^{\lambda}R^*, p^{2n}e_1\notin b^{\lambda+1}R^*$とすると，$\lambda\geqq 1$であって，$p^{2n}e_1=q^*$とおけば$q^*\in R^*$，$q^*\notin b^{\lambda+1}R^*$．

$p'\in\mathfrak{p}$を任意にとってもあるm（$\leqq 2n$）に対し$p'^me_1\in bR^*$．よって

$$p'^m q^* = (p'^m e_1)(p^{2n} e_1) \in b^{\lambda+1}R^*$$

これは p' の類が $R^*/b^{\lambda+1}R^* = (R/b^{\lambda+1}R)^*$ で零因子であることを示す．よって p' の類は $R/b^{\lambda+1}R$ でも零因子．p' は $\mathfrak{p}$ の任意の元であり，R は Noether 的ゆえ，$\mathfrak{p}$ は $b^{\lambda+1}R$ の素因子に含まれることとなるが，$\mathfrak{p}$ は R で極大だから $\mathfrak{p}$ 自身 $b^{\lambda+1}R$ の素因子である．

（証明終）

前定理で述べたように，Noether 整域の整閉被は Krull 環であるが，必ずしも Noether 整域ではない．階数 3 の場合にはその例がある（永田）．階数 1 の場合は既述のように整閉被のみならず，その中間整域もみな階数 1 の Noether 整域，ところで階数 2 の場合は整閉被は次の定理の示すように Noether 的だが中間整域には Noether 的でないものがある（永田）．

定理 3 階数 2 の Noether 整域 R の整閉被 R' は Noether 的である．

[森与–永田]

（証明） これを証明するのに，R' の素イデアルがすべて有限の底をもつことを証明する．すると第 1 章，§2，定理 13 により，R' は Noether 的である．

（Ｉ） まず R' のすべての極大イデアルは有限の底をもつことを仮設して，その他の素イデアルが有限の底をもつことを証明しよう．

$\mathfrak{p}'$ を R' の（極大でない）素イデアルとする．すると $\mathfrak{p}=\mathfrak{p}'\cap R$ は極大でない，（従って階数 1 の）R の素イデアルである．$R'_S(S=R-\mathfrak{p})$ は $R_\mathfrak{p}$ の整閉被だから，$\mathfrak{p}$ の上にのっている R' の素イデアル $\mathfrak{p}_i'$ は有限個．そこで $\mathfrak{p}'$ には含まれるが，他のかかる $\mathfrak{p}_i'$ には含まれない元 a をとって，R の代りに $R[a]$ をとっておくと，$\mathfrak{p}$ の上にのっている R' の素イデアルは $\mathfrak{p}'$ ただ一つと仮設して一般性を失わない．$R'_{\mathfrak{p}'}$ は定理 2 により離散的附値環だから $\mathfrak{p}'R'_{\mathfrak{p}'}=aR'_{\mathfrak{p}'}$ と単項イデアル．この a も要すれば R に付加して $a\in R$，従って $a\in\mathfrak{p}$ と仮設しておいて差支えない．従って $\mathfrak{p}'R'_{\mathfrak{p}'}=\mathfrak{p}R'_{\mathfrak{p}'}$．

そこで R' のイデアル $\mathfrak{q}'=\mathfrak{p}R':\mathfrak{p}'$ を考えよう．ところが $\mathfrak{q}'\supseteqq aR':\mathfrak{p}'$．一方 R' は Krull 環だから $aR'=\mathfrak{p}'\cap\mathfrak{p}_1'^{(e_1)}\cap\cdots$．ゆえに $aR':\mathfrak{p}'=\mathfrak{p}_1'^{(e_1)}\cap\cdots\not\subseteq\mathfrak{p}'$．従って $\mathfrak{q}'\not\subseteq\mathfrak{p}'$．ところが $\mathfrak{p}$ の上にのっている素イデアルは $\mathfrak{p}'$ がただ一つだから，$\mathfrak{q}'\cap R\supsetneqq\mathfrak{p}$ となり，その階数は 1 でない．それゆえ $\mathfrak{q}'\cap R$ は極大イデアルに属する準素イデアル有限個の共通集合．そして $\mathfrak{q}'$ を含む R' の素イデアルは $\mathfrak{q}'\cap R$ の素因子の上にのっているから，極大イデアルで有限個である．極大イデアルはすべて有限の底をもつから，$R'/\mathfrak{q}'$ の素イデア

ルはすべて有限底をもち，従って $R'/\mathfrak{q}'$ は Noether 的（第1章，§2，定理13）．そこで R' のかかる極大イデアル（$\mathfrak{q}'$ を含む）の共通集合を $\mathfrak{n}'$ とすると，$R'/\mathfrak{q}'$ が Noether 的だから $\exists e, \mathfrak{n}'^e \subset \mathfrak{q}'$．$R'/\mathfrak{n}'^e$ も Noether 的ゆえ $\mathfrak{q}'=(\alpha_1, \cdots, \alpha_r, \mathfrak{n}'^e)$．ところが $\mathfrak{n}'^e$ も有限の底をもつから，$\mathfrak{q}'=(\alpha_1, \cdots, \alpha_r, \beta_1, \cdots, \beta_s)$．

他方 $R/\mathfrak{p}$ の商体は $R_\mathfrak{p}/\mathfrak{p}R_\mathfrak{p}=K$．同様に $R'/\mathfrak{p}'$ のそれは $R'_{\mathfrak{p}'}/\mathfrak{p}'R'_{\mathfrak{p}'}=L$．前定理後半の主張により L/K は有限次．そして $R'/\mathfrak{p}'$ はL内で $R/\mathfrak{p}$ の整拡大（必ずしも整閉被ではない[1]）ところが $R/\mathfrak{p}$ は階数1の Noether 整域だから，秋月の定理により，$R'/\mathfrak{p}'$ もまた Noether 整域である．

そこで $\mathfrak{q}'/\mathfrak{p}'\mathfrak{q}'$ を $R'/\mathfrak{p}'$ に関する加群とみると，$\mathfrak{q}'$ が有限底をもっていたことから，$\mathfrak{q}'/\mathfrak{p}'\mathfrak{q}'$ は Noether 整域を係数域とする有限加群．従って $\mathfrak{p}' \cap \mathfrak{q}'/\mathfrak{p}'\mathfrak{q}'$ は $\mathfrak{q}'/\mathfrak{p}'\mathfrak{q}'$ の部分加群として $R'/\mathfrak{p}'$–有限加群．ところが $\mathfrak{p}' \cap \mathfrak{q}' \supset \mathfrak{p}R'$，$\mathfrak{p}R' \supset \mathfrak{p}'\mathfrak{q}'$ だから $\mathfrak{p}' \cap \mathfrak{q}'/\mathfrak{p}R'$ も $R'/\mathfrak{p}'$–有限加群．ゆえに $\mathfrak{p}' \cap \mathfrak{q}'=(\gamma_1, \cdots, \gamma_t)R' \cup \mathfrak{p}R'$．ところが $\mathfrak{p}$ は仮説から有限底をもつ．ゆえに $\mathfrak{p}' \cap \mathfrak{q}'$ は有限の底をもつ．

さて $R'/\mathfrak{p}' \cap \mathfrak{q}'$ は $R'/\mathfrak{p}'+R'/\mathfrak{q}'$ の直和に含まれる．（$\mathfrak{p}' \not\supseteq \mathfrak{q}'$ なら直和にひとしく，$\mathfrak{q}' \supset \mathfrak{p}'$ なら $\mathfrak{p}' \cap \mathfrak{q}'=\mathfrak{p}'$．）すでに証明したように $R'/\mathfrak{p}', R'/\mathfrak{q}'$ ともに Noether 的である．従って $\mathfrak{p}'=(\pi_1, \cdots, \pi_\lambda, \mathfrak{p}' \cap \mathfrak{q}')$．$\mathfrak{p}' \cap \mathfrak{q}'$ も有限底をもっていたから，$\mathfrak{p}'$ も有限底をもつ．

（II） 次に R' の極大イデアルがいつも有限の底をもつことを証明する．R' の極大イデアル $\mathfrak{m}'$ をとり $\mathfrak{m}=\mathfrak{m}' \cap R$ とする．$\mathfrak{m}$ の上にのっている，R' の極大イデアルは有限個だから，また $\mathfrak{m}'$ がただ一つのそれだと仮設して差支えない．従って $R'/\mathfrak{m}R'=R'_{\mathfrak{m}'}/\mathfrak{m}R'_{\mathfrak{m}'}$．

$\mathfrak{m}$ が有限の底をもつから局所環 $R_\mathfrak{m}$ に移して考えておけば十分である．だから R で $\mathfrak{m}$ が唯一つの極大イデアルと仮設しておく．

$\mathfrak{m}$ が階数1なら，定理1から $\mathfrak{m}'$ も有限の底をもつ．だから$\mathfrak{m}$の階数は2とする．すると $\mathfrak{m}$ の中から $a \neq 0$ をとり，aR と極小因子を共有しないように bR をとる．x を R の上の超越元とし，環 $R(x), R'(x)$ を考える．ここに $R(x)$ とは多項式環 $R[x]$ の $\mathfrak{m}R[x]$ による商環を意味する．

$\mathfrak{m}'$ が有限底をもつことをみるには，$\mathfrak{m}'R'(x)$ が有限底をもつことをいえばよい．実際 $\mathfrak{m}'R'(x)$ が底 $f_1(x), \cdots, f_r(x)$ をもつとする．[$R'(x)$ では，係数がすべては $\mathfrak{m}'$ に入らぬ多項式は単元だから，f_i はすべて多項式としておいてよい]．すると $\alpha \in \mathfrak{m}'$ に対して

1） 整なる関係は mod $\mathfrak{p}'$ をとっても保つが，mod $\mathfrak{p}'$ で整でも，逆はいえない．

$$\alpha=\sum f_i(x)\frac{Q_i(x)}{P(x)} \quad ここに\ P(x)\notin \mathfrak{m}'R'[x]$$

$$\alpha P(x)=\sum f_i(x)Q_i(x)$$

$P(x)$ の何次かの項の係数は R' の単元である．従って両辺のその次数の項の係数をくらべて

$$\alpha=\sum_{i,j}\gamma_{ij}\beta_{ij},\quad ここに\ \gamma_{ij}\ は\ f_i(x)の係数．（従って\ \gamma_{ij}\in\mathfrak{m}'）$$

これからみて $f_i(x)(1\leqq i\leqq r)$ の係数の全体 $\gamma_{i,j}(1\leqq i\leqq r,\ j=1,2,\cdots)$ で生成されるイデアルをとれば，$\mathfrak{m}'$ そのものである．

次に aR', bR' は素因子を共有しないが，$(ax+b)R'(x)$ は $R'(x)$ の素イデアルである．なんとなれば $F(x)\in R'[x]$ であって，$F(-b/a)=0$（R' の商体 K' 内で）とする．すると $K'[x]$ 内で $F(x)=(ax+b)G(x)$，$G(x)\in K'[x]$．$K'[x]$ に体 K' の附値を，係数の値の最小値をもってその整式の値ということにして拡張すれば，R' の極小素イデアルによる附値 v のすべてに関し $v(ax+b)=0$．$v(F(x))$ は常に $\geqq 0$ だから，$v(G(x))\geqq 0$．従って $G(x)$ の係数はすべて $\bigcap \mathfrak{v}'$（ここに $\mathfrak{v}'$ は R の極小素イデアルによる附値環）に属する．ところが定理2により R' は Krull 環，従って $G(x)$ は $R'[x]$ に属する．
それゆえ $R'(x)$ で $F(x)/G(x)$，$A(x)/B(x)$ の積が $(ax+b)R'(x)$ に入るとき

$$\frac{F(x)}{G(x)}\cdot\frac{A(x)}{B(x)}=(ax+b)\frac{C(x)}{D(x)},\quad G,B,D\notin\mathfrak{m}'R'[x]$$

ここに $D(-b/a)\neq 0$（もし，そうでなければ $D(x)=(ax+b)D_1(x), D_1(x)\in R'[x]$ となり，$D(x)\in\mathfrak{m}'R'[x]$.）すると $F(-b/a)$ または $A(-b/a)$ が零，前者とすれば $F(x)/G(x)$ は $(ax+b)R'(x)$ に入る．よって $(ax+b)R'(x)$ は素イデアルである．

さて $R'(x)/(ax+b)R'(x)$ は $R'[b/a]$ の商全体の部分集合である．従って $R'(x)/(ax+b)R'(x)$ は $R(x)/\{(ax+b)R'(x)\cap R(x)\}$ の商体の部分整域である．(実際 $(ax+b)R'(x)\cap R(x)=\mathfrak{p}^*$ は $R(x)$ の素イデアル)．ところが $R(x)/\mathfrak{p}^*$ は階数1の Noether 環（$R(x)$ は階数2ゆえ）だから，定理1によりまた $R'(x)/(ax+b)R'(x)$ は Noether 的．従って $\mathfrak{m}'R'(x)/(ax+b)R'(x)$ は有限の底をもつから，$\mathfrak{m}'R'(x)$ もそうであり，はじめに注意したところから $\mathfrak{m}'$ も有限の底をもつ．

8. 素元分解の一意性

整域 R において，元 a が bc と積に分解されれば，b, c いずれか一方が単元でなければならないとき，a を R の**素元**であるという．

定理 1 Noether 整域 R において，素元分解の一意性が成立するための必要十分条件は，R の階数1の素イデアルがすべて単項なことである．このときイデアル $\mathfrak{a}$ が単項であるための必要十分条件は $\mathfrak{a}$ のすべての素因子の階数が1なることである．

（証明） R において素元分解の一意性が成り立ったとする．いま p を一つの素元とするとイデアル pR は素イデアルである．なんとなれば，b, c が共に p で割りきれないと，積 bc は pR に含まれないからである．さて $\mathfrak{p}$ を階数1の素イデアルとし，$\mathfrak{p}\ni a\neq 0$ をとると，$a=p^{\lambda}p_2^{\lambda_2}\cdots$ と素元に分解される．$a\in\mathfrak{p}$ だから，p_i の中少なくとも一つ，例えば $p\in\mathfrak{p}$. よって $pR\subseteqq\mathfrak{p}$. しかるに pR は素イデアル $(\neq 0)$，$\mathfrak{p}$ の階数が1だから $\mathfrak{p}=pR$ でなければならない．

逆に $\mathrm{rank}\,\mathfrak{p}=1$ なる $\mathfrak{p}$ は $\mathfrak{p}=aR$ であったとする．p を任意の素元とすると，Noether 環の性質から $pR=\mathfrak{q}_1\cap\mathfrak{q}_2\cap\cdots$ ここに $\mathfrak{q}_i$ は素イデアル $\mathfrak{p}_i$ に属する準素成分．もし $\mathfrak{p}$ が極小素因子なら階数1で $pR\subseteqq\mathfrak{p}=aR$. よって $p=ab(b\in R)$. p は素元ゆえ $\mathfrak{p}=pR$. それで任意の元の素元分解は，素イデアルのベキ積の分解であり，従って一意的である．

第二段の主張は自明である．

この初等的な定理1の上に，局所整域について興味ある定理が従う．

定理 2 局所整域 R の完備化 R^* において素元分解の一意性が成り立てば，R においても成立する．（この仮設では R^* が整域であることも含まれている）

（証明） R^* で階数1の素イデアル $\mathfrak{p}^*$ は単項イデアル，従って $R^*_{\mathfrak{p}^*}$ は離散的附値環．また素元分解の一意性から $\bigcap_{\mathfrak{p}^*(\mathrm{rank}\,\mathfrak{p}^*=1)} R^*_{\mathfrak{p}^*}=R^*$. よって R^* は正規環である．

$R^*_{\mathfrak{p}^*}$ で与えられる R^* の商体 K^* の附値を，R の商体 K に制限すれば，K の離散的附値を得るが，それら附値環の共通集合は R に他ならない（$\because$ $R^*\cap K=R$）よって R はまた正規環である．そこで R の階数1の素イデアル $\mathfrak{p}$ をとると，$R_{\mathfrak{p}}$ は離散的附値環で $\mathfrak{p}R_{\mathfrak{p}}=aR_{\mathfrak{p}}$ なる a がある．そこで $S=R-\mathfrak{p}$ とおくと $\mathfrak{p}R^*_S=aR^*_S$，かつ aR^*_S の素因子はすべて階数1．S の元は $\mathfrak{p}R^*$ を法として零因子ではないから，$\mathfrak{p}R^*$ の素因子はすべて階数1，ゆえに $\mathfrak{p}R^*$ は単項イデアルであり，$\mathfrak{p}R^*=p^*R^*$ なる $p^*\in R^*$ が存在する．

R^* の極大イデアルを $\mathfrak{m}^*$ とする．各 $p\in\mathfrak{p}$ について $p=p^*a^*$ なる $a^*\in R^*$ をとる．このような a^* がすべて $\mathfrak{m}^*$ に含まれれば，$\mathfrak{p}R^*\subseteqq p^*\mathfrak{m}^*=\mathfrak{p}R^*\cdot\mathfrak{m}^*$. 従って $\mathfrak{p}R^*=\mathfrak{p}R^*\cdot\mathfrak{m}^*$, $\mathfrak{p}R^*=\mathfrak{p}R^*\cdot\mathfrak{m}^{*n}$. よって $\mathfrak{p}R^*=\bigcap_n\mathfrak{p}R^*\cdot\mathfrak{m}^{*n}=0$ となり矛盾する．だから a^* が R^* の単元

になるようなものがある．すなわち p^* を $\mathfrak{p}$ の元から選び得る．よって

$$\mathfrak{p}=\mathfrak{p}R^*\cap R=pR^*\cap R=pR$$

かく $\mathfrak{p}$ は単項である．従って定理1から定理2は従う．

補題 R を Noether 整域，S を R の部分積閉集合（0を含まぬ）とし，S の元はすべて単項素イデアルの生成元の積であるとする．R_S で素元分解の一意性が成り立てば，R において成立する．

（証明） R の階数1の素イデアル $\mathfrak{p}$ を任意にとる．$\mathfrak{p}\cap S\neq\phi$ なら，$\mathfrak{p}$ は明らかに単項イデアル．$\mathfrak{p}\cap S=\phi$ とすると，$\mathfrak{p}R_S$ は単項イデアル．$\mathfrak{p}\ni x$ を $xR_S=\mathfrak{p}R_S$，そして x は S のどの元の素因子でも割りきれないようにとっておく．（S の元はかかる元の積ゆえ可能）．任意に $\mathfrak{p}\ni y$ をとる．$ys=xz(s\in S,\ z\in R)$，s の素因子で x は割れないから，z が割れ，$y\in xR$．よって $\mathfrak{p}=xR$.

定理 3 半局所整域 R において，いずれの極大イデアル $\mathfrak{m}$ に対しても $R_\mathfrak{m}$ において素元分解の一意性が成り立てば，R においても成立する．

注意 これは半局所 Dedekind 環のときの結果の一般化である．

（証明） R の極大イデアルの全体を $\mathfrak{m}_1,\mathfrak{m}_2,\cdots,\mathfrak{m}_t$ とする．t についての帰納法で証明する．それには補題の S として，$\mathfrak{m}_1,\cdots,\mathfrak{m}_{t-1}$ のいずれにも属しない元の集合をとり，すなわち $S=\bigcap_{j<t}(R-\mathfrak{m}_j)$ とする．そこで S の元が単項素イデアルの生成元の積に分かれることを証明し，この結果に補題を適用しよう．

$x\in S$ とすれば，単元ではない限り $x\in\mathfrak{m}_t$，そこで xR の素因子 $\mathfrak{p}$ がすべて単項であることを示せばよい．$R_{\mathfrak{m}_i}$ はいずれも正規ゆえ（定理2の証明参照），Rは正規．従って $\mathfrak{p}$ の階数は1である（第1章，§10，定理3）．

$\mathfrak{p}\mathfrak{m}_t\cup\mathfrak{m}_i=R(i<t)$，従って $R/\mathfrak{p}\mathfrak{m}_t=R_{\mathfrak{m}_t}/\mathfrak{p}\mathfrak{m}_tR_{\mathfrak{m}_t}$．かつ $\mathfrak{p}R_{\mathfrak{m}_t}$ は単項ゆえ，$p_1\in\mathfrak{p}$ を，$\mathfrak{p}=p_1R\cup\mathfrak{p}\mathfrak{m}_t$ であるように選ぶことができる．

$\mathfrak{m}_1,\cdots,\mathfrak{m}_{t-1}$ のうち p_1 を含むものの全体を $\mathfrak{m}_{i_1},\cdots,\mathfrak{m}_{i_s}$ とし，$b\in\mathfrak{p}\mathfrak{m}_t$ を $\mathfrak{m}_{i1},\cdots,\mathfrak{m}_{i_s}$ のいずれにも属せず，他の $\mathfrak{m}_j$ にはすべて属するようにとる．（これは $\mathfrak{p}\notin\mathfrak{m}_{\mathfrak{p}_i},\ i<t$ であるから b_i を $\mathfrak{p}\mathfrak{m}_t\prod_{j\neq i}^{t-1}\mathfrak{m}_j$ からとり $b_i\equiv1\,(\mathfrak{m}_i)$ とし，$\sum_{i_1}^{i_s}b_i=b$ とすればよい）すると $p=p_1+b$ は $\mathfrak{m}_1,\cdots,\mathfrak{m}_{t-1}$ のいずれにも属せず

$$pR\cup\mathfrak{p}\mathfrak{m}_t=p_1R\cup\mathfrak{p}\mathfrak{m}_t=\mathfrak{p}.$$

従って $\mathfrak{p}=pR\cup\mathfrak{p}\mathfrak{m}_t=pR\cup\mathfrak{p}\mathfrak{m}_t^2=\cdots.\ \bigcap_n\mathfrak{m}_t^nR_{\mathfrak{m}_t}=0$ ゆえ $\mathfrak{p}R_{\mathfrak{m}_t}=pR_{\mathfrak{m}_t}$．ゆえに $\mathfrak{p}/p\subseteq R_{\mathfrak{m}_t}$.

また $p\notin\mathfrak{m}_i(i<t)$ ゆえ，$\mathfrak{p}/p\subseteqq R\mathfrak{m}_i(i<t)$．よって $\mathfrak{p}/p\subseteqq\bigcap_{i=1}^{t}R\mathfrak{m}_i=R$．すなわち $\mathfrak{p}=pR$ と単項である．かくして S の各元は単項素イデアルの生成元の積に分かれる．

さて R_S の極大イデアルは $\mathfrak{m}_1R_S,\cdots,\mathfrak{m}_{t-1}R_S$ だけであるから，帰納法の仮設から R_S では素元分解の一意性は成り立つ．従って補題から R でも成立する．

正則局所環 R が (1) 体を含むか，または (2) p が $R/\mathfrak{m}$ の標数で，$p\notin\mathfrak{m}^2$ であるかのいずれかが成立したとする．このとき R は**不分岐正則局所環**であるという．

定理 4 正則局所環 R においてrank $R\leqq 2$であるか，不分岐ならば，R において素元分解の一意性は成立する．

（証明） rank $R=1$ ならば明らかであろう．rank $R=2$ とし，Rの極大イデアルを $\mathfrak{m}$，正則パラメター系を (x,y) とする．

階数1の素イデアル $\mathfrak{p}$ を任意にとる．$x\in\mathfrak{p}$ ならば，R/xR は階数1の正則局所環となるから，これは整域であり，従って xR は素イデアル．ゆえに $\mathfrak{p}=xR$．

$x\notin\mathfrak{p}$ とすると，R/xR は上述のように階数1の正則局所環ゆえ $xR\cap\mathfrak{p}/xR$ は単項イデアル．すなわち $\mathfrak{p}\cup xR=pR\cup xR$ となる $p\in\mathfrak{p}$ が存在する．$z\in\mathfrak{p}$ を任意にとると $z=pz_1+xz_2(z_i\in R)$．これから $xz_2\in\mathfrak{p}$．よって $z_2\in\mathfrak{p}$ でなければならない．ゆえに $\mathfrak{p}\subseteqq pR\cup x\mathfrak{p}$．従って $\mathfrak{p}\subseteqq pR\cup x^n\mathfrak{p}$．$x\in\mathfrak{m}$ だから $\mathfrak{p}=pR$．

次に R は不分岐であったとする．R が不分岐なら，その完備化 R^* も不分岐である．だからはじめから R は完備であるとしておく．すると構造定理から R は係数環 I をもち，R は I の上の級数環 $I\{x_1,\cdots,x_d\}$ になる（I が体のときは $d=\text{rank}\,R$，そうでないときは $d+1=\text{rank}\,R$）．従って素元分解の一意性が R で成り立つ．

第 4 章　幾何学的環（アフィン環）

1.　標点（Spot）

体 k の上に有限個の元で生成された**整域**，すなわち**アフィン環** R と，その素イデアル $\mathfrak{p}$ とにより，商環 $R_\mathfrak{p}$ の形に表わし得られる局所環を，k の上の**標点**という．R の商体が L であるとき，$R_\mathfrak{p}$ は L の一つの標点であるといい，L は R または $R_\mathfrak{p}$ の**函数体**であるともいう．

$R_\mathfrak{p}/\mathfrak{p}R_\mathfrak{p}$ は k の上の一つの函数体であるが，この k の上の超越次元を，$R_\mathfrak{p}$ の k 上の**次元**といい，$\dim_k R_\mathfrak{p}$，または単に $\dim R_\mathfrak{p}$ で表わす．

正規化定理（第1章，§11）系1により

$$\dim R_\mathfrak{p}+\mathrm{rank}\, R_\mathfrak{p}=\mathrm{rank}\, R(=\dim L)$$

例えば代数閉体 k 上の 3 次元アフィン空間 $k[X_1, X_2, X_3]$ におかれた，既約な代数曲面 F——$f(X_1, X_2, X_3)=0$ で定義せられた——をとるとき，(x_1, x_2, x_3) をその曲面上の一般点の座標とすれば，$R=k[x_1, x_2, x_3]$ は一つのアフィン環である．F 上の一点 $P_0(x_1^{(0)}, x_2^{(0)}, x_3^{(0)})$ に対して $\mathfrak{p}_0=(x_1-x_1^{(0)}, x_2-x_2^{(0)}, x_3-x_3^{(0)})$ が考えられるが，$R_{\mathfrak{p}_0}$ は一つの標点である．また F 上で $g(x_1, x_2, x_3)=0$ との交わりが既約なとき，単項イデアル $g(x_1, x_2, x_3)$ は素イデアルである（これを $\mathfrak{p}_1$ とする）．すると $R_{\mathfrak{p}_1}$ も一つの標点である．そして $\dim R_{\mathfrak{p}_0}=0$，$\dim R_{\mathfrak{p}_1}=1$．$\mathrm{rank}\, R_{\mathfrak{p}_0}=2$，$\mathrm{rank}\, R_{\mathfrak{p}_1}=1$ である．

$\mathfrak{p}'$ が $\mathfrak{p}$ を含む素イデアルであるとき，$R_{\mathfrak{p}'}$ は $R_\mathfrak{p}$ の一つの**特殊化**であるという．これは第2章でも述べたが，P' が広義での局所環（擬局所環）でも，$\mathfrak{p}$ が P' の素イデアルであるとき，$P=P'_\mathfrak{p}$ とすれば，P' は P の特殊化である．

上の例では，点 $(x_1^{(0)}, x_2^{(0)}, x_3^{(0)})$ が曲線 $g=0$ の上にあるとき，$P_0=R_{\mathfrak{p}_0}$ は $P_1=R_{\mathfrak{p}_1}$ の一つの特殊化である．

正規化定理から容易に導かれるように

定理 1　標点 P が標点 Q の特殊化であれば，$P_1=P, P_2, \cdots, P_r=Q$ を 1）P_i は P_{i+1} の特殊化，かつ　2）$\dim P_i=\dim P_{i+1}-1 (i=1,2,\cdots,r-1)$ が成立するようにとることができる．

標点 P の部分体 k で，$\dim_k P=0$ であるとき，k を標点 P の**基体**という．

また正規化定理から容易に

定理 2　係数体 k を P の函数体の中で適当に拡張して，任意の標点 P は基体をもつようにされる．

2. 標点の解析的不分岐性

半局所環 R の完備化が0以外にベキ零元をもたないとき，R は**解析的不分岐**であるという．$\mathfrak{a}$ が R のイデアルで，$R/\mathfrak{a}$ が解析的不分岐であるとき，$\mathfrak{a}$ は**解析的不分岐**であるという．

補題 1　R を正規半局所環，$\mathfrak{p}$ を R の階数1の素イデアル，R^* を R の完備化，$\mathfrak{p}^*$ を $\mathfrak{p}R^*$ の一つの素因子であるとする．$\mathfrak{p}$ が解析的不分岐ならば，$R^*_{\mathfrak{p}^*}$ は離散的附値環である．

(証明)　$\omega\in\mathfrak{p}$ を $\omega\in\mathfrak{p}^2R_{\mathfrak{p}}$ でないようにとる．$R_{\mathfrak{p}}$ はやはり正規，かつ $\operatorname{rank}\mathfrak{p}=1$ ゆえ，$R_{\mathfrak{p}}$ は単項イデアル環で $\omega R_{\mathfrak{p}}=\mathfrak{p}R_{\mathfrak{p}}$. R での $\mathfrak{p}$ の底を $(\alpha_1,\cdots,\alpha_t)$ とすれば，$\forall i\ \alpha_i\in\omega\cdot\dfrac{a}{s}$ $(a, s\in R, s\notin\mathfrak{p})$，すなわち $s(\alpha_1,\cdots,\alpha_t)\in\omega R$. よって

$$\omega R:\mathfrak{p}\not\subseteq\mathfrak{p}.$$

いま $s\in\omega R:\mathfrak{p}$, $s\notin\mathfrak{p}$ とし，$a^*\in R^*$ を $a^*\notin\mathfrak{p}^*$，かつ $\mathfrak{p}^*$ 以外の $\mathfrak{p}R^*$ のすべての素因子には含まれるようにとる．$c^*=a^*s$ とすれば，$\mathfrak{p}$ が解析的不分岐，従って $\mathfrak{p}R^*$ はその素因子の共通集合だから

$$c^*\notin\mathfrak{p},\quad \mathfrak{p}^*c^*=(\mathfrak{p}^*a^*)s\subseteqq\mathfrak{p}R^*\cdot s\subseteqq\omega R^*$$

よって $\mathfrak{p}^*R^*_{\mathfrak{p}^*}\subseteqq\omega R^*_{\mathfrak{p}^*}$，従って　　$\mathfrak{p}^*R^*_{\mathfrak{p}^*}=\omega R^*_{\mathfrak{p}^*}$

すなわち $R^*_{\mathfrak{p}^*}$ は正則局所環．しかも階数は1．よって離散的な附値環である．

補題 2　R を正規半局所環，R^* を R の完備化とする．$0\neq t\in R$ について (1) $tR\neq R$　(2) tR の素因子はすべて解析的不分岐であるとする．元 u が R^* の上に整であって $tu\in R^*$ ならば，$u\in R^*$ である．

(証明)　tR の素因子を $\mathfrak{p}_1,\cdots,\mathfrak{p}_r$($R$ は正規環ゆえ，これらはすべて階数は1) $\mathfrak{p}_iR^*$ の素因子のすべてを $\mathfrak{p}^*_{i,j}(j=1,2,\cdots)$ とし，$S=\bigcap_i R-\mathfrak{p}_i$ としておく．

R_S は半局所環で Dedekind 的である．従って R_S は単項イデアル環である．$x_i\in R$ を $\mathfrak{p}_iR_S=x_iR_S$ であるようにとれば，

$$tR_S = x_1^{e_1} \cdots x_r^{e_r} R_S \quad (e_i \geqq 1)$$

$tu \in R^*$ だから，S から元 s を適当にとって

$$tus \in x_1^{f_1} \cdots x_r^{f_r} R^*$$

とできる．ここで各 f_i を，上式が成り立つような最大値に選んでおく．すると $e_i \leqq f_i$ でなければならぬ．これを証明しよう．

w_{ij} を $R^*_{\mathfrak{p}^*_{i,j}}$ で定められる附値（補題１），ϕ_{ij} を $R^* \to R^*_{\mathfrak{p}^*_{i,j}}$ の自然写像とし，これを R^* の全商環から $R^*_{\mathfrak{p}^*_{i,j}}$ の商体のそれに拡張して考えておく．

いま例えば $e_1 > f_1$ として矛盾を導こう．さて

$$tus = x_1^{f_1} \cdots x_r^{f_r} z, \quad z \in R^*$$

u が R^* の上に整だから $w_{1j}(\phi_{1j}(u)) \geqq 0$．また

$$w_{ij}(\phi_{1j}(t)) = e_1 > f_1 = w_{1j}(\phi_{1j}(x_1^{f_1} \cdots x_r^{f_r}))$$

だから $w_{1j}(\phi_{1j}(z)) \geqq 1$．従って $\phi_{1j}(z) \in \phi_{1j}(\mathfrak{p}_{1j}^*)$．$z \in R^*$ ゆえ $z \in \mathfrak{p}^*_{1j}$

ところが解析的不分岐性の仮設から $x_1 R^*_S = \bigcap_j \mathfrak{p}^*_{1j}$. それゆえ $z \in x_1 R^*_S$. ゆえに S から適当に元 s' をとると $zs' = x_1 z'$, $(z' \in R^*)$．ゆえに $tuss' = x_1^{f_1} \cdots x_r^{f_r} zs' = x_1^{f_1+1} x_2^{f_2} \cdots x_r^{f_r} z'$, $ss' \in S$ となり，$f_1, \cdots, f_r$ が最大値との仮定に矛盾する．よって $e_1 \leqq f_1$ である．

そこで $tu \in R^*$ なら，$s', s \in S$ を適当にとると

$$(tu)s' \in x_1^{e_1} \cdots x_r^{e_r} R^*, \quad (tu)s \in tR^*$$

ところが $tR : sR = tR$, 従って $tR^* : sR^* = tR^*$．それゆえ

$$tu \in tR^*$$

すなわち $tu = tz''(z'' \in R^*)$．t は R^* でも零因子ではないから $u = z'' \in R^*$.

定理 1 任意の標点は解析的不分岐である．とくに正規標点の完備化は正規環である．[Chevalley–Zariski]

（証明） 標点 P の階数を r とする．$r=0$ ならば自明だから，階数についての帰納法で証明する．P の非単元 $d(\neq 0)$ をとれば，dP の素因子は帰納法の仮設から解析的不分岐.

まず P を正規環として，その完備化 P^* が正規環（従って整域，従って解析的不分岐）であることを証明しよう．P は正規アフィン環（従って整域）$R = k[x_1, x_2, \cdots, x_n]$ とその極大イデアル $\mathfrak{p}$ とによって $P = R_{\mathfrak{p}}$ とみて差支えはない．（k は P の基体にとる）．すると正規化定理により R は多項式環 $R_0 = k[z_1, z_2, \cdots, z_r]$（$z_1, z_2, \cdots, z_r$ は k の上に代数

的独立）の上に整であると考えてよい．

さて R の商体 L が，R_0 の商体 L_0 の上に分離的拡大であるとする．すると $a\in R$ を $R_0[a]$ の商体が L となるように選べる．a の R_0 上にみたす既約多項式を $f(X)$ とし，その判別式を d とする．

$\mathfrak{p}\cap R_0=\mathfrak{p}_0$，$S=R_0-\mathfrak{p}_0$ とおき，$R_0'=R_{0S}$，$R'=R_S$ とすれば，R_0' は正則局所環であり，R' は R_0' の上に整閉な半局所環である．R' はアフィン環から導かれたものとして R_0' の上の有限加群であるから(第1章，§11，系5)，R_0' の完備化 $R_0'^*$ は，R' のそれ R'^* の部分空間である（§2，定理7）．そして R'^* と $R_0'^*[a]$ とは同一の全商環をもつ．この全商環内での R'^* の整閉被 $\bar{R}'^*$ をとると

$$d\bar{R}'^*\subseteqq R'_0{}^*[a]\subseteqq R'^*$$

帰納法の仮設から，すでに注意したように dR' の素因子はすべて解析的不分岐，従って補題2により $\bar{R}'^*\subseteqq R'^*$．よって R'^* は整閉である．

また $R_0'^*$ でも $d\neq 0$ だから，$f(X)$ は $R_0'^*$ で可約にはなり得ても，重複因子は有し得ない．従って $R_0'^*[a]$ はベキ零元をもたない．ところが $dR'^*\subseteqq R_0'^*[a]$ だから R'^* はベキ零元を有し得ない．（すなわち R'^* の0は，素イデアルの共通集合）．

R'^* は半局所環の完備化として，完備局所環の直和であるが，これらは上述によりいずれも整域であり，正規環である．$R^*{}_\mathfrak{p}$ は R'^* の一つの直和因子であるから，$R^*{}_\mathfrak{p}=P^*$ は正規環である．

次に R の商体 L が，R_0 の商体 L_0 の上に非分離的な場合を考えよう．k の元 $a_1,\cdots,a_s$ および k の標数 p の適当なベキ q をとって，

$$L'=L\left(a_1^{\frac{1}{q}},\cdots,a_s^{\frac{1}{q}},z_1^{\frac{1}{q}},\cdots,z_r^{\frac{1}{q}}\right)$$

が

$$L_0'=L_0\left(a_1^{\frac{1}{q}},\cdots,a_s^{\frac{1}{q}},z_1^{\frac{1}{q}},\cdots,z_r^{\frac{1}{q}}\right)$$

の上に分離的であるようにする．$k\left(a_1^{\frac{1}{q}},\cdots,a_s^{\frac{1}{q}}\right)=k'$ とし

$$\mathfrak{o}_0=k'\left[z_1^{\frac{1}{q}},\cdots,z_r^{\frac{1}{q}}\right]$$

$\mathfrak{o}$ を L' における（R_0 上の）整閉被とする．すると分離的な場合の結果により，$\mathfrak{o}$ の商環で半局所環なものについては，その完備化は正規局所環の直和である．従って R_0' の L' における整閉被 $R''=R_0'[\mathfrak{o}]$ についてもそうである．

$b_1=1,\ b_2,\cdots,b_t$ を R の元で，R_0 の上で一次独立，かつ $\sum R_0b_i$ が R と同じ函数体を

もつアフィン環であるものとする．さらに $\mathfrak{o}$ から元 $c_1, \cdots, c_u$ を $\sum R_0 b_i$ の上に一次独立，かつ $\sum R_0 b_i c_j$ が $\mathfrak{o}$ と同じ函数体をもつようにとる．$\mathfrak{o}$ は R_0 の上の有限加群であるから（第1章，§11，正規化定理，系5），R_0 の0でない元 d で

$$d\mathfrak{o} \subseteqq \sum R_0 b_i c_j$$

なるものがある．

さて $R_0'[\mathfrak{o}]=R''$ のk'の上の完備化 R'' は $R_0'^*[\mathfrak{o}]$ で，これは上述のように正規環の直和，従って R'^*（$\subset R_0'^*[\mathfrak{o}]$）の L 内での整閉被 $\bar{R}'^*$ は $R_0'^*[\mathfrak{o}]$ に含まれる．よって

$$d\bar{R}'^* \subseteqq R_0'^*[d\mathfrak{o}] = \sum R_0'^* b_i c_j$$

ところが c_j は $\sum R_0' b_i$，従って $\sum R_0'^* b_i$ の上に一次独立（§2, 定理8），かつ $R' \subset L$ だから

$$d\bar{R}'^* \subseteqq \sum R_0'^* b_i \subseteqq R'^*$$

そこで帰納法の仮設の dR' の素因子が解析的不分岐性なることから，補題2で $\bar{R}'^* \subseteqq R'^*$．ゆえに $\bar{R}'^*=R'^*$．よって P^* は正規環である．

次に標点 P が正規でない場合について考えよう．P の商体内での整閉被を $\bar{R}$ とすれば，$\bar{R}$ は半局所正規環である．$\bar{R}$ の完備化は上段の証明により，正規局所環（整域）の直和である．従って $\bar{R}$ は解析的不分岐である．他方 $\bar{R}$ は P の上に有限な加群であるから（第1章 §11, 系5），P は $\bar{R}$ の部分空間である．従って P も解析的不分岐である．

系 標点 P は非混合的である．そしてその商体 $\{P\}$ 内での整閉被 $\bar{R}$ のもつ極大イデアルの個数と，P の完備化 P^* の0の素因子の個数とは等しい．

（証明） P の整閉被 $\bar{R}$ の極大イデアルのすべてを $\mathfrak{m}_1, \cdots, \mathfrak{m}_s$ とすれば，$\bar{R}$ の完備化 $\bar{R}^*$ は完備正規環 P_i^* の直和にひとしく，P_i^* は $\bar{R}_{\mathfrak{m}_i}$ の完備化であることは上の定理の証明から知るところである．なお知るところは，$\bar{R}^*$ は正規環 P_i^* の直和として，P の完備化 P^* の全商環 $\{P^*\}$ における P^* の整閉被である．ところが P^* で0は素イデアル $\mathfrak{p}_j\,(j=1, 2, \cdots, t)$ の共通集合（前定理）だから，$\{P^*\}$ は $P^*/\mathfrak{p}_j$ の商体 K_j の直和にひとしい．

$\bar{R}$ は P の上に有限的だから，$\bar{R}^*=P^*[R]$．$\bar{R} \subset \{P\}$ だから $\{\bar{R}^*\}=\{P^*\}$，ここに $\{\bar{R}^*\}$ は $\bar{R}^*$ の全商環．従って $\{\bar{R}^*\}=\sum_{j=1}^{t} K_j$ と直和に分かれる．ゆえに P_i^* は K_i 内での P^* の整閉被でなければならない．よって $s=t$ でなければならない．

次に P_j^* は局所完備整域 $P^*/\mathfrak{p}_j$ の整閉被として §3，定理8により，後者の上に有限，よって第1章，§9，定理2から $\operatorname{rank} P_j^* = \operatorname{rank}(P^*/\mathfrak{p}_j)$．

また P_j^* は $\bar{R}_{\mathfrak{m}_j}$ の完備化として rank P_j^*=rank $\bar{R}_{\mathfrak{m}_j}$, さらに rank $\bar{R}_{\mathfrak{m}_j}$=dim$L$=rank P[1]. ゆえに rank $P^*/\mathfrak{p}_j$=rank P. よって P は非混合的である.

正規標点の解析的不分岐性から函数体内の双有理変換の基本定理を局所環論的に表現し，それを証明することができる.

定理 2　函数体 L の正規標点 P が L の標点 P' に支配され(すなわち $P'\supset P$ であり)かつ $\dim P'=\dim P$, P の極大イデアルを $\mathfrak{m}$ とすれば $\mathfrak{m}P'$ は P' の極大イデアルに属する準素イデアルであるとする．このときは $P=P'$ でなければならぬ.

注意　$L=k(X,Y)$, $R=k\,[X,Y]$, $P=R_{\mathfrak{p}}$, $\mathfrak{p}=(X,Y)$. $R'=k\left[X,Y,\dfrac{Y}{X}\right]$, $P'=R'_{\mathfrak{p}'}$

$\mathfrak{p}'$, $\mathfrak{p}'=\left(X,Y,\dfrac{Y}{X}-1\right)$とすれば $P'\supset P$, $\dim P'=\dim P=0$ であるが,

$\mathfrak{m}P'=(X,Y)P'=\left(X,X\dfrac{Y}{X}\right)P'=XP'$ は $\mathfrak{m}'P'$ に属する準素イデアルではない.

(証明)　標点 P' の完備化を P'^* とする．この P' の位相で，部分集合 P の位相はひきおこされるが，これと標点 P そのものの位相とは同値であると即断し得ない[2].

もちろん $\mathfrak{m}'^n\cap P\supseteqq\mathfrak{m}^n$ だから，P での収束列 $\{a\}$ は P' の位相でも収束する．従って $\{a\}$ の P^* における極限には P'^* における極限が定まる．この $P^*\to P'^*$ なる中への写像を φ とする(P^* で異なる二元に P'^* では同一の元が対応することはあるかも知れない)．P^* は完備だから，その像 $\varphi(P^*)$ は P'^* で閉じている.

第2節，定理9の諸条件を $\varphi(P^*)\subset P'^*$ はみたしているから，P'^* は $\varphi(P^*)$ の上に有限加群である．それゆえ第1章，§9, 定理2により rank P'^*=rank $\varphi(P^*)$.

他方 $\dim P=\dim P'$ から rank P=rank P'．ところが階数は完備化しても変らないから rank P^*=rank P=rank P'=rank P'^*=rank $\varphi(P^*)$.

P^* は正規標点の完備化として正規環(整域)．それゆえ φ が同型でない限り，rank $\varphi(P^*)<$rank P^*．ゆえに φ は同型対応でなければならぬ．よって $P^*\subseteqq P'^*$ とみることができる.

P^*, P'^* とが同じ商体をもてば，P'^* は P^* の上に有限だから，整であり，$P'^*=P^*$ と

1)　$\bar{R}_{\mathfrak{m}j}=\bar{R}_j$ とおくと $\dim(\bar{R}_j)_{\mathfrak{p}}+\text{rank}(\bar{R}_j)_{\mathfrak{p}}=\text{rank}\,\bar{R}_j$, $(R_j)_0=L$ だから $\dim(\bar{R}_j)_0+\text{rank}(\bar{R}_j)_0=\dim\bar{R}_j+0=\text{rank}\,\bar{R}_j$, 同様に $\dim L=\text{rank}\,P$

2)　$\mathfrak{m}'^n\cap P\supseteqq\mathfrak{m}^n$, また $\mathfrak{m}P'\supseteqq\mathfrak{m}'^r$ となってはいるが，よしそうでも $\mathfrak{m}^nP'\cap P\subseteqq\mathfrak{m}$ なる n が s に対して存するとはいえないから，P' からひきおこされる位相と，P そのものの位相とは同値ではあるとはすぐはいえない.

なるが，これらの商体は異なるかも知れない.

とにかく上に証したように P'^* は P^* の上に有限だから，$a/b \in P'$ $(a, b \in P)$ は P^* の上に整，従って

$$\left(\frac{a}{b}\right)^n + c_1^*\left(\frac{a}{b}\right)^{n-1} + \cdots + c_n^* = 0$$

なる $c_i^* \in P^*$ は存在する．よって

$$a^n + ba^{n-1}c_1^* + \cdots + b^n c_n^* = 0$$

すなわち　$a^n \in \left(\bigcup_1^n b^i a^{n-i} P^*\right) \cap P = \bigcup_1^n b^i a^{n-i} P$

従って　$a^n + ba^{n-1}c_1 + \cdots + b^n c_n = 0, \quad c_i \in P$

よって a/b は P の上に整である．P は正規環だったから，$a/b \in P$. ゆえに $P = P'$.

3. 重複度，結合公式

補題　R が体を含む完備正則局所環であり，$\mathfrak{p}$ が R の素イデアルであれば，$R_{\mathfrak{p}}$ は正則局所環である.

（証明）R の係数体を k, 正則パラメター系を $x_1, x_2, \cdots, x_n$ とすれば, $R = k\{x_1, \cdots, x_n\}$ とみられる．rank $\mathfrak{p} = r$ なら，パラメター系を選び直して，$x_{i+1}, \cdots, x_n$ が $R/\mathfrak{p}$ のパラメター系になるようにできる．$\mathfrak{r} = k\{x_{r+1}, \cdots, x_n\}$ とし，$\mathfrak{r}$ の商体を K とする．自然写像 $R \to R/\mathfrak{p}$ において，ベキ級数環 $\mathfrak{r}$ は同型にうつる．従って $\mathfrak{r} \subseteq R/\mathfrak{p}$ と考えてよい．そして $x_{r+1}, \cdots, x_n$ は $R/\mathfrak{p}$ のパラメター系だから，$R/\mathfrak{p}$ は $\mathfrak{r}$ の上の有限加群である．いま $x_1, \cdots, x_r$ の mod $\mathfrak{p}$ の類を $\bar{x}_1, \cdots, \bar{x}_r$ とすれば

$$R/\mathfrak{p} = \mathfrak{r}[\bar{x}_1, \cdots, \bar{x}_r]$$

K 上の多項式整域 $K[X_1, \cdots, X_r]$ から $K[\bar{x}_1, \cdots, \bar{x}_r]$ への写像 $\{\varphi | \varphi(X_i) = \bar{x}_i\}$ を考える．すると φ の核は，明らかに $f_1(X_1)$, $f_2(X_1, X_2), \cdots, f_r(X_1, \cdots, X_r)$ の r 個の元で生成される．ここに f_i は $X_1, \cdots, X_i$ の多項式で（X_i についての最高次係数は 1），$f_i(\bar{x}_i) = 0$. そして $f_i(x_i) \in R_{\mathfrak{p}}$ $(\because K \subseteq R_{\mathfrak{p}})$ である．そこで $R_{\mathfrak{p}}$ において，$f_1(x), \cdots, f_r(x)$ で生成されたイデアルを $\mathfrak{a}$ とすると，$R_{\mathfrak{p}}/\mathfrak{a}$ は $K[X_1, \cdots, X_r]$ の φ による像であり

$$R_{\mathfrak{p}}/\mathfrak{a} \cong K[\bar{x}_1, \cdots, \bar{x}_r] \cong R_{\mathfrak{p}}/\mathfrak{p}R_{\mathfrak{p}}$$

ゆえに $\mathfrak{p}R_{\mathfrak{p}}$ は r 個の元で生成され，rank $\mathfrak{p}R_{\mathfrak{p}} = r$ だから，$R_{\mathfrak{p}}$ は正則である.

これを用いて，次の重複度に関し重要な公式が得られる.

定理 1　局所環 R が標点，または標点の完備化とする．$x_1, \cdots, x_n$ を R のパラメター系とし，$\mathfrak{q}=(x_1, \cdots, x_n)R$, $\mathfrak{a}=(x_1, \cdots, x_s)R$ $(s \leqq n)$, $\mathfrak{p}_1, \cdots, \mathfrak{p}_r$ を $\mathfrak{a}$ の極小素因子の全体とするとき

$$e(\mathfrak{q})=\sum_{i=1}^{r} e(\mathfrak{a}R_{\mathfrak{p}_i}) \cdot e((\mathfrak{q} \cup \mathfrak{p}_i)/\mathfrak{p}_i)$$

これを重複度の**結合公式**という．

注意　これはいくつかの面の交点の重複度を，部分的な面の交わりとして得られる交線の重複度と，その交線上でそれと残りの面との交わりの重複度から定める公式なのである．(代数幾何学参照)

(証明)　R が標点の場合，その完備化をR^*とする．すると第3章，§5 冒頭の定義から $e(\mathfrak{q})=e(\mathfrak{q}R^*)$.

次に $\mathfrak{p}_iR^*$ の極小素因子の全体を $\mathfrak{p}^*_{i,j}(j=1, 2, \cdots)$ とすると，標点 $R/\mathfrak{p}_i$ の完備化 $(R/\mathfrak{p}_i)^*=R^*/\mathfrak{p}_iR^*$ は解析的不分岐ゆえ，$\mathfrak{p}_iR^*_{\mathfrak{p}^*_{ij}}=\mathfrak{p}^*_{i,j}R^*_{\mathfrak{p}^*_{ij}}$. よって

$$m(\mathfrak{p}^*_{ij})=l(R^*_{\mathfrak{p}^*_{ij}}/\mathfrak{p}_iR^*_{\mathfrak{p}^*,ij})=1.$$

ゆえに第3章，§5 末，推移定理から$e(\mathfrak{a}R_{\mathfrak{p}_i})=e(\mathfrak{a}R^*_{\mathfrak{p}^*_{i,j}})$

次に $(R/\mathfrak{p}_i)^*$ は非混合的（前節，定理1系）ゆえ，$\mathfrak{p}^*_{i,j}\,(j=1, 2, \cdots)$ の階数は全部ひとしく，第3章，§5，加法定理により

$$e((\mathfrak{q} \cup \mathfrak{p}_i)/\mathfrak{p}_i)=e(\mathfrak{q} \cup \mathfrak{p}_i)R^*/\mathfrak{p}_iR^*)=\sum_j e\{(\mathfrak{q}R^* \cup \mathfrak{p}^*_{i,j})/\mathfrak{p}^*_{i,j}\}$$

これによってみるに，R^* において結合公式が証明されれば，R でも成り立つことを知る．そこで R を完備であるとして結合公式を以下に証明しよう．

R の係数体（基体）を k とする．$R_0=k\{x_1, x_2, \cdots, x_n\}$ とおけば，R_0 は正則完備局所環である．従って $m(R_0)=1$. 第3章，§5，拡大定理から

$$rm(\mathfrak{q}R; R_0)=[R:R_0]e(\mathfrak{m}_0R_0), \quad \text{ここに } \mathfrak{m}_0R_0=(x_1, \cdots, x_n)R_0$$

$[R:R_0]$ は R, R_0 の商体の相対次数であり，$e(\mathfrak{m}_0R_0)=m(R_0)=1$. ゆえに

$$rm(\mathfrak{q}R; R_0)=[R; R_0]$$

他方 $rm(\quad)$ の定義から

$$rm(\mathfrak{q}R; R_0)=[R/\mathfrak{m}:R_0/\mathfrak{m}_0]e(\mathfrak{q}R) \quad \text{ここに } \mathfrak{m} \text{ は } R \text{ の極大イデアル}$$

ところが $R/\mathfrak{m} \cong R_0/\mathfrak{m}_0 \cong k$, $\mathfrak{q}R=\mathfrak{q}$ だから

$$rm(\mathfrak{q}R; R_0)=e(\mathfrak{q})$$

よって　$$e(\mathfrak{q})=[R:R_0]$$

次に $(x_1, \cdots, x_s)R_0=\mathfrak{p}_0$ とおく．$\mathfrak{p}_0$ は R_0 で素イデアルである．$R_0-\mathfrak{p}_0=S$ とおき R_S, R_{0S} について考えると，明らかに

$$[R:R_0]=[R_S:R_{0S}],\ \text{従って}\ [R_S:R_{0S}]=e(\mathfrak{q})$$

前補題によって R_{0S} はまた正則な完備環であり，$m(R_{0S})=e(\mathfrak{p}_0R_{0S})=1$．他方拡大定理から

$$rm(\mathfrak{p}_0R_S; R_{0S})=[R_S:R_{0S}]e(\mathfrak{p}_0R_{0S})$$

よって

$$rm(\mathfrak{p}_0R_S; R_{0S})=e(\mathfrak{q})$$

R は R_0 の上の有限加群であり，R_0 は正則環として整閉であるから，$\mathfrak{p}_0$ と（R における）その極小素因子 $\mathfrak{p}_1R, \cdots, \mathfrak{p}_rR$ はすべて同じ階数をもつ；（第1章，§ 10，定理5）よって $rm(\quad)$ の定義から

$$rm(\mathfrak{p}_0R_S; R_{0S})=\sum_{i=1}^{r}[R/\mathfrak{p}_i:R_0/\mathfrak{p}_0]\,e\,(\mathfrak{p}_0R_{\mathfrak{p}_i}).$$

他方，R で $[R:R_0]=e(\mathfrak{q})$ が成り立ったことを，$R/\mathfrak{p}_i$ に適用すると

$$[R/\mathfrak{p}_i:R_0/\mathfrak{p}_0]=e(\mathfrak{q}\cup\mathfrak{p}_i/\mathfrak{p}_i)$$

上述をまとめて

$$e(\mathfrak{q})=rm(\mathfrak{p}_0R_S; R_{0S})=\sum_{i=1}^{r}e(\mathfrak{p}_0R_{\mathfrak{p}_i})e(\mathfrak{q}\cap\mathfrak{p}_i/\mathfrak{p}_i)$$

系　$x_1, \cdots, x_d$; $\mathfrak{q}, \mathfrak{a}$ が定理におけると同意義をもつものとする．$\mathfrak{a}=(x_1, \cdots, x_s)R$ が素イデアル $\mathfrak{p}$ ならば

$$e(\mathfrak{p})=e(\mathfrak{q}/\mathfrak{p}).$$

なんとなれば，結合公式において，$\mathfrak{a}R_{\mathfrak{p}}=\mathfrak{p}R_{\mathfrak{p}}$ が極大イデアル．従って $e(\mathfrak{p}R_{\mathfrak{p}})=1$; また $\mathfrak{q}\supset\mathfrak{p}$ だから $e(\mathfrak{q}\cup\mathfrak{p}/\mathfrak{p})=e(\mathfrak{q}/\mathfrak{p})$ となるからである．

4.　特殊化の重複度

定理　標点 P が標点 Q の特殊化であれば，$m(P)\geqq m(Q)$.

（証明）P の係数体が有限体であれば，超越元 x をとって環 $P(x)$, $Q(x)$ を考えることにより，剰余類体は無限体である場合に帰着さすことができる．

P の完備化を P^*, P の素イデアル $\mathfrak{q}$ を $Q=P_{\mathfrak{q}}$ となるようにとる．$\mathfrak{q}P^*$ の極小素因子 $\mathfrak{q}^*$ をとると，推移定理（第3章，§5）及び § 2，定理1により

$$m(Q)=e(\mathfrak{q}Q)=e(\mathfrak{q}P^*_{\mathfrak{q}^*})=m(P^*{}_{\mathfrak{q}^*})$$

この等式の成立は標点 Q も解析的不分岐ゆえ $\mathfrak{q}P^*_{\mathfrak{q}^*}=\mathfrak{q}^*P^*_{\mathfrak{q}^*}$ となるからであり．

$m(\mathfrak{q}^*)=1$. また $m(P)=m(P^*)$.

従って $m(P^*)\geqq m(P^*_{\mathfrak{q}^*})$ を示せばよい．剰余類体 k は無限体であるから，P の極大イデアルに対し上表元パラメター系 $(x_1, \cdots, x_d)$ をとり得て，第3章，§5，定理3から

$$e\{(x_1, \cdots, x_d)P\}=m(P)$$

すると
$$m(P^*)=e\{(x_1, \cdots, x_d)P^*\}$$

そこで $R_0=k\{x_1, \cdots, x_d\}$ とし $\mathfrak{q}_0^*=\mathfrak{q}^*\cap R_0$, $S=R_0-\mathfrak{q}_0^*$ とおく．
前節，結合公式の証明に際し $e(\mathfrak{q})=[R:R_0]$ を証明したが，それと同様に

$$e\{(x_1, \cdots, x_d)P^*\}=[P^*:R_0]$$

他方
$$
\begin{aligned}
[P^*:R_0]&=[P_S^*:R_{0S}]\\
&=[P_S^*:R_{0S}]e(\mathfrak{q}_0^*R_{0S}) \quad [R_{0S}\text{ で }\mathfrak{q}_0^*R_{0S}\text{ は極大イデアル}]\\
&=rm(\mathfrak{q}_0^*P_S^*;R_{0S}) \quad [\text{拡大定理による}]\\
&\geqq e(\mathfrak{q}_0^*P^*_{\mathfrak{q}^*}) \quad [P_S^*=\textstyle\sum P^*_{\mathfrak{q}_i^*},\ rm(\quad)\text{ の定義とから}]\\
&=m(P^*_{\mathfrak{q}^*})
\end{aligned}
$$

これらをまとめて $m(P^*)\geqq m(P^*_{\mathfrak{q}^*})$.

5. 単 純 標 点

定義 標点が正則局所環であるとき，**単純**であるという．

定理 標点 P が単純標点である必要十分条件は，$m(P)=1$ なることである．

(証明) 単純なら $m(P)=1$ は明らかである．逆に $m(P)=1$ であると仮設する．
P の基体 k が有限体なら，P の上の超越元 x をとって，環 $P(x)$ をつくると，$P(x)$ の基体は体 $k(x)$．そして $m(P(x))=1$ は明らかであろう． P が正則なることと，$P(x)$ が正則なることとまた明らかに同値である．

従って基体 k が無限体の場合につき証明すればよい．このときには P の極大イデアルの上表パラメター系 $x_1, \cdots, x_d$ がとれ， $e\{(x_1, \cdots, x_d)P\}=m(P)=1$．(第3章，§5，定理3)

P の完備化を P^* (その基体は k^*) とし，ベキ級数環

$$R_0=k^*\{x_1, \cdots, x_d\}$$

をとる．すると前節同様に

$$m(P^*)=e\{(x_1, \cdots, x_d)P^*\}=[P^*:R_0]$$

しかるに $m(P^*)=m(P)=1$．よって P^* と R_0 の商体が一致する．ところが P^* は R_0

の上に有限加群（従って整）であり（$\because \mathfrak{m}/(x_1\cdots\cdots, x_d)$は有限），$R_0$ は正則環として整閉だから $P^*=R_0$ でなければならない．従って P^* は正則，P も正則である．

6. 局所テンソル積，完備テンソル積

P, Q が体 k を含む半局所環で，それぞれの極大イデアルを $\mathfrak{m}_1, \cdots, \mathfrak{m}_r; \mathfrak{n}_1, \cdots, \mathfrak{n}_s$ とする．P の部分体 K が，すべての i に対し $[P/\mathfrak{m}_i : K] < \infty$ をみたすとき，K は P の基体であるという．

$P \otimes Q$ において，$\mathfrak{m}_i$ と $\mathfrak{n}_j$ とで生成されるイデアルを $\mathfrak{t}_{ij}$ とすれば

$$P \otimes Q/\mathfrak{t}_{ij} \cong (P/\mathfrak{m}_i) \otimes_k (Q/\mathfrak{n}_j)^{1)}$$

それゆえ $\mathfrak{t}_{ij}$ の素因子の数は有限である．それらを $\mathfrak{q}_{ijk}$ とする．

$S=\bigcap_{i,j,k}\{P \otimes Q - \mathfrak{q}_{ijk}\})$ とおいたとき $(P \otimes Q)_S$ を P と Q との k 上での**局所テンソル積**といい，$P \times_k Q$ で表わす．

$P \times_k Q$ の極大イデアルの数は有限個である．一般には $P \times_k Q$ は Noether 環であるかどうかはわからないが，P, Q が k 上の標点である場合には，$P \times_k Q$ は Noether 環であり，$P \times_k Q$ の任意の極大イデアル $\mathfrak{m}$ をとれば，$(P \times_k Q)_{\mathfrak{m}}$ は（ある体の上の）標点である．

次に，$P \times_k Q$ の J-根基を $\mathfrak{a}$ とする．半局所環の完備化におけると同様に

$$\{P \times_k Q/\mathfrak{a}^j\}$$

の極限から成る空間 R^* を考える．この R^* を P と Q との k 上での**完備テンソル積**といい，$P \overline{\otimes}_k Q$ で表わす．P, Q の完備化を P^*, Q^* とすれば

$$P \overline{\otimes}_k Q = P^* \overline{\otimes}_k Q^*$$

定理 P, Q が体 k を含む局所環，$\mathfrak{q}, \mathfrak{q}'$ がそれぞれ極大イデアル $\mathfrak{m}, \mathfrak{m}'$ に属する準素イデアルであるとする．さらに P, Q が基体 K, K' を含み，$k \subseteqq K$, $k \subseteqq K'$ とする．そして $K \otimes K'$ が整域，従って $K^*=K \times K'$ は体とする．$P \overline{\otimes}_k Q = R^*$ のとき

$$rm(\mathfrak{q}R^* \cup \mathfrak{q}'R^*; K^*) = rm(\mathfrak{q}; K) \cdot rm(\mathfrak{q}'; K')$$

---

1) テンソル積 $P \otimes Q$ において，P は $\{a \otimes 1 | a \epsilon P\}$ として $P \otimes Q$ に入っているもの．従って P のイデアル $\mathfrak{m}$ が $P \otimes Q$ で生成するイデアルは $\{\lambda \otimes b | \lambda \epsilon \mathfrak{m}, b \epsilon Q\}$ を意味する．従って $P \otimes Q/\mathfrak{m}(P \otimes Q) \cong (P/\mathfrak{m}) \otimes Q$．よって $P \otimes Q/\mathfrak{t}_{ij} = (P/\mathfrak{m}_i) \otimes (Q/\mathfrak{n}_j)$．

(証明)　$P_1=P\overline{\otimes}_k K'$, $Q_1=K\overline{\otimes}_k Q$ とおけば, $R^*=P_1\overline{\oplus}Q_1$ である.

明らかに $rm(\mathfrak{q}P_1;K^*)=rm(\mathfrak{q};K)$, $rm(\mathfrak{q}'Q_1;K^*)=rm(\mathfrak{q}';K')$.

従って, $k=K=K'=K^*$ であると仮定してよい.

以下 $l(\quad)$ は $l(\quad;k)$ の意味, また $\oplus\sum$ は加群としての直和, $\otimes$ は $\otimes_k$ の意味で用いることとする.

$\mathfrak{q}R^*\cup\mathfrak{q}'R^*=\mathfrak{m}^*$ で示せば

$$R^*/\mathfrak{m}^{*n}\cong[(P/\mathfrak{q}^n)\oplus(Q/\mathfrak{q}'^n)]/\bigcup_{i+j=n}(\mathfrak{q}^i/\mathfrak{q}^n)\otimes(\mathfrak{q}'^j/\mathfrak{q}'^n)$$

$P/\mathfrak{q}^n$, $Q/\mathfrak{q}'^n$ を k-加群と考えれば

$$P/\mathfrak{q}^n\cong\oplus\sum_{i<n}(\mathfrak{q}^i/\mathfrak{q}^{i+1}),\quad Q/\mathfrak{q}'^n\oplus\sum_{i<n}(\mathfrak{q}'^i/\mathfrak{q}'^{i+1})$$

$$\sum\mathfrak{q}^i/\mathfrak{q}^n\cong\oplus\sum_{i\leq j<n}(\mathfrak{q}^j/\mathfrak{q}'^{j+1}),\quad \sum\mathfrak{q}'^i/\mathfrak{q}'^n\cong\oplus\sum_{i\leq j<n}(\mathfrak{q}'^j/\mathfrak{q}'^{j+1})$$

従って
$$R^*/\mathfrak{m}^{*n}\cong\oplus\sum_{i+j<n}(\mathfrak{q}^i/\mathfrak{q}^{i+1})\otimes(\mathfrak{q}'^j/\mathfrak{q}'^{j+1})$$

ゆえに $l(\mathfrak{q}^i/\mathfrak{q}^{i+1})=f(i)$, $l(\mathfrak{q}'^j/\mathfrak{q}'^{i+1})=g(j)$ とおけば

$$l(R^*/\mathfrak{m}^*)=\sum_{i+j<n}f(i)g(j)$$

$e=rm(\mathfrak{q};k)$, $e'=rm(\mathfrak{q}';k)$, $d=\operatorname{rank}P$, $d'=\operatorname{rank}Q$ とおく. $d=0$ または $d'=0$ のときは明らかであろうから, $dd'\neq 0$ として証明する.

十分大きい n に対し,

$$l(P/\mathfrak{q}^n)=\frac{e}{d!}n^d+(\text{低次の項}),\ l(Q/\mathfrak{q}'^n)=\frac{e'}{d'!}n^{d'}+(\text{低次の項})$$

ゆえ
$$f(n)=\frac{e}{(d-1)!}n^{d-1}+\cdots,\ g(n)=\frac{e'}{(d'-1)!}n^{d'-1}+\cdots$$

従って
$$l(R^*/\mathfrak{m}^*)=\frac{ee'}{(d-1)!(d'-1)!}\sum_{i+j<n}i^{d-1}j^{d'-1}+\cdots$$

しかるに
$$\sum i^{d-1}j^{d'-1}=\frac{(d-1)!(d'-1)!}{(d+d')!}n^{d+d'}+(\text{低次の項})^{1)}$$

---

1)　$\dfrac{1}{n^{d+d'}}\sum_{i+j<n}i^{d-1}j^{d'-1}=\sum_{i+j<n}\left(\dfrac{i}{n}\right)^{d-1}\left(\dfrac{j}{n}\right)^{d'-1}\cdot\dfrac{1}{n^2}$, ここで $n\to\infty$ とすれば上式は $\int_0^1\int_0^{1-x}x^{d-1}y^{d'-1}dxdy$ である. そしてこの積分は $\int_0^1\dfrac{x^{d-1}(1-x)^{d'}}{d'}dx$ $=\left[\dfrac{x^d(1-x)^{d'}}{dd'}\right]_0^1+\dfrac{1}{d}\int_0^1x^d(1-x)^{d'-1}dx=\dfrac{1}{d}\int_0^1x^d(1-x)^{d'-1}dx$ と計算して, 容易に上の公式を得る.

$$\therefore \quad l(R^*/\mathfrak{m}^*)=\frac{ee'}{(d+d')!}n^{d+d'}+\cdots$$

ゆえに $ee'=rm(\mathfrak{m}^*;k)$ となって証明せられた．

系 1　$\operatorname{rank} R^*=\operatorname{rank} P+\operatorname{rank} Q.$

定理の証明から，次数についてみれば明らか．

系 2　$P/\mathfrak{m}\times_k Q/\mathfrak{m}'$ が体なら，$e(\mathfrak{q})e(\mathfrak{q}')=e(\mathfrak{q}R^*\cup\mathfrak{q}'R^*)$

とくに　$m(R^*)=m(P)m(Q)$

注意　$P/\mathfrak{m}\times_k Q/\mathfrak{m}'$ が体のとき，R^* の代りに $P\times_k Q$ をとっても同じである．なぜなら R^* は，このとき $P\times_k Q$ の完備化であるから．

附録　現代代数学を中心としての史的展望

現代代数学の起源をどこにおくかは人によって異なるであろうが，ガロアの方程式論に求めてもさして独断のそしりは受けないであろう．5次以上の方程式が，4次以下と同様に普通の（代数的な）一般解法をもつかどうかに関しての，ガロア群の思想はまさに代数学の本性を指し示すものであった．一つの方程式にこだわらず，それの根の有理函数を根とする方程式全体に視野をおしひろめ，その全体のもつ機構から原方程式の根と係数との関係を明らかにしようとする．またその全体の機構を見るにつけても，原体系よりははるかに簡単な構造をもつガロア群なる群に投射して考える．かく特定な一つのものを考える代りに，それに相伴する全体をもってすること，またその全体の構造に主眼をおき，それから個々の場合を演繹すること，さらには性質に応じてより簡単な構造をとる，すなわち抽象化すること，これらの方法ないし態度はまさに現代代数学——ひいては現代の数学——のエッセンスをなすものである．

ガロア群の出現は，群そのものの研究をひき起した．はじめには有限な置換群が主題（ジョルダン）であったが，これが群の公準化を促し前世紀後期の抽象群論となり，（フロベニウス，バーンサイド），今日の群論に及ぶ．群のような主要な概念は，その影響するところひとり代数学だけにとどまらず全数学に及んでいる（ギリシアの昔から無意識的に群論的な思惟は行われていたが，それを意識に上らせて，定式化するにかく長年月を要したのである）．その一つとしては，無限群にまで拡張され，幾何学と関連してクラインの有名なエルランゲン・プログラム（すなわち，幾何的性質とは変換群に対する不変な量および性質のことであり，主題とする変換群によって幾何学が分類される）が提唱せられるに至り，代数学では不変式論が一つのテーマとなるに至った．

かく変換群の意義が明らかになるとともに，抽象的な群を逆に変換群として表わすこと，これがフロベニウス，バーンサイドの群の表現論，群指標の理論であり，まさに20世紀の登場となる．

他方ガウスにはじまる整数論は，ディリクレを経，クロネッカー，デデキンドに至り代数的数体のイデアル論がたてられたが，若きヒルベルトによる報文で今世紀初頭，それが集大成されると共に，ガロア理論と結び，かつはアーベル函数体の理論と結んで類体論の予想が生まれるに至った．（これが高木先生の類体論に結実したことは周知のことであろう．またアーベル函数体との類似によるさらに画期的な企図が近年ヴェイユの代数幾何学的研究によって起り，それに刺戟されてわが国少壮学者の活動を招来している．（本講座志村，谷山；近代的整数論）

今世紀初めこういう雰囲気の中に，スタイニッツの抽象的体の一般理論がなされた．そしてついではネター，園の抽象的イデアル論がたてられた．

かくて抽象代数学のテンポは急調となり，代数的整数論（とくに高木-アルチン類体論）の抽象的な再建設，一方シューアによる群の表現論の近代化と結んで，多元環の理論がみごとに築かれたのである．（ネター，ハーセ，ブラウアー，正田，中山，浅野）（正田：抽象代数学，秋月，鈴木：高等代数学II）

この表現論は，前世紀後期の天才リーによる，微分方程式に関連して考え出されたリー群と結んで考えられるに至り，有名なヒルベルト第5問題の解決も一つの目的であったろうが，位相群の表現論として，解析学とも結ばれるようになった．まずワイル，フォン・ノイマンの表現論があり，ポントリュアーギン，ゲルファント等ロシア学派の研究が華々しく行われた．その結果として，第5問題はモンゴメリー，ディッピンによって主要部分は解かれるに至ったが，これらにわが国の岩沢，後藤，倉西らもあずかって力あり，最後に山辺によってそれに付随する問題も含めて完全に解決せられたのである．（この方面の初歩についてはPontrjagin, Topological Group はわかり易い）

位相群論において，とくに重要な概念として双対性が挙げられよう．双対性は古く射影幾何学にあり，またブール代数など束論にその論理的な基を見出されるが，双対性が力強く数学活動それ自体に偉力を発揮したのは位相群論においてが最初であろう．しかし双対性は数学の至るところにあり，この見地からする取扱は従って至るところに偉力を発揮して，今日の数学的思惟の一つの特長をなすといっても過言ではなかろう．

ガロアと共に，現代数学の始祖というべきはリーマンであろう．リーマン面というも，一つの函数の代りに，双有理変換で得られる函数の全体を考えることであり，それら函数に共通な第一の性質としてリーマン面の位相変換に対する不変的性質を取り上げたのである．これが直接代数学と関連しては，代数函数体の理論，およびそのイデアル論を招来し，一変数の場合のリーマン，ロッホの定理の抽象化は F.K. シュミットによってなし遂げられた．その後ハーセその他によるドイツ学派のこの方面からの整数論への応用は企てられていたが，最後的な結果を見るには至らなかったのである．

さらにリーマンによって，数学の中心部に押し出された‘位相’は，抽象代数学的諸概念と共に現代数学を形成するものであるが，集合論的位相幾何学と共に，ポアンカレーの群論的な代数的位相幾何学の建設となって今日に及んでいる．

さらにはリーマン空間として知られる計量空間と，位相的空間としてのリーマン面は結びつけられて多様体の概念となり，多様体の代数的位相幾何学としての性質と，その多様体上の微分型式との双対性がド・ラームの定理として得られた．コンパクトなリーマン面は代数函数に当るが，コンパクトな複素解析多様体は代数的多様体であり，かくして古典的な代数幾何学は新生面を拓かれ，今日小平，ヴェイユ，カルタン，セールらによって最も豊かな成果をあげつつあるものの一つである．（拙著：調和函数論（岩波現代数学）参照）

代数幾何学自体のみならず，それの整数論への応用がヴェイユによってきわめて鮮かに，果敢に開かれ推進されて，標数 p の体はもともと reduction のためのものであろうが，標数 p の体の上の代数幾何学を厳密にたてて，それを多元環の諸性質と共に整数論に応用しようとするのである．（これは上に少し触れておいた）．代数幾何学では，しかしすでにファン・ダ・ワルテンによって，特殊化や重複度について従来の不明確さが指摘せられ，新しい代数的な建設が企てられていた．さらにはザリスキーによって附値論よりする双有理変換の卓抜な研究も行われていた．

代数多様体——すなわち特異点をもたない——については，ヴェイユによってその基礎づけは一応完成せられたといえるが，特異点をもつ場合については，なおいろいろの問題を残している．これらに対する最も根本的な方法は，本講座において述べた局所環の理論によるものであろう．

また今日，ド・ラームの定理などに胚胎してホモロジー理論は，さらに抽象化されてホモロジー代数と発展し，位相幾何学はもちろん，代数幾何学に，はたまたアルチンらによる整数論とも関連して活発に使われている．またセール等によって局所環論も近時ホモロジー代数的に研究されているが，これについては本講では触れ得なかった．（本講座，中山，服部: ホモロジー代数，ならびに河田敬義: 代数的整数論）．

このように現代の代数学は，数学の各面と密接に関連して動きつつある．純粋に代数学である純粋度よりは，数学の本質に接する度合の方がもちろんより重要なことである．しかし代数学とはどういうものであろうか．対象を型式的に考察しやすい形に定式化し，そして定式化したものについてその体系の論理的機構を（すなわち代数的構造を）建設する面をさすのであろう．

終りに初学者に対して参考書を一二述べて参考に供しておこう．近代数学史については高木先生の「近世数学史談」(共立出版) の一読をおすすめする．また代数に関しては拙者,「輓近代数学の展望」(弘文堂) も無意義ではなかろう．

1930 年代までの最もまとまった教科書は，ファン・ダ・ワルデンの (Moderne) Algebra I, II であろう．またわかりやすくて全体が見取りやすいものではバーコフ-マック・レーンの Survey on modern algebra がよかろう．わが国では正田建次郎，抽象代数学 (岩波) がある．それ以後のことにも触れた一般的なものとしては秋月，鈴木:高等代数学 (I, II) (岩波全書) がある．(本講座はその姉妹篇のつもりで執筆した．)

他に非可換的な代数学では，中山，東屋：代数学 II (現代数学)，浅野啓三：環論およびイデアル論 (共立出版) などの名著がある．

補　注

1)　**p. 17**，補題2の証明について：　次のようにした方が，わかりやすい：

$\mathfrak{p}_1, \cdots, \mathfrak{p}_r$ が相異なる極大イデアルであれば，$\mathfrak{p}_i \subsetneq \mathfrak{p}_r$ が $i=1, 2, \cdots, r-1$ について成り立つから，$\mathfrak{p}_1 \cdots \mathfrak{p}_{r-1} \subsetneq \mathfrak{p}_r$ ($\mathfrak{p}_r$ は極大イデアル，したがって素イデアルであるから)．したがって，$\mathfrak{p}_1 \cdots \mathfrak{p}_{r-1} \subsetneq \mathfrak{p}_1 \cdots \mathfrak{p}_r$．明らかに，$\mathfrak{p}_1 \cdots \mathfrak{p}_{r-1} \supseteq \mathfrak{p}_1 \cdots \mathfrak{p}_r$ であるから，$\mathfrak{p}_1 \cdots \mathfrak{p}_{r-1} \supsetneq \mathfrak{p}_1 \cdots \mathfrak{p}_r$．したがって，$R$ が無限個の極大イデアル $\mathfrak{p}_1, \mathfrak{p}_2, \cdots \mathfrak{p}_r, \cdots$ をもてば，

$$\mathfrak{p}_1 \supsetneq \mathfrak{p}_1\mathfrak{p}_2 \supsetneq \cdots \supsetneq \mathfrak{p}_1\mathfrak{p}_2 \cdots \mathfrak{p}_r \supsetneq \cdots$$

と無限に続く列が得られ，極小条件に反する．

2)　**p. 19**，2行〜4行について：　J–H–S 定理を使うよりも，次のことを示した方が，分解の一意性がよくわかる．

$$\mathfrak{q}_i = \{x \in R \mid xs \in \mathfrak{a} \ \ (\exists s \in R, s \notin \mathfrak{p}_i)\}.$$

（証明）　上の右辺を $\mathfrak{q}_i^*$ で示そう．まず，$x \in \mathfrak{q}_i$ ならば，$x\mathfrak{q}_1 \cdots \mathfrak{q}_{i-1}\mathfrak{q}_{i+1} \cdots \mathfrak{q}_r \subseteq \mathfrak{a}$，$\mathfrak{q}_1 \cdots \mathfrak{q}_{i-1}\mathfrak{q}_{i+1} \cdots \mathfrak{q}_r \subsetneq \mathfrak{p}_i$ ゆえ，$\mathfrak{q}_1 \cdots \mathfrak{q}_{i-1}\mathfrak{q}_{i+1} \cdots \mathfrak{q}_r$ の元 s で $\mathfrak{p}_i$ に属しないものをとってみれば，$x \in \mathfrak{q}_i^*$ を得る．　　$\therefore$　$\mathfrak{q}_i \subseteq \mathfrak{q}_i^*$．逆に，$y \in \mathfrak{q}_i^*$ をとる．$ys \in \mathfrak{a}$ なる $s \notin \mathfrak{p}_i$ がある．$ys \in \mathfrak{a} \subseteq \mathfrak{q}_i$, $\mathfrak{q}_i$ が $\mathfrak{p}_i$ に属する準素イデアル，$s \notin \mathfrak{p}_i$ ということから，$y \in \mathfrak{q}_i$．　　$\therefore$　$\mathfrak{q}_i^* \subseteq \mathfrak{q}_i$．かくして，所期の等号を得た．

3)　第1章において，§4 への補足として，次の定理を証明しておくべきであった（§7 の最後が適当であろう）：

定理　Noether 環Rにおいて，素イデアルがすべて極大イデアルであれば，Rは極小条件もみたす．

（証明）　0が準素イデアル有限個の共通集合として表わされる：$0=\mathfrak{q}_1 \cap \cdots \cap \mathfrak{q}_n$．$\mathfrak{q}_i$ の属する素イデアルを $\mathfrak{p}_i$ とする．$\mathfrak{p}$ が素イデアルならば，$0=\mathfrak{q}_1 \cdots \mathfrak{q}_n \subseteq \mathfrak{p}$ ゆえ，$\exists i, \mathfrak{q}_i \subseteq \mathfrak{p}$．すると $\mathfrak{p}_i \subseteq \mathfrak{p}$．$\mathfrak{p}_i$ が仮定により極大イデアルであるから，$\mathfrak{p}_i = \mathfrak{p}$．すなわち，素イデアルは $\mathfrak{p}_1, \cdots, \mathfrak{p}_n$ 以外にない．自然数 t を充分大きくとれば，$\mathfrak{p}_i^t \subseteq \mathfrak{q}_i$．

$\mathfrak{q}_i + \mathfrak{q}_j$ を含む極大イデアルはないから，§1，定理1により，$R \cong (R/\mathfrak{q}_1) \oplus \cdots \oplus (R/\mathfrak{q}_n)$．

各 $R/\mathfrak{q}_i$ が組成列をもつことを示せばよい．$\mathfrak{p}_i^s/\mathfrak{p}_i^{s+1}$ ($s=0, 1, \cdots,$ $t-1$; $\mathfrak{p}_i^0$ は

R と考える）は $R/\mathfrak{p}_i$-加群と考えられる．そして，R が Noether 環ゆえ，この加群は有限生成，すなわち，体 $R/\mathfrak{p}_i$ の上の有限次元のベクトル空間と考えられる．したがって，$\mathfrak{p}_i^t\subseteq\mathfrak{q}_i$ を考えに入れれば，$R/\mathfrak{q}_i$ が組成列をもつことを知る．(証明終)

この定理と，§4 での結果とを合わせると，

系　環Rについての，次の各条件は互に同値である．

（1）　極小条件をみたす．

（2）　Noether 環であって，素イデアルはすべて極大イデアルである．

（3）　極小条件をみたす準素環有限個の直和と同型．

4)　第1章，§6 に，次の定義を加えておくべきであった．R が環，S がRの部分集合で，乗法に関し閉じていて，$0\notin S$ とすると，商環 R_S が定義された．M が R-加群であるとき，R_SM または M_S により，次の R_S-加群を示すことにする：

p. 22，下半での $R\oplus\bar{M}$ と同様に，$R\oplus M$ を環にする．これに対し，商環 $(R\oplus M)_S$ を作り，この環において，M で生成されたイデアル $M(R\oplus M)_S$ を R_S-加群と考えたもの．

これは次のように作っても同じである：　p. 24 の商環の定義のまねをする．P としては　$\{(a,u)\mid a\in M,\ u\in S\}$　をとり，(a,u) と (a',u') とが同値 $\Longleftrightarrow$ $u''(au'-a'u)=0$ なる $u''\in S$ がある．この同値による (a,u) の類を a/u で示す．$M_S=\{a/u\mid a\in M, u\in S\}$ で，

$$(a/u)+(a'/u')=(au'+a'u)/uu'$$

$$(r/s)(a/u)=ar/su \qquad (r/s\in R_S)$$

により，R_S-加群にする．

5)　**p.** 32，定理5の証明について：　本文下から8行目に，$\mathfrak{q}_i$ は"明らかに"F で準素イデアル，とあるが，実はあまり明らかではない．すなわち，次の補題が必要である：

補題　$\mathfrak{q}$ がFの同次イデアル$\neq F$ のとき，次の二条件が成り立てば，$\mathfrak{q}$ は同次素イデアル $\mathfrak{p}$ に属する準素イデアルである：

（1）　$\mathfrak{p}$ は $\{g\mid$ 同次元，$g^n\in\mathfrak{q}\ (\exists n)\}$ で生成された同次イデアル．

（2）　a,b がFの同次元で，$ab\in\mathfrak{q}, b\notin\mathfrak{p}$ ならば，$a\in\mathfrak{q}$．

(証明については，例えば，永田 Local ring (John Wiley, New York, 1962) p. 22，定理 8.3 参照.)

もちろん，この補題なしでも，多少面倒をかければ，何とかなる．しかし，この補題のよさは，§7 前半の議論が，考察を同次イデアル全体に限ったときにも，全く同様に進める点にある．

6) p.59 例3について： この例の記述には，少し誤りがあった．すなわち，Γが代数曲線でない場合なら，このような附値 v が定まるが，代数曲線であると，$r(X, Y)\neq 0$ なのに $r(\varphi(t), \psi(t))=0$ になることが起る．その場合について，K_0 として，Γ の函数体を考えれば，K_0 の附値 v_0 が定まるのである．

7) p.61 の例について： 例の中頃に"曲線 $f(x,y)=0$ における代数函数 $p(x,y)/q(x,y)$ の原点における次数を m' とする．"という記述があるが，この次数なるものの定義がなかったようである．これは，原点で，この曲線が p.59 例3におけるように $x=\varphi(t), y=\psi(t)$ とかけた場合について，(この表わし方によって変り得るが)，上記 6) の後半のようにして得られる，曲線の函数体の附値 v_0 による p/q の値と定めてよい．原点がこの曲線の単純点であれば，φ, ψ の少くも一方が v_0 により値1 となるから，そのようにするのがよい．そうでないと，次数として現われる数は，特定の数の倍数全体になる，

8) p.62 系の証明について： 十分性の証明，正しくはあったが，あまり上等ではなかったように思う．次のようにした方がすっきりすると思う：

まず，Rが極大ゆえ，Sが環 $R\subsetneqq S\subseteqq K \Longrightarrow S=K$. したがって，定理4により，$R$は附値環．もし位 $\geqq 2$ とすると，0でも極大でもない素イデアル $\mathfrak{p}$ がある．すると $R\subsetneqq R_{\mathfrak{p}}\subsetneqq K$ (あとの不等号は $\mathfrak{p}R_{\mathfrak{p}}\cap R=\mathfrak{p}$ (p.25 定理 2)．これは矛盾ゆえ，位1である．

9) p.65 定理7の証明について： 証明の最初のあたりにある I_λ の存在証明（証明の5行目，6行目）は舌足らずであった．存在証明は次のようにするとはっきりする：

A_φ（の商体）の上の K の超越基 $\{X_\alpha | \alpha \in \mathsf{A}\}$ をとる．各αに対し $f_\alpha \in A_\varphi[X_\alpha]$ を，$f_\alpha \notin A_\varphi$ であるようにとる．A_φ 上，X_α 全体で生成された環 A^* において，f_α 全体を含む極大イデアル $\mathfrak{M}^*$ をとる．(f_α 全体で生成したイデアル $\neq A^*$ は，次のようにして示される： $=A^*$ とすると，$\sum f_\alpha g_\alpha=1$ (有限和，$g_\alpha \in A^*$)．$f_\alpha(X)=0$ の根 $c_\alpha \in$ (K の代数的閉包) をとり左辺の X_α に c_α を代入してみると，$0=1$ となって矛盾.）$A^*_{\mathfrak{M}^*}$ の K における整閉包 A' をとり，その極大イデアル $\mathfrak{M}'$

をとれば，$A'_{\mathfrak{M}'}$ は I_λ の一つである．($A^*/\mathfrak{M}^*$ の元は X_α の類で生成され，それは ($f_\alpha \in \mathfrak{M}^*$ ゆえ) $\mathfrak{K}$ 上代数的．A' の元は A^* 上整ゆえ，$A'/\mathfrak{M}'$ の元は $A^*/\mathfrak{M}^*$ 上整　$\therefore$ $A'/\mathfrak{M}' \subseteq \bar{\mathfrak{K}}$.)

10) **p.** 84，下から 11 行目，12 行目について：　ここで“位置”とかいたところは，附値の同値類というべきであった．非 Archimedes 附値だけに限れば，“位置”というままの方が望ましい．しかし，Archimedes 附値のときには，位置を定義しなかったので，ここが少し，言い間違いということになった次第である．

イデアル論に関する文献

[1] 単 行 書

E. Artin, Algebraic numbers and algebraic functions I, Princeton University and New York University 1950–1951.

W. Krull, Idealtheorie, Ergeb. der Math. vol. 4 No. 3 (1935).

D. G. Northcott, Ideal theory, Cambridge Tracts, (1953).

P. Samuel, Algèbre locale, Mèmorial des Sci. Math., No. 123 (1953).

[2] 論 文

Y. Akizuki, Teilerkettensatz und Vielfachenkettensatz, Proc. Phys.-Math. Soc. Japan (3), vol 17 (1935), pp. 337–345.

Y. Akizuki, Eine Bemerkung über die primäre Integritätsbereiche mit dem Teilerkettensatz, Proc. Phys.-Math. Soc. Japon (3), vol. 17 (1935).

C. Chevalley, On the theory of local rings, Ann. of Math. vol. 14 (1943), pp. 690–708.

C. Chevalley, La notion d'anneau de décomposition, Nagoya Math. J. vol. 7 (1954), pp. 21–33.

I. S. Cohen, On the structure and ideal theory of complete local rings, Trans. Amer. Math. Soc. vol. 57 (1946), pp. 54–106.

I. S. Cohen, Commutative rings with restricted minimum condition, Duke Math. J. vol. 17 (1950), pp. 27–42.

I. S. Cohen–A. Seidenberg, Prime ideals and integral dependence, Bull. Amer. Math. Soc. vol. 52 (1946), pp. 252–261.

W. Krull, Dimensionstheorie in Stellenringen, J. Reine und Angew. Math. vol. 179 (1938), pp. 204–226.

M. Narita, On the structure of complete local rings, J. Math. Soc. Japan vol. 7 (1955), pp. 435–443.

M. Nagata, On the theory of Henselian rings, Nagoya Math. J. vol 5 (1953), pp. 45–57.

M. Nagata, Basic theorems on general commutative rings, Memoirs Coll. Sci. Univ. Kyoto, ser. A, Math. vol. 29 (1955), pp. 59–77.

M. Nagata, On the derived normal rings of Noetherian integral domains, Memoirs Coll. Sci. Univ. Kyoto, ser. A, Math. vol. 29 (1955), pp. 293–303.

M. Nagata, A general theory of algebraic geometry over Dedekind domains,

I, Amer. J. Math. vol. 78 (1956), pp. 78–116.

M. Nagata, On the chain problem of prime ideals, Nagoya Math. J. 10(1956), pp. 51–64.

M. Nagata, The theory of multiplicity in general local rings, Proc. Intern. Symp. Alg. Number Theory, Tokyo–Nikko 1955 (1956), pp. 191–226.

P. Samuel, La notion de multiplicité en algèbre et en géométrie algébrique, J. Math. Pures appl. vol. 30 (1951), pp. 159–274.

J–P. Serre, Sur la dimension homlogique des anneaux et des modules noethèriens, Proc. Intern. Symp. Alg. Number Theory, Tokyo–Nikko 1955 (1956), pp. 175–189.

A. I. Uzkov, On rings of quotients of commutative rings, Rec. Math. (Mat. Sbornik) N. S. vol. 22 (64) (1948), pp. 439–441 (in Russian); Amer. Math. Translation vol. 3 (1949).

O. Zariski, Foundations of general theory of birational correspondences, Trans. Amer. Math. Soc. vol. 53 (1943), pp. 490–542.

Zariski, Analytical irreducibility of normal varieties, Ann. of Math. vol. 49 (1948), pp. 352–361.

O. Zariski, Sur la normalité analytique des variété normales, Ann. Inst. Fourier vol. 2 (1950), pp. 161–164.

索　　引

ア

イ

位　置　　place ··· 58
イデール　　idèle ··· 104
イデアル　　ideal ··· 1

カ

階数(イデアルの)　　rank(of ideal) ··· 34
解析的不分岐　　analytically unramified ··· 158
拡大定理　　extension theorem ··· 131
加群の長さ　　length of module ··· 19
加法定理　　addition theorem ··· 132
完全函手　　exact functor ··· 109
完備　　complete ··· 109
完備化(局所環の)　　completion(of local ring) ··· 109
完備テンソル積　　complete tensor product ··· 167

キ

擬局所環　　quasi-local ring ··· 5
記号的 **r** 乗　　symbolic power of prime ··· 27
既約加群　　irreducible module ··· 28
極大イデアル　　maximal ideal ··· 4
　相対的な——　　relative—— ··· 6
極大条件　　maximal condition ··· 15
極小条件　　minimal condition ··· 15
　弱——　　weak—— ··· 15
極小素因子　　minimal prime factor ··· 30
局所環　　local ring ··· 105
近似定理　　approaximation theorem ··· 71

ク

Krull 環　　Krull ring ··· 144
Krull の定理　　Krull's theorem ··· 23, 34
Krull-秋月の定理　　Krull-Akizuki's theorem ··· 143

ケ

型式環　form ring ……106
結合公式　associative theorem ……164

コ

コーエン　Cohen ……117
構造定理　structure theorem ……117
降列定理　going-down-theorem ……47
孤立部分群　isolated subgroup ……59
根基　radical ……7

サ

最短表示　shortest representation ……30
サムエル　Samuel ……129
ザリスキ　Zariski ……159, 162

シ

Jacobson 根基　Jacobson's radical ……10
重複度　multiplicity ……126
主整域　principal domain(Hauptordnung) ……46
シュヴァレー　Chevalley ……105, 157, 159
準素イデアル　primary ideal ……8
準素成分　primary component ……30
準素部分加群　primary submodule ……13
商　quotient ……2
商環　quotient ring ……24
剰余類環　residue class ring ……3
昇列定理　going-up-theorem ……38
上表元　superficial element ……126
上表パラメーター系　system of superficial parameters ……132

ス

推移定理　transition-theorem ……134

セ

整　integral ……37
正規化定理　theorem of normalization ……49, 51
正規環　normal ring ……39
生成的特殊化　generic specialization ……65
整閉　integrally closed ……39
整閉被　integral closure ……39
積　product ……2
積公式　product-formula ……82, 103

浅縁な　superficial ··········125
全商環　total quotient ring ··········24
相対階数　corank ··········34
素イデアル　prime ideal ··········5
素因子　prime factor ··········8, 29
素元　prime element ··········153
素点　prime divisor ··········83
素部分加群　prime submodule ··········12

テ

Dedekind 環　Dedekind ring ··········44

ト

同次イデアル　homogeneons ideal ··········32
特殊化　specialization ··········63, 157
特殊化イデアル　specialization ideal ··········63
特殊化環　specialization ring ··········63
特性函数(Hilbert の)　(Hilbert's)characteristic function ··········124

ナ

内容　content ··········13
永田　Nagata ··········42

ネ

Noether 環　Noetherian ring ··········20

ハ

パラメーター系　system of parameters ··········36
　正規——　normal parameter system ··········136
　正則——　regular—— ··········36
半局所環　semi-local ring ··········105
半素イデアル　semi-prime ideal (halbprimes Ideal) ··········7

ヒ

非混合性　unmixedness ··········135
非混合定理　theorem of unmixedness ··········138
p 進整　*p*-adic integral ··········87
p 進附値の拡張　extension of special valuation ··········90
Hilbert の定理　Hilbert's theorem ··········20
標点　spot ··········157
　単純——　simple—— ··········166

フ

附値　valuation ··········55

Archimedes 的—— Archimedian—— ……………………79
非 Archimedes 的——non-Archimedian—— ……………………79
離散的—— discrete—— ……………………61
指数—— exponential—— ……………………58
特殊—— special—— ……………………78
——の拡張 extension of—— ……………………75
——の位 rank of—— ……………………59
——の独立性 independency of—— ……………………67
附値イデアル valuation ideal ……………………56
附値加群 valuation group ……………………57
附値環 valuation ring(Bewertungsring) ……………………56
附値函数 valuation function ……………………71
分解定理 decomposition theorem ……………………31
分岐指数 order of ramification ……………………93

ヘ

ベキ級数環 power series ring ……………………107
ベキ零(M に関して) nilpotent(with respect to M) ……………………13
Hensel の補題 Hensel's lemma ……………………87

マ

交わり meet ……………………2

ム

無縁イデアル irrelevant ideal ……………………32
無限素点 infinite divisor ……………………83
結び join ……………………2
無駄のない表示 irredundant representation ……………………29

ヨ

容積 volume ……………………104

レ

零化元 anihilator ……………………13
零点定理(Hilbert の)(Hilbert's) zero-point theorem(Nullstellensatz) ……………………53

——著者紹介——

あき づき やす お
秋 月 康 夫

1926年　京都帝国大学理学部数学科卒業
　　　　前 京都大学名誉教授，東京教育大学名誉教授・理学博士

なが た まさ よし
永 田 雅 宜

1950年　名古屋大学理学部数学科卒業
　　　　前 京都大学名誉教授・理学博士

復刊　近代代数学

検印廃止

1957年 8月20日　初版1刷発行
1969年 4月 5日　初版5刷発行
2012年 4月25日　復刊1刷発行

著　者　秋　月　康　夫
　　　　永　田　雅　宜
発行者　南　條　光　章
東京都文京区小日向4丁目6番19号

NDC 411

発行所　東京都文京区小日向4丁目6番19号
電話　東京(03)3947-2511番（代表）
郵便番号 112-8700
振替口座 00110-2-57035番
URL　http://www.kyoritsu-pub.co.jp/

共立出版株式会社

印刷・藤原印刷株式会社　　製本・中條製本

Printed in Japan

社団法人
自然科学書協会
会員

ISBN 978-4-320-11023-6